POWER ELECTRONICS

リチウム・イオン電池&直列/並列回路入門

重要技術セル・バランス図解！長寿命で安全を目指して

鵜野将年 ［著］
Masatoshi Uno

CQ出版社

はじめに

　1991 年にソニーから製品化されたリチウム・イオン電池は，我々の生活の利便性向上に大きな役割を果たしました．携帯電話やノート・パソコンをはじめとするモバイル機器用バッテリの劇的な小型・軽量化が実現され，2010 年代からは電気自動車にリチウム・イオン電池が採用されるようになって，クルマの電動化が急速に進みました．

　あらゆるモノのモバイル化と電動化が急速に進む昨今ですが，その背景ではリチウム・イオン電池本体の性能向上のみならず，電池の管理技術の進歩に伴う安全性向上や周辺の電力変換技術の進歩による効率改善が大きな役割を果たしています．リチウム・イオン電池を長期にわたり安全に使用するためには，管理技術(バッテリ・マネジメント)が不可欠です．また，電池を効率良く充電し，その蓄電エネルギーを負荷に供給するためには，高効率の電力変換技術(パワー・エレクトロニクス)が必要です．つまり，電池を用いた電源システムの設計や運用には，電池本体のみならず周辺回路についての幅広い知見が必要となります．

　著者は以前，リチウム・イオン電池の寿命評価に関する業務に携わっており，電気化学系技術者と議論する機会が多くありました．長年の議論を通じて個人的に感じたことなのですが，電気化学系技術者の方々は電池本体の特性や内部現象についての知識は豊富なのに，周辺回路については無知という方が少なくありません．電池の充放電を司る電力変換器の動作原理はおろか，電池の保護にも用いられる半導体スイッチ(MOSFET など)がどのようなものなのかを知らない方も多くおられます．このような電気に関する知見の欠如が，電気系技術者を交えたシステム設計会議をしばしば紛糾させることになります．例えば，電力変換器の一種であるチョッパ回路内のダイオードを取り払ってしまおうと主張する電気化学系ベテラン技術者の方がおられました．回路中で電位の低い方から高い方へと電流を流す向きにダイオードが接続されているので，分野外の方からは不要部品に見えてしまったようですが，動作のためには不可欠な部品です．

　一方，システム設計を担う電気系技術者の方々は，電池のことを電圧がゆっくりと変動する安定化電源とみなして取り扱うことが多く，それゆえに電池についての知見に欠けた設計が散見されます．例えば，電池の充放電効率を考慮せず(理想電圧源と同じく効率 100 % と仮定してしまう)，電源システムの総合効率を電力変換

器やケーブル類の損失のみで設計してしまったケースを見かけました．その他，電池のことを大容量コンデンサと見なし，電力変換器内部で発生する高周波のリプル電流を電池で吸収する，という思想に基づく設計例を見たことがあります．このような設計によって大容量コンデンサを小型化することは可能なのですが，リプル電流によって電池が発熱してしまい，電池の寿命性能を損なう恐れがあります．

　一般的な電子部品と比べて，リチウム・イオン電池の寿命特性はさまざまな因子に影響を受けます．そして厄介なのが，複数の単電池(セル)を直列/並列接続する際に生じる「ばらつき(アンバランス)」が寿命に及ぼす影響です．近年では電気自動車や定置用途など，比較的大型のシステムにもリチウム・イオン電池が用いられるようになりました．そのような用途では，多数のセルを直列/並列接続してバッテリ・パックを構成し，所望の電圧ならびに容量を作り出して使用します．電気的な視点では，複数セルの多直列/多並列で構成されるバッテリ・パックは1つの大きなセルとして扱うことができるのですが，現実には容量や内部インピーダンス等の観点で各セルの特性は異なり，さらには電圧/電流や温度の観点で各セルの動作環境も異なります．これらが，ばらつきです．
　一言でばらつきと言っても電池本体の製造誤差によるばらつき(セルの個体差)と，複数セルを多直列/多並列するがゆえに生じる電気的・熱的ばらつきがあります．前者は電池メーカの技術によるところが大きく，後者はシステム設計によるものです．言い換えると，完璧に特性のそろったセルを入手できたとしても，システム設計の如何によって電気的・熱的ばらつきが生じます．そして，そのばらつきによってセルの個体差が生まれ，時間と共に個体差が拡大し，結果的にバッテリ・パックの寿命を大きく損なうことになります．システム設計を担う電気系技術者は，このようなバッテリ・パック特有の事情についても考慮する必要があります．

　本書は主に電気系技術者の視点に立ち，リチウム・イオン電池の基礎特性およびバッテリ・マネジメント技術の概要，ばらつきを解消するために必要となるリチウム・イオン電池特有のセルバランス技術について解説します．

2023年8月　鵜野　将年

目次

＊本書は「トランジスタ技術」2022年3月号特集および2022年4月号〜2023年3月号の
連載記事の内容を再編集・加筆して構成したものです.

第1章

成功のポイントと本書のねらい

注目リチウム・イオン電池を
使えるようになろう

　1991年にソニーによってリチウム・イオン電池が製品化されて以来，私たちの
生活の利便性は大きく向上しました．携帯電話やパーソナル・コンピュータに代表
される機器のモバイル化が急速に進み，掃除機などの家電製品や電動工具もコード
レス化されるようになりました．そして近年では，ガソリン車と遜色のない距離を
航続可能な電気自動車も実用化されています．リチウム・イオン電池を電源として
用いるこれらの製品では，電源のサイズやコストが製品自体の性能や利便性に大き
く影響します．これらの製品が現在の我々の生活においてこれほどまでに浸透した
背景には，リチウム・イオン電池本体の小型軽量化（エネルギー密度の向上）やコス
ト低減のみならず，電池の安全性や管理技術の進歩，電池周辺の電力変換技術の向
上なども大きな要因です．

1-1　　　　なぜこれからリチウム・イオン電池なのか

● 理由①…電池のエネルギー密度が高い

　リチウム・イオン電池の登場以前にも，鉛蓄電池やニッケル水素電池などの充電
式電池（2次電池）は存在していました．しかし，リチウム・イオン電池と比べると，
体積あたりのエネルギー密度（Wh/L）や重量あたりのエネルギー密度（Wh/kg）は低
く，これらの電池によりモバイル化/コードレス化された機器は，現在のリチウム・
イオン電池を用いた製品と比べて大きく重たいものでした．各種電池の比較を
表1-1に示します．

　鉛蓄電池は，世界初の2次電池として1859年に発明された長い歴史のある蓄電池
です．安価で技術的に成熟した電池ですが，ほかの電池と比べてエネルギー密度が
低く，モバイル機器や移動体の主電源としては最適ではありません．しかし，サイ
ズが問題とならない定置型蓄電設備や，自動車の補器用バッテリとして汎用的に用

[表1-1] 各種2次電池の比較

項　目	公称電圧 [V]	重量エネルギー密度 [Wh/kg]	体積エネルギー密度 [Wh/L]	特　徴
鉛蓄電池	2.0	25～50	50～100	安価，技術的に成熟，低いエネルギー密度
ニカド電池	1.2	40～60	50～150	優れた大電流放電特性，有害物質Cdを含有，メモリ効果
ニッケル水素電池	1.2	60～120	140～300	小型/軽量，メモリ効果
リチウム・イオン電池	3.3～3.7	100～250	200～500	小型/軽量化にとくに優れる，高コスト，劣る安全性

いられています．そのほか，ゴルフ・カートやフォークリフトなどの小型電動車両では，主電源として鉛蓄電池が用いられています．

ニカド電池(Ni-Cd電池)は，負極にカドミウム，正極にオキシ水酸化ニッケル，電解液にアルカリ溶液を用いた2次電池です．鉛蓄電池よりもエネルギー密度が高く，過充電や過放電に対して強く頑丈であり，優れた大電流放電特性を有しており，ラジコンなどのホビー分野や電動工具用電池として用いられてきています．しかし，カドミウムが有害物質であることや，メモリ効果(電池を使い切らずに継ぎ足し充電を繰り返すうちに，見かけ上の放電容量や電圧が低下する現象)が顕著で継ぎ足し充電には不向きなため，現在では広い分野でニッケル水素電池に置き換えられています．

ニッケル水素電池(Mi-MH電池)は，ニカド電池における負極のカドミウムを金属水素化物(水素吸蔵合金)に置き換えた構造をしています．ニカド電池よりも1.5～2倍ほどエネルギー密度が高く，1990年代の小型電子機器の電源として用いられました．また，世界初の量産ハイブリッド車用バッテリとして搭載され，現在でも採用されています．しかし，リチウム・イオン電池と比べるとエネルギー密度は劣るため，小型/軽量性能が重視される機器ではリチウム・イオン電池に置き換えられています．しかし，コードレス電話や電動シェーバなど，携行性が求められない機器を中心に現在でも広く用いられています．

汎用的に用いられている2次電池のなかで，リチウム・イオン電池は最も小型軽量化に適しており，ニッケル水素電池と比べても2～3倍ほどのエネルギー密度を有します．このエネルギー密度の高さがリチウム・イオン電池の最大の長所であり，技術進歩によりエネルギー密度の値は日進月歩で向上しています(図1-1)．リチウム・イオン電池はほかの電池と比べて単位エネルギーあたりのコストが高いため，電力量が小さく小型軽量化への要求がとくに強いモバイル機器への応用が主でした．

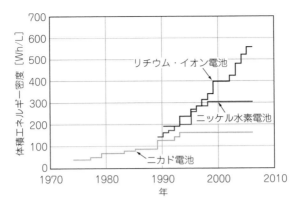

[図1-1]⁽¹⁾ リチウム・イオン電池の体積エネルギー密度
(Wh/L)の推移

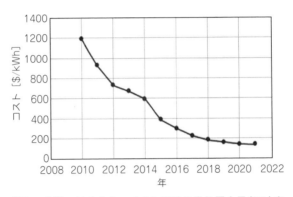

[図1-2]⁽²⁾ リチウム・イオン電池の単位電力量(Wh)あ
たりのコスト推移

しかし，図1-2に示すように単位電力量あたりのコスト($/Wh)は年々下がってお
り，同時にリチウム・イオン電池の用途は電気自動車を中心に急速に拡大しています．

● 理由②…リチウム・イオン電池を安全に使うための技術BMSが進化

　ほかの電池と比較して高いエネルギー密度を誇るリチウム・イオン電池ですが，
使い方を一歩間違えると重大な事故につながってしまいます．リチウム・イオン電
池を搭載したノート・パソコンが発火事故を起こし，メーカがバッテリの回収や無
償交換に着手したなどのニュースを2000年代からしばしば目にしました．2013年
にはボーイング787に搭載されたリチウム・イオン電池の発火事故が立て続けに2

件発生し，世界各国で同型機はすべて運航停止になりました．2016年には国外メーカのモバイル機器でリチウム・イオン電池の爆発や発火事故が相次ぎ，航空各社は当該製品の機内持ち込み，預かりを全面的に禁止し，厳しい措置を講じました．近年ではリチウム・イオン電池を搭載する製品が急増しており，海外製の粗悪な電池の流通も相まって，モバイル・バッテリを筆頭にリチウム・イオン電池関連の事故件数は増加しています．

　リチウム・イオン電池を使用する際には，電池を保護し，適切に監視ならびに制御するシステムが必要不可欠です．バッテリに必要となる保護，監視，制御機能を含むシステムのことをバッテリ・マネジメント・システム（Battery Management System；BMS）と呼びます．一言でマネジメントといっても，電圧や電流に加えて温度を監視し，これらを適切に制御し，必要に応じて保護する必要があります．つまりBMSの機能は多岐に渡るため，システムも複雑なものとなります．しかし，現在では多くの半導体メーカからBMS関連のさまざまなICが提供されており，少ない部品点数でリチウム・イオン電池用BMSを実現できるようになりました．このようなBMS関連技術の進歩も，リチウム・イオン電池の飛躍的な普及を後押しする重要な要因です．

● 理由③…電力変換技術の進化

　充電器に代表される電池周辺の電力変換技術の向上も，リチウム・イオン電池を採用する電源の急速な普及に一役買っています．リチウム・イオン電池にエネルギーを蓄えるための充電器に加えて，電池の電圧を負荷の求める電圧へと変換するためにDC-DCコンバータなどの電力変換回路も必要です（**図1-3**）．

　充電時には充電器で電力変換が行われ，放電時にはDC-DCコンバータなどで負荷の要求する電圧へと電力変換が行われます．それぞれの電力変換回路である程度の電力損失が発生するので，大元の電源から負荷までの総合的な効率は，充電器の効率η_1×リチウム・イオン電池の充放電効率η_2×DC-DCコンバータの効率η_3，と

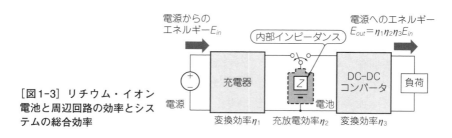

[図1-3] リチウム・イオン電池と周辺回路の効率とシステムの総合効率

なります．リチウム・イオン電池が登場した頃の電力変換器の効率は80～90％程度でした．

　仮に，充電器とDC-DCコンバータの効率（η_1 と η_3）を85％，電池の充放電効率（η_2）を80％とすると，総合効率（$\eta_1 \times \eta_2 \times \eta_3$）は57.8％となり，大元の電源から供給されるエネルギー E_{in} のうち4割以上が変換回路や電池で熱として失われ，負荷へ供給できるエネルギー E_{out} は E_{in} の6割以下となります．しかし，現在では電力変換技術が大幅に進歩し，95％以上の効率を達成する変換回路も珍しくありません．変換回路の効率を95％とすると，総合効率は72.2％にまで大幅に向上します．

　また，技術進歩によって変換器の大幅な小型化が実現しました．電力変換器の身近な例としてはACアダプタやUSB充電器などが挙げられますが，昨今ではこのような電力変換器において小型化の進むスピードには目を見張るものがあります（リチウム・イオン電池が登場した1990年頃は，ACアダプタといえば漬物石のように重く持ち運びには適さないようなものだった）．こういった電力変換器の小型化も，リチウム・イオン電池を用いた電源製品の普及を後押ししています．

1-2	リチウム・イオン電池システム　成功のポイント

● その①…通常の安定化電源とは全然ちがうリチウム・イオン電池ならではのシステム設計

　リチウム・イオン電池のことを安定化電源と見なして，電子機器やシステムの設計を行う例がよく見受けられます．しかし，制御された安定化電源と比べて電池のインピーダンスは大きく，これは温度や経年劣化，さらには充電状態によっても変化します．インピーダンスによって損失が生じるため充放電効率は100％とはならず，条件によって数十パーセントもの大きな変化を見せます．とりわけ大きなエネルギーを扱うシステムにおいて，この効率変化は電気料金に直接的な影響を与えるため，充放電効率を考慮したうえでの設計が求められます．

　また，リチウム・イオン電池は使い方を誤ると重大な事故につながる恐れがあることについては前述のとおりですが，安全な使い方でも条件によって劣化は進みやすくなります．条件次第で劣化を抑制することはできますが，そのような条件は通常，電池の電気的性能を損なう方向に働きます．よって，寿命と電気性能のトレードオフ，ならびに運用方法を工夫することで寿命と電気性能を両立させることが求められます．

● その②…直列に並列に規模に応じたセル・バランス

　一昔前までは，リチウム・イオン電池の用途といえば携帯電話やノート・パソコンなどのモバイル機器が主でした．モバイル機器の消費電力は大きくないため，電池が扱うエネルギー自体も小さなものでした．携帯電話など低電圧の小型機器(現在ではスマートフォンやウェアラブル・デバイスも含む)は単セル(1個の電池のみ)駆動のものが多く，このような製品での電池管理は比較的容易です．ノート・パソコンでは複数のセルを直列接続してバッテリ電圧を高めて使用しますが，数セル程度の直列接続なので管理は依然として比較的容易です．

　現在では，電気自動車(Electric Vehicle；EV)や定置型蓄電設備などにもリチウム・イオン電池は用いられており，モバイル機器よりもはるかに大きなエネルギーを扱うことになります．バッテリの扱うエネルギーが大きいぶん，システムには高効率かつ高い安全性が要求されます．また，負荷が要求する電圧が高いため，多数個のセルを直列接続することでバッテリを高電圧化します．直列数が多くなると，セルの個体差に起因するセル・アンバランスの問題(第8章)が顕著となり，管理の難易度が高くなります．

● その③…用途・使われ方に適した設計

　用途によってリチウム・イオン電池の運用パターンや求められる性能は大きく異なるため，それに合わせたシステム設計や工夫も必要です．

　例えば，スマートフォンなどのモバイル機器の電池は，一般的に100％まで完全充電したうえで使用されます．充電と放電のサイクル頻度は低く，1日にせいぜい数回程度です(日中に使用し，夜に充電を行う場合は1日で1サイクル)．モバイル機器は人が持ち運びする製品なので，ほかの用途と比べて小型軽量化への要求は高くなります．その反面，コストや寿命に対する要求は相対的に低くなります．事実，スマートフォンは非常に高価で，数年でバッテリが大幅に劣化してもクレームをつけるユーザは少数です．よって，高エネルギー密度の電池を採用しつつ，寿命はある程度犠牲になるものの充電エネルギーを高めることができる条件(高い充電電圧，高い充電状態)で運用されます．

　EVの航続距離はリチウム・イオン電池に蓄積されるエネルギー量で決まるため，高い充電状態での運用が望まれます．しかし，高い充電状態は寿命の観点から好ましくないため，航続距離と寿命を両立するために運用の工夫(必要時を除いて100％まで充電しない…など)が行われます．ハイブリッド車(Hybrid Electric Vehicle；HEV)における電池は加速時と減速時にそれぞれ放電と充電が行われるため，運転

時には頻繁に充放電サイクルが行われます．加減速に伴う充放電に対応するために，電池は100％の状態ではなく中間の充電状態で運用されます．

　定置型蓄電設備は，用途によって運用パターンはさまざまです．無停電電源装置では停電時を除き電池は放電しないため，充放電の頻度は極めて低くなります．ソーラーパネルと併設される蓄電設備などでは，日中の発電エネルギーを充電して夜間に放電する，といった運用パターンとなります．モバイル機器やEVなどの移動体とは異なり，定置型蓄電設備では小型軽量性能への要求は高くありません．よって，エネルギー密度の重要性は下がりますが，コストや寿命に対する要求は高くなります．

1-3	本書のねらい

　リチウム・イオン電池は身近なデバイスであり，エネルギーを蓄えるというシンプルな機能ゆえに，軽視して扱われがちです．しかし，リチウム・イオン電池を長期間に渡って安全に使用し，かつ，電気特性や寿命性能を最大限に引き出すためには，電池本体のみならず周辺のBMSや電力変換技術についての知識が求められます．

　本書の前半では，リチウム・イオン電池の基礎的な特性について解説します．電池の基礎特性について把握することで，リチウム・イオン電池をどのように運用すべきか，何をしてはいけないかが見えてきます．リチウム・イオン電池を安全に使用するために，BMSには計測，制御，保護，電力変換などのさまざまな機能が盛り込まれています．BMSに含まれる機能の1つであるセル・バランスは，複数セルの直列接続で構成されるバッテリにおいては不可欠なものであり，この機能の有無でバッテリ全体の劣化率や寿命は大きく変わります．本書の後半では，BMSの各種機能ならびにセル・アンバランスの問題とセル・バランスの各種手法について解説します．

◆参考文献◆

(1) 白書・審議会データベース，https://www.mlit.go.jp/hakusyo/mlit/h30/hakusho/r01/excel/n10102110.xlsx

(2) BloombergNEF, https://about.bnef.com/blog/race-to-net-zero-the-pressures-of-the-battery-boom-in-five-charts/

Column (A)

ニッケル水素ガス電池

　eneloopに代表される製品がニッケル水素電池と呼ばれていますが，狭義の意味でのニッケル水素電池は，**写真1-A**のようなニッケル水素ガス電池(Ni-H_2)です．電池反応に必要となる水素をガスの状態で貯蔵するため，1つ1つのセルが高圧タンクとなっています．

　このような圧力容器型の電池は民生用途には適さず，応用例は特殊用途に限られています．2000年代以前の人工衛星や宇宙探査機のバッテリとして用いられていました．ニッケル水素吸蔵合金電池(Ni-MH電池)が登場してからは，宇宙用途でもその座は徐々に奪われていきました．

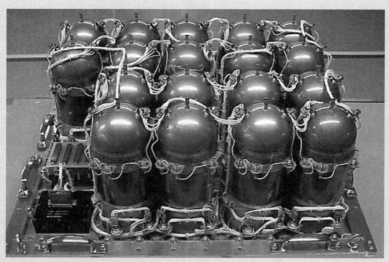

[写真1-A] ニッケル水素ガス電池(Ni-H_2)

第2章

基本電気特性から充放電のふるまいまで

リチウム・イオン電池の基礎知識

2-1	電池としての基本特性

● セル(単電池)とバッテリ(組電池)

セル(cell)はバッテリ(battery)を構成する最小単位です. 複数個のセルをパッケージングし, グループ化したものがバッテリです. 例えば, 乾電池1個はセルですが, 複数の乾電池を直列接続もしくは並列接続したものはバッテリとなります.

● 容量

放電電流[A]×放電時間[h]で定義される電気量[Ah]を容量と呼びます. 3 Ahの電池は3 Aで1時間放電できます. 1 Aであれば3時間です. 容量[Ah]はクーロン[C]に換算することもできます. 1時間は3600秒なので, 1 Ahは3600 Cに相当します.

● 電力量

放電電力[W]×放電時間[h]で定義されるエネルギー量[Wh]が電力量です. 電力量が大きいほど, たくさんのエネルギーを貯蔵できる電池ということになります. 放電電力[W]は放電電圧[V]×放電電流[A]なので, 放電電圧[V]×容量[Ah]として表現することもできます. また, ジュール[J]に換算することもできます. 1時間は3600秒なので, 1 Whは3600 Jです.

2-2	充放電についての基礎知識

● 充電状態SOC(State of Charge)

容量に対する残存容量率[%]であり, スマートフォンやノート・パソコンの残量

ゲージに相当します．機器の使用可能時間は充電状態によっておおよそ決まるので，電池ユーザにとっては利便性を決定する最も重要な情報となります．

● **放電深度DOD**（Depth of Discharge）

初期容量に対する放電電気量率[%]で，バッテリの寿命評価試験などの条件を表す重要な指標です．例えば，3 Ahの電池を1 Ahぶん放電させる条件は，33％のDODに相当します．一般的に，DODが深くなるほど電池の劣化は速く進行します．

● **定電流‒定電圧**（CC-CV）**充電**

リチウム・イオン電池を充電する際の一般的な充電手法です．充電器によって充電電流と充電電圧のいずれかを制御します．電池電圧の低い領域では充電電流を一定値に制御します（CC；Constant Current）．CC充電中は，電池電圧は無制御の状態です．充電が進行して電池電圧が規定値に到達すると，電圧が一定値となるように制御します（CV；Constant Voltage）．CV充電制御中は，充電電流については無制御状態です．

● **Cレート**

放電電流[A]を放電容量[Ah]で正規化した値です．3 Ahの電池に対して1.5 Aの電流は0.5 Cに相当し，2時間で完全に放電できる電流値です．3 Aの電流は1 Cであり，1時間で完全放電できる電流値です．Cレートが大きな電池ほど，急速充放電に対応できます．充電と放電で異なるCレートをもつ電池もあります．

2-3	セルの形状

写真2-1に，代表的なリチウム・イオン電池セルを示します．

円筒形は最も汎用的な形状のセルで，18650形（直径18 mm，長さ65 mm）が主流です．金属ケースに封入されており，耐衝撃性や耐圧力性に優れ，一般的な使用環境に対しては十分な強度を備えています．しかし，円筒形状であるため，複数セルをパッケージングしてバッテリを構成する場合，空隙率が大きくなり，体積エネルギー密度が損なわれてしまいます．

角形セルは空隙率を下げて体積効率を高めることができる反面，円筒形と比べると耐衝撃性や耐圧力性は劣ります．

ラミネート・セルはその名のとおり，電池ケースにラミネート材を用いたタイプ

（a）円筒形セル

（b）角形セル

[写真2-1] リチウム・イオン電池セルの例

（c）ラミネート・セル

のセルです．金属ケースを用いたセルよりも軽量化を達成できますが，強度は劣ります．衝撃や圧力に弱いため，用途によっては適さない場合があります．

　モバイル機器，電動アシスト自転車，電動キック・ボードなどの小型民生品では，幅広い製品でラミネート・タイプのリチウム・イオン電池が用いられています．かつては円筒形の電池が主流でした．しかし，機器本体の薄型化や軽量化への要求の高まりとともに，小型軽量化に適したラミネート電池の比率が高まっています．

2-4 リチウム・イオン電池の特性を決める材料

　リチウム・イオン電池では，正極と負極の間でリチウム・イオンが移動することで充放電を行います．電池で用いられる正極材料と負極材料によって，特性や特徴は大きく変わります．正極にはリチウム含有遷移金属，負極には炭素系材料がおもに用いられます．充電の過程では正極材料からリチウム・イオンが脱離して負極に吸蔵され，放電はこの逆となります．

　リチウム・イオン電池が蓄えることができるエネルギー（電力量）は，放電電圧 [V]×容量[Ah] なので，電圧が高くて高容量の材料を用いることで，電池がもつエネルギーを向上させることができます．

電池電圧は，正極と負極の電位差で決定されます．正極と負極は材料によって固有の電位を有しており（リチウムの酸化還元反応が起こる電位を基準とする），高電位の正極材料と低電位の負極材料を選択すれば電池電圧を高めることができます．一方，容量の大きさについては，リチウム・イオンの供給源である正極の材料組成に大きく左右されます．

ここでは，代表的な正負極材料とその特徴について簡単にまとめます．

● **正極材料**

▶コバルト酸リチウム（LCO；$LiCoO_2$）

リチウム・イオン電池が初めて製品化された際の正極材料です．容量が大きく電位も高いため（3.9 V），エネルギー密度が重視されるモバイル機器によく用いられます．しかし，Coは資源量が少なく，高コストになります．

▶マンガン酸リチウム（LMO；$Li_2Mn_2O_4$）

電位が高く（4.0 V），安価で環境にもやさしい材料ですが，容量が比較的小さいです．耐熱性に優れています．

▶リン酸鉄リチウム（LFP；$LiFePO_4$）

安価な材料で，耐熱性に優れます．しかし，電位が低いため（3.5 V），エネルギー密度は他の材料に劣ります．電動工具や電気自動車などで用いられています．

▶ニッケル・コバルト・アルミニウム酸リチウム（NCA；$LiNi_{0.8}Co_{0.15}Al_{0.05}O_2$）

ニッケル系正極は高容量，低コストですが，熱安定性が低く安全性に課題があります．ニッケル酸リチウムのNiの一部をCoとAlで置換し，安全性と耐熱性を高めたものです．LCOよりも高い容量が得られます．

▶ニッケル・コバルト・マンガン酸リチウム（NMC；$LiNi_xCo_yMn_zO_2$）

ニッケル酸リチウムのNiの一部をCoとMnで置換し，容量と安定性を高めたものです．LCOよりも高い容量が得られます．

● **負極材料**

▶炭素材料（黒鉛，ハード・カーボン）

電位が低く（0.1 V），黒鉛（グラファイト）は容量が大きいです．ハード・カーボンは容量の点で劣りますが，急速充電特性に優れています．

▶チタン酸リチウム（LTO；$Li_4Ti_5O_{12}$）

熱的安定性が高く，充放電に伴う体積変化がほとんどないためサイクル特性も良好です．しかし，電位が高いため（1.5 V），電池のエネルギー密度は比較的低くな

ります.

| 2-5 | **充放電の原理** |

● **リチウム・イオン電池の充放電の原理**

　図2-1に，リチウム・イオン電池の模式的な構成を示します．セパレータは，正極と負極の物理的接触を防ぐものであり，樹脂製の多孔質膜が用いられます．電解液にはエチレン・カーボネートなどの有機溶媒が用いられます．リチウム・イオン電池では，正極と負極の間でリチウム・イオンが移動することで充放電が行われます．正極材料にコバルト酸リチウム，負極材料に炭素材料をそれぞれ用いた場合の充放電反応式は次の通りです．

$$\text{正極）} \quad Li_{1-x}\,Co\,O_2 + xLi^+ + xe^- \underset{充電}{\overset{放電}{\rightleftarrows}} Li\,Co\,O_2$$

$$\text{負極）} \quad Li_x\,C_6 \qquad\qquad\qquad \underset{充電}{\overset{放電}{\rightleftarrows}} C_6 + xLi^+ + xe^-$$

$$\text{全反応）} \quad Li_{1-x}\,Co\,O_2 + Li_x\,C_6 \underset{充電}{\overset{放電}{\rightleftarrows}} Li\,Co\,O_2 + C_6$$

　正極と負極ともに層状構造で，ここにリチウム・イオンが出入りします．充電時は，リチウム・イオンが正極から脱離し，負極黒鉛の層間に侵入します．放電時は逆の動作となります．このように，層状構造の隙間に元素が出入りする現象のこと

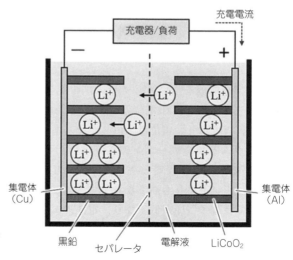

[図2-1] リチウム・イオン
電池の構成イメージ

をインターカレーションと呼びます．インターカレーションにより，正極と負極ともに充放電時にある程度の膨張・収縮を伴います．

● リチウム・イオン電池の電圧

　リチウム・イオン電池の端子電圧は，正極と負極の電位の差，つまり電位差に相当します．正極と負極の電位は，それぞれの材料により決定される固有の値となります．ところで，電位は，ある点を基準とした際の電荷の持つ位置エネルギーに相当します．電磁気学では電位の基準を真空中の無限遠点に取り，電気回路ではアースを基準に考えます．しかし，電池反応を取り扱う電気化学の分野では電位の概念が異なります．電気系と電気化学系で言葉の定義やとらえ方が若干異なるため，電気系技術者と電気化学系技術者の間で意思疎通に問題が生じることがよくあります．

　一言で電位と言っても，電気化学の分野ではさまざまな定義がありますが，電池の正負極の電位を考える際には「標準電極電位」で考えます．標準電極電位は，「標準水素電極」の電位を0Vとすると国際的に約束されています．標準水素電極では，以下の電極反応が平衡状態にあります．

$$H^+ + e^- \rightleftharpoons \frac{1}{2} H_2$$

　電極で反応が起こる際，酸化還元反応が起こります．酸化とは，物質に酸素が化合することを連想しますが，より正確には電子が奪われる反応もしくは電子を放出する反応のことを指します．還元反応はその逆で，電子を受け取る反応です．酸化還元反応が起こる電位は，水素であれば0V，銀であれば0.799V，リチウムであれば−3.045Vといった具合に物質固有の値です．基準に応じて，便宜的にH_2/H^+やLi/Li^+などと記述します．水溶液系の電解液を用いる電池では，H_2/H^+を基準にします．

　一方，有機電解液を用いるリチウム・イオン電池では，H_2/H^+ではなくLi/Li^+を基準とします．Li/Li^+の電位はH_2/H^+を基準とすると−3.045V程度です．2-4節でかっこ書きで示した電位は，Li/Li^+を基準とした電位のことです．正極のコバルト酸リチウムと負極カーボンの電位はそれぞれ3.8Vと0.1V(vs Li/Li^+)程度なので，端子電圧は3.7V程度となります．一方，チタン酸リチウムの電位は1.55V程度で，カーボン系よりも高くなります．よって，負極材料にチタン酸リチウムを用いた電池では端子電圧が低くなり，電池のエネルギー密度が低くなる傾向にあります．

2-6	充放電に関する電気特性

● 充放電特性

リチウム・イオン電池の充電には, 一般的にCC-CV充電制御が用いられます. 円筒形のリチウム・イオン電池を恒温槽内に設置し, 25℃において充放電特性を取得しました. 実験に用いた電池(NCR18650B, パナソニック)の容量は3400 mAh, 公称電圧は3.6 Vです. 充電と放電には, それぞれ汎用の安定化電源と電子負荷装置を用いました.

1.0 A-4.2 Vで充電した際の充電特性を図2-2(a)に示します. 充電の前半は1.0 Aの定電流でCC充電されます. 充電開始直後に電池電圧は急激に上昇し, 次第に電圧変化は緩やかになります. 電池電圧が4.2 Vに到達すると, CV充電に移行します. CV充電期間中に充電電流は徐々に絞られていき, 最終的には0 Aに漸近します. CV充電中に, 充電電流が規定値まで低下したら充電完了と判定します.

充電時におけるSOCの推移に着目します. SOCは充電電流の積分から算出しています. CC充電期間中は一定電流で充電されるため, SOCは直線で増加します. 一方, CV充電中の電流は時間経過とともに絞られていくため, SOCの増加は緩やかとなります.

CC期間とCV期間に充電される電気量に注目してみます. この実験で充電全体に要した時間は合計で約5時間であり, 内訳はCC充電に2.7時間, CV充電に2.3時間です. しかし, SOCはCC充電で90％に到達しており, CV充電によって充電されるのは残りの10％です. このように, 充電電気量の大部分はCC充電期間中に比較的短時間で充電されます. しかし, 100％のSOCに到達するためにはCV充電が必要となり, 比較的長い時間を要します. このような傾向は, スマートフォンを充電する場合にも観察されます. 80～90％くらいまでは比較的早く充電されるのに, 90％以降はなかなか充電が進まないという印象をもっている人が多いのではないでしょうか. これは, CV充電によって充電電流が絞られることに起因します.

CC-CV充電後の電池を1.0 Aで放電させた際の放電特性を図2-2(b)に示します. 放電開始直後に電池電圧が急激に低下しています. これは電池の内部抵抗における電圧降下によるものです. その後, 電圧は徐々に低下し, 放電末期に電圧の傾きが急峻になります. この電池の公称電圧は3.6 Vですが, 充放電時の電圧は3.6 Vを中心に大きく変化します.

図2-2では25℃にて4.2 Vで充電した際の充放電特性を示しましたが, 充電電圧

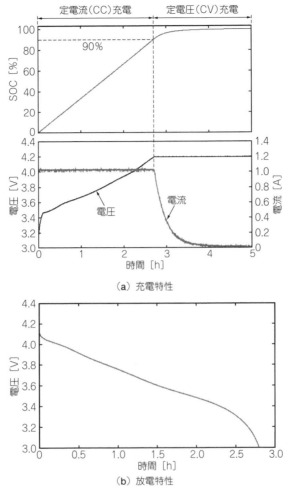

[図2-2] リチウム・イオン電池(3400 mAh)の充放電特性

や温度によって特性は大きく変化します．以降では，充放電特性の充電電圧依存性
と環境温度依存性について見ていきます．

● 充放電特性の充電電圧依存性

　充電電圧を4.0～4.2 Vの間で変化させた際の充電特性を図2-3(a)に示します．温
度は25 ℃，充電電流は1.0 Aです．ここでは，4.2 V充電時の電気量を100 %として
SOCを算出しています．

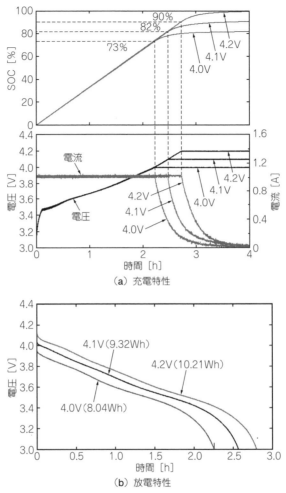

[図2-3] リチウム・イオン電池の充放電特性の充電電圧依存性

　充電電圧が低いほど早くCV充電に移行し，充電電流が絞られるタイミングが早まります．また，充電電圧が低いほど到達可能なSOCは低くなる，つまり充電可能な容量は少なくなります．4.0 V充電では82 %まで，4.1 V充電では91 %までしか充電することができません．また，CC充電で充電できるSOCは4.0 Vで73 %，4.1 Vで82 %，4.2 Vでは90 %です．この結果から，充電電圧が高いほど充電容量は大きくなり，かつ，CCで充電できる容量も大きくなります．

　充電電圧を4.0〜4.2 Vの間で変化させた際の放電特性を図2-3(b)に示します．い

ずれも放電電流は1.0 Aです．放電開始から電圧が最終的に3.0 Vまで低下するのに要した時間は，4.0 Vの条件では2.26時間，4.1 Vでは2.57時間，4.2 Vでは2.8時間です．また，放電電力量は，それぞれ8.04 Wh，9.32 Wh，10.21 Whです．つまり，充電電圧が高いほど長い時間にわたって放電でき，放電エネルギー量も大きくなります．

図2-3の特性だけを見ると，充電電圧が高いほど大きなエネルギーを蓄えられるので，充電電圧を高めて使用するのが良いと思われます．しかし，一般的に充電電圧を高めると劣化の進行が速くなるため，不必要に充電電圧を高めることは推奨されません．リチウム・イオン電池の劣化については，第6章で解説します．

● 充放電特性の温度依存性

環境温度を40 ℃，25 ℃，0 ℃，−10 ℃と変化させた際の充電特性を図2-4(a)に示します．温度が低いほど，CC充電中の電池電圧は高めに推移しています．これは，低温条件で電池の内部インピーダンスが増加するためです．電池内部では正極，負極，電解液によるインピーダンスが存在します．温度によってインピーダンスの値は大きく変化し，一般的には低温においてインピーダンスは高くなります．充電電流が流れるとインピーダンスによって電圧降下が生じ，低温条件ではその電圧降下が顕著となることで，電池電圧が高くなります．

低温条件では内部インピーダンスにおける電圧降下によりCV充電電圧に早く到達してしまいます．高温条件ではその逆で，内部インピーダンスにおける電圧降下が小さいため，CC充電時の電池電圧は低く，CV充電への移行のタイミングが遅くなります．CC充電で充電可能なSOCを比較すると，−10 ℃で78 %，0 ℃で84 %，25 ℃で90.8 %，40 ℃で93.7 %です．また，90 %のSOCに到達する時間を比較すると，−10 ℃では3.1時間，40 ℃では2.7時間であり，低温では充電に長時間要します．

環境温度を変化させた際の放電特性を図2-4(b)に示します．温度が高いほど放電中の電圧は高く，放電時間も長くなります．つまり，温度が高いほど電池から大きなエネルギーを取り出せます．一方，温度が下がると放電時の電圧は低くなり，放電時間は短くなります．これは，低温下において電池の内部インピーダンスが増加することがおもな原因です．充電と放電とでは電流の向きが逆なので，放電方向に電流が流れるとインピーダンスでの電圧降下により電池電圧は低くなります．−10 ℃では放電開始後，しばらくしてから電池電圧が若干上昇しています．これは内部発熱によりインピーダンスが低下したためです．放電開始直後の電池温度は周囲と同じ−10 ℃です．しかし，放電電流により電池内部で発熱し，電池は内部

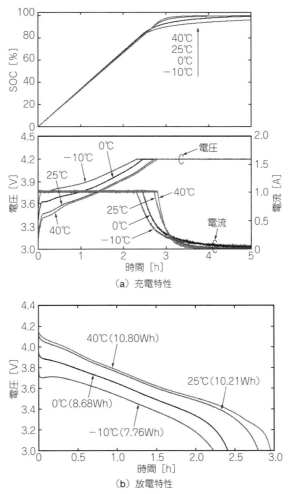

[図2-4] リチウム・イオン電池の充放電特性の温度依存性

から温められます. いわゆる自己加熱のような形で電池の温度が上昇してインピーダンスが低下するため, 電池電圧が若干回復します. このような自己加熱によるインピーダンスの変化は他の温度条件でも生じていますが, 周囲温度が0℃以上ではその効果は顕著ではありません.

● 放電容量のCレート依存性

　電池の放電容量は放電電流の大きさ, つまりCレートに依存します. Cレートが

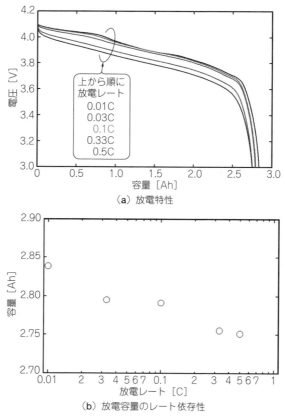

（a）放電特性

（b）放電容量のレート依存性

[図2-5] 放電特性のCレート依存性

大きければ大きいほど，放電容量は低下します．

　図2-5に，20℃における3000mAhのマンガン酸リチウム・イオン電池の放電特性のCレート依存性を示します．図2-5(a)より，Cレートが大きいほど放電電圧は低く推移し，放電容量[Ah]が小さくなります．図2-5(b)は放電容量[Ah]とCレートの関係をグラフ化したものです．Cレートが大きいほど，放電容量は一般的に小さくなります．

2-7 | リチウム・イオン電池を使用する際の注意点

　リチウム・イオン電池を使用するにあたって，いくつか絶対に守らなければいけ

ない事項があります．簡単にまとめると，電圧と電流と温度の観点で適切な範囲で使用する，ということになります．

● **過充電と過放電**（過電圧）

　電圧については，製造メーカで指定されている上限電圧と下限電圧の範囲内で電池を使用しなければいけません．

　上限電圧を上回るまで充電すると過充電状態となり，電池の早期劣化を引き起こしたり，最悪の場合は発火や爆発などの重大な事故につながります．

　下限電圧を下回るまで電池を放電させると過放電状態となります．過放電により直ちに電池が危険な状態になるわけではありませんが，過放電後に電池を充電すると事故につながる恐れがあります．

● **過電流**

　充放電電流についても指定があり，充電方向と放電方向で許容電流値は異なります．一般的には放電方向のほうが許容電流は大きく設定されています．

　また，許容電流は温度によっても異なり，低温での充電方向は特に条件的に厳しくなります．充電時は正極からのリチウム・イオンが負極に吸蔵されますが，電流が大きく温度が低い場合は，このプロセスが正常に進まず，負極表面にリチウムが析出する恐れがあります．

● **温度管理**

　温度についても規定されており，一般的に高温状態では電池の劣化が速く進行します．低温状態のほうが電池の劣化自体は抑制されますが，インピーダンスが増加することで電気的性能は低下する傾向にあります．

　また，温度が低すぎると上述のように充電時において電極表面にリチウムが析出してしまい，事故につながる恐れがあります．

　また，複数セルを直列接続してバッテリを構成する場合は，バッテリ・パック内での温度分布（ばらつき）について注意を払う必要があります．特にバッテリ・パックの物理的なサイズが大きい場合，パック内の位置によって温度環境が異なるため，比較的大きな温度分布が生じる傾向にあります．温度度分布が生じると，バッテリの平均温度が正常範囲内であったとしても，バッテリ・パック内の一部のセルが許容温度範囲を逸脱する可能性があります．

● セル電圧のばらつき

　セル単体の電圧は3.7 V前後と低いため，小電力用途を除いて負荷が要求する電圧を満足することができません．負荷が要求する電圧を満足するために，複数のセルを直列接続してバッテリを構成し，電圧を高めて使用するのが一般的です．直列接続したセルの特性が理想的にそろっている場合，各セルの電圧は均一です．しかし，実際のセルには個体差があり，特性は均一ではありません．

　バッテリを使用しているうちにセルの個体差は徐々に拡大し，セル電圧にばらつき（アンバランス）が生じます．セル電圧のばらついたバッテリでは，たとえバッテリ全体の電圧が適切な範囲内であったとしても，一部のセルが過充電もしくは過放電状態に陥る可能性があります．

　3セル直列で構成されるバッテリにおいて，セル電圧（SOC）がばらついた状態で充放電を行うイメージを**図2-6**に示します．3セルのSOCがそれぞれ60 %，60 %，80 %とばらついた状態（図の中央の状態）から充電を行うと，初期SOCの最も高いセルが過充電状態になる恐れがあります．放電の場合は逆で，初期SOCの低いセルが過放電に至る可能性があります．

　セルの電圧やSOCがばらつく要因はさまざまで，セルの個体差（容量，インピーダンス，自己放電など）のみならず，バッテリ内の温度分布によっても電圧ばらつきが引き起こされます．電池の特性（インピーダンス，自己放電など）や劣化率が温度に大きく依存するので，温度分布の生じたバッテリではセルの個体差が時間とともに拡大されることになります．特に，規模とサイズの大きなバッテリ（例えば電気自動車用など）では，すべてのセルの温度を均一に保つのは困難です．

　最近では電気自動車で使用済みとなったリチウム・イオン・バッテリを再利用（リユース）する試みが活発化しています．初期容量の80 %程度までバッテリの劣化が進むと，車載用として利用するには容量が不十分となります．しかし，車載用

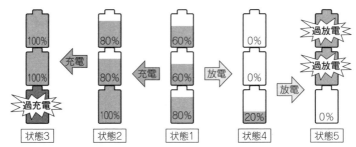

[図2-6] セルの電圧やSOCがばらついた状態でバッテリを充放電すると一部のセルが過充電もしくは過放電される恐れがある

と比べてサイズや重量への要求が高くない定置用途であれば，容量の低下した使用済みバッテリであってもまだ使うことができます．電気自動車での使用済みバッテリを回収し，再利用に適したセルを選別したうえで定置用バッテリを再構成します．

その際，別々の車両で異なる使用履歴を経たセルを組み合わせてバッテリを再構成することになるため，セルの特性が最初からある程度ばらつくことになります．セルの電気特性がそろうように選別したとしても，新品のセルと比べると個体差はどうしても大きくなります．つまり，新品のバッテリと比べて，リユース・バッテリではセルのばらつきが大きくなる傾向があります．

2-8 | リチウム・イオン電池で不可欠なバッテリ・マネジメント・システム BMS

電圧，電流，温度の観点で，電池メーカにより指定された範囲内でリチウム・イオン電池を使用しなければいけません．スマートフォンなどの単セルの製品であれば，指定範囲内で電池を使用するのは比較的容易です．しかし，多数個のセルから構成されるバッテリにおいては，バッテリを構成するすべてのセルを安全な範囲内で動作させなければいけません．

例えば，Tesla 社の電気自動車では 7000 個以上にものぼる多数の 18650 形のセルを用いてバッテリを構成する車種がありますが，すべてのセルを安全な範囲で動作させるためには，監視技術や制御技術を用いてバッテリ全体を適切に管理する必要があります．管理技術やそのほかの周辺技術を総称して，バッテリ・マネジメント・システム（BMS；Battery Management System）と呼びます．機能の詳細は第7章で解説しますが，ここではまず実物を見てみます．

● BMS の回路構成

BMS には，セル電圧計測，バッテリ電圧計測，バッテリ電流計測，充電制御，SOC 推定，温度測定，温度制御，過電圧保護，過電流保護，セル・バランス，外部機器との通信などが含まれます．

BMS は必ずしもこれらすべての機能を含むわけではなく，一部の機能をもったものでも BMS と呼ばれます．保護機能については特に重要で，ほぼすべての BMS 製品に搭載されています．

● 動作

ここでは BMS について，例を用いてごく簡単に説明します．電圧計測，過電圧

保護，過電流保護，セル・バランス機能をもつ4セル・バッテリ用BMSのブロック構成を**図2-7**に示します．**写真2-2**は6セル用BMSの一例です．

　セル電圧を個別に計測し，安全な電圧範囲でセルが動作しているかどうかを監視

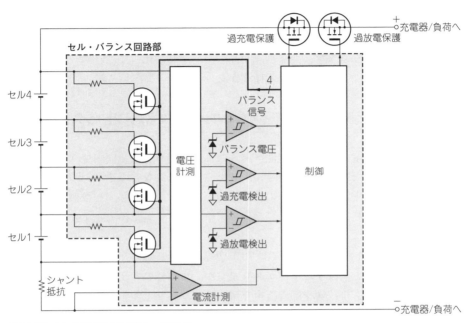

[図2-7] 4セル用BMSのブロック構成

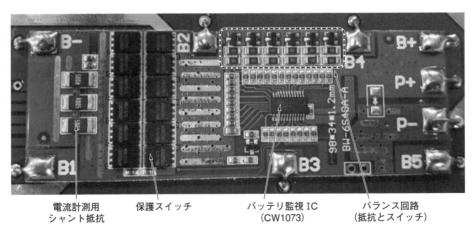

[写真2-2] リチウム・イオン電池で不可欠！バッテリ・マネジメント・システムBMS（6セル用の例）

します．いずれかのセル電圧が上限値を超えて過充電状態となった場合，過充電保護用MOSFETをOFFにしてバッテリを保護します．セル電圧が再び適切な範囲内に戻ってくるまで過充電保護用MOSFETがOFFの状態を継続します．

　過放電保護についても同様です．いずれかのセル電圧が下限を下回り過放電状態となった場合は，過放電保護用MOSFETをOFFにします．充電によりセル電圧が安全な範囲に戻ってくるまで，この状態を継続します．バッテリ電流についてはシャント抵抗で計測し，許容値を上回る過電流が検出された際に保護用MOSFETをOFFにしてバッテリを遮断します．

　各セルと並列に抵抗とスイッチ(MOSFET)が接続されており，これらによってセル・バランス，つまりセル電圧のばらつきを解消します．電圧の高いセルに対するMOSFETをONにし，そのセルのエネルギーを消費させることでセルの電圧を均一化します．

　セル・バランスの手法としてはさまざまな方法があり，図2-7における抵抗とスイッチを用いた回路はあくまで1手法です．抵抗とスイッチを用いた手法は回路が非常に簡素でありICとの親和性も高いため，多くのBMS製品で採用されています．

半固体リチウム・イオン電池の特性

　次世代電池として，固体電池への期待が高まっています．従来電池で用いられる液体の電解質を固体電解質に置き換えたものが固体電池であり，液体を封入するための容器が不要，高い形状自由度，発火リスクの低減，などのメリットがあります．さらに，エネルギー密度が高く，急速充電性能や安全性も優れているため，次世代の電気自動車用リチウム・イオン電池として大きな期待が寄せられています．しかし，寿命に課題があるため目立った製品化は行われておらず，実用化は2020年代後半以降であると予想されています（固体電池とうたう製品が一部で実用化されてはいるが，実際には完全な固体ではない）．

　固体電池と比べるとメリットが目減りすると言われてはいますが，半固体リチウム・イオン電池（EnerCera，日本ガイシ）が先駆けて製品化されています（**写真2-A**）．ラミネート・タイプのセルとコイン・セルが販売されています．写真はラミネート・タイプ（EC382704P-C）のセルで，4.3 V充電時の公称容量は27 mAhです．消費電力の小さな無線センサ・ネットワークなどの電源としての利用が期待できます．

　充放電特性を取得した結果を**図2-A**に示します．恒温槽内にセルを置き，20 mA-4.2 VでのCC-CV充電，20 mAでのCC放電により特性を取得しました[(1)]．小さな電流をシャント抵抗で測定したため，電流値にノイズが重畳しています．汎用の電解液を用いたリチウム・イオン電池と類似の充放電カーブが観察され，低温（0 ℃）で放電電圧ならびに放電容量は大きく低下しました．

◆参考文献◆

(1) パワーエレクトロニクス研究室—Power Electronics Lab.；半固体リチウムイオン電池, https://youtu.be/aXtv3TEaO60

[写真2-A] 半固体リチウム・イオン電池(EnerCera, 日本ガイシ)

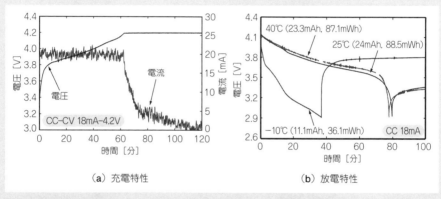

（a）充電特性 　　　　　　　　　　（b）放電特性

[図2-A] 半固体リチウム・イオン電池(EnerCera, 日本ガイシ)の特性

リモート・センシングしないと充電時間はどれくらい長くなるか

● 電源が一般に備える負荷側電圧のリモート・センシング

　安定化電源などの電源装置では，装置の端子電圧が設定値となるように制御し，一定電圧を出力します．電源装置と負荷は一般にはケーブルで接続されますが，電流が流れるとケーブルの抵抗成分で電圧降下が生じます．例えば，**図2-B(a)** のように負荷に5.0 V, 1.0 Aの電力を供給するとします．往復で100 mΩの抵抗成分を有するケーブルを用いた場合，ケーブルでの電圧降下により，基板への供給電圧は4.9 Vとなってしまいます．このようなケーブルの電圧降下を補正するために，電源装置は一般的にリモート・センシング機能を備えています．

　リモート・センシング機能を有効にすると，電圧計測ポイントを装置自体の端子ではなく，離れた場所を計測（リモート・センシング）し，その場所の電圧が設定値と一致するような制御を行うようになります．先ほどの例の場合だと，**図2-B(b)** のように負荷直近の電圧をリモート・センシングで計測し，ここが5.0 Vとなるように制御を行います．リモート・センシングを行う場合でもケーブルでの電圧降下が発生するため，電源装置の出力端子電圧は5.1 Vになります．つまり，負荷に5.0 Vを供給するために，電源は5.1 Vを出力するという状態になります．これは1.0 Aを供給する場合の例ですが，電流値が変化した場合においても常に回路基板の電圧が5.0 Vとなるように，電源出力端子の電圧は変化します．

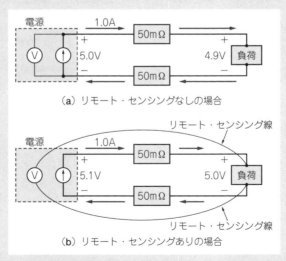

（a）リモート・センシングなしの場合

（b）リモート・センシングありの場合

[図2-B] ケーブルでの電圧降下を補正するリモート・センシング

● 充電回路もリモート・センシングは重要

　リモート・センシングはリチウム・イオン電池の充電においても非常に重要です．**図2-4**で説明したように，電池の充電速度（SOCの上昇速度）はインピーダンスに影響を受けます．リモート・センシング機能を使用しない場合，電源装置から電池側を見ると，電池とケーブル抵抗が直列接続された格好となります．つまり，ケーブルの抵抗成分が電池に直列に接続された形となるため，等価的にはケーブル抵抗ぶんだけ電池インピーダンスが増加することになります．等価的な電池インピーダンスが増加するということは，充電速度も遅くなります．

　往復の抵抗値が140 mΩのケーブルを用いて，3400 mAhのリチウム・イオン電池を4.2 V, 1.0 Aで充電しました．リモート・センシング機能を使用した場合と使用しない場合の特性を**図2-C**に示します．充電開始後2.5時間ほどまでの特性は同じですが，リモート・センシング機能を使用しない場合は充電電流が絞られるタイミングが早くなります．電流が絞られ始めたときの電池電圧は4.1 V程度ですが，電源装置の端子電圧は4.2 Vに達しており，電源装置はCV充電に移行しています．つまり，電源装置としては1.0 A, 4.2 VのCC-CV充電を行っていますが，ケーブルの電圧降下によって電池本体としては適切にCC-CV充電されていない状態です．それに対して，リモート・センシングを用いた場合は電池電圧が4.2 Vに到達したタイミングで充電電流が絞られ始めており，適切にCC-CV充電が行われています．

　この実験条件では，リモート・センシング機能を用いることで，CC充電で90 ％のSOCに到達していますが，リモート・センシング機能を用いない場合は80 ％にとどまっています．

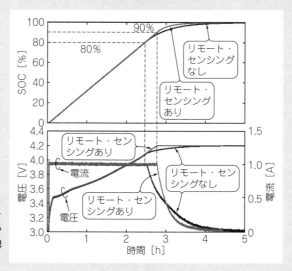

[図2-C] リモート・センシングを用いた場合と用いない場合のリチウム・イオン電池の充電特性

第**3**章

ナイキスト・プロットによる視覚化でつかむ
状態や劣化を測る…
電池の重要特性「インピーダンス」

　第2章で，リチウム・イオン電池の充電速度や放電電力量がインピーダンスの影響を受けることについて解説しました．そのほか，インピーダンスの値によってバッテリの充放電エネルギー効率も影響を受けます．また，複数のセルで構成されるバッテリでは，セルのインピーダンス値のばらつきによって発熱量に差異が生じ，これがバッテリ内での温度不均一や劣化の加速を引き起こす可能性があります．

　このように，インピーダンスはリチウム・イオン電池のさまざまな特性に影響を与えるため，リチウム・イオン電池の特性について理解するためにはインピーダンスのふるまいについて把握しておく必要があります．本章では，交流インピーダンス測定の基礎とリチウム・イオン電池のインピーダンス・モデルについて解説します．

3-1 　　　リチウム・イオン電池のインピーダンスと測定

● イメージは*R*と*C*の合成
　リチウム・イオン電池のインピーダンスは，簡易的には抵抗成分と容量成分の合成で表されます．詳細には，電気回路素子で単純に表すことのできない非線形要素も含まれてきます．

● 測るしかない…交流インピーダンス測定
　リチウム・イオン電池のインピーダンス評価には電気化学インピーダンス分光法（EIS；Electrochemical Impedance Spectroscopy）が用いられ，一般には交流インピーダンス測定と呼ばれます．交流インピーダンス測定は，コンデンサやインダクタなどの電気回路部品，さらには太陽電池や燃料電池などの評価にも用いられている汎用性の高い評価手法です．

● 交流インピーダンス測定の基本

　図3-1に示すように，ブラック・ボックスで表されるインピーダンス網に対して，ある周波数の交流電圧(もしくは交流電流)を与え，その際の電流応答(もしくは電圧応答)からインピーダンスを算出します．交流インピーダンスの測定には，周波数応答分析器(FRA；Frequency Response Analyzer)，インピーダンス・アナライザなどが用いられます．電子デバイスのインピーダンス測定では*LCR*メータが用いられることもあります．いずれも，分析器で生成した交流電圧/電流を被測定物に与え，その応答を分析器で測定してインピーダンスを求めます．

　電流容量の大きなデバイスのインピーダンス測定では，バイポーラ電源などの外部電源を用いて被測定物に交流電圧/電流を与えます．また，燃料電池や太陽電池などの発電デバイスに対しては，電子負荷を用いて負荷電流に交流電流を重畳させ，発電デバイスに交流電圧/電流を与えます．以上は実験室で専用分析器を用いてインピーダンス測定を行う手法の例ですが，DC-DCコンバータやセル・バランス回路などの電力変換回路を用いて交流電圧/電流を被測定物に与え，インピーダンス測定を行う手法も多数開発されています[1]~[4]．

　被測定物に与える交流電圧/電流の周波数を掃引することで，任意の周波数範囲でインピーダンス特性を得ることができます．インピーダンスは複素数であり，実部Rと虚部X(リアクタンス)を用いて次式で表されます．

$$Z = R + jX \quad\cdots\cdots\cdots\cdots\cdots\cdots\cdots\cdots\cdots\cdots\cdots\cdots\cdots\cdots\cdots\cdots (1)$$

絶対値$|Z|$と位相θの形式で表すと次のようになります．

$$|Z| = \sqrt{R^2 + X^2} \quad\cdots\cdots\cdots\cdots\cdots\cdots\cdots\cdots\cdots\cdots\cdots\cdots\cdots (2)$$

$$\theta = \tan^{-1}\frac{X}{R} \quad\cdots\cdots\cdots\cdots\cdots\cdots\cdots\cdots\cdots\cdots\cdots\cdots\cdots (3)$$

　交流インピーダンスは，ボード線図もしくはナイキスト・プロット(コール-コール・プロット)の形式で表されるのが一般的です．

　ボード線図では周波数の対数を横軸にとり，インピーダンスの対数と位相を縦軸で表します．横軸が周波数なのでインピーダンスの周波数特性を把握するのに都合が良く，コンデンサやインダクタやトランスなど，インピーダンス・モデルが単純

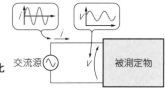

[図3-1] リチウム・イオン電池の状態や劣化を調べられる交流インピーダンス測定

交流源　被測定物

な電気回路部品の評価に用いられる場合が多いです.

　一方, ナイキスト・プロットではインピーダンスの実部を横軸にとり, 虚部の負の値を縦軸で表します. ナイキスト・プロットでは, 横軸と縦軸のスケールが1:1となるようにグラフを作成する必要があります. RC 並列回路の節で後述しますが, ナイキスト・プロット上で描かれる軌跡の形状がインピーダンス評価において重要な意味をもちます. 縦軸と横軸のスケールが1:1で統一されていない場合, 軌跡の形状がひずんでしまい, インピーダンス特性の適切な把握ができなくなってしまいます.

● インピーダンス変化を視覚的にとらえるナイキスト・プロット

　リチウム・イオン電池や太陽電池など, インピーダンス・モデルが比較的複雑なデバイスの評価では, ナイキスト・プロットでインピーダンス特性を表すことが多いです. ナイキスト・プロット上で描かれる軌跡からインピーダンス・モデルを推測したり, インピーダンス変化のようすを視覚的にとらえることができるため, 動作状態によってインピーダンスが大きく変化するデバイス(リチウム・イオン電池や燃料電池, 太陽電池など)の評価に好都合です. また, どの象限に軌跡が現れるかによっても, インピーダンスの正体を推測するのに役立ちます.

　例えば, 式(1)より $X = \omega L$ など正の値となる場合, 被測定物のリアクタンスは誘導性であり, インピーダンス特性はナイキスト・プロットの第4象限上の軌跡として観察されます. 逆に, $X = -1/\omega C$ など負の値となる場合は容量性リアクタンスとなるため, 軌跡は第1象限に現れます.

　一例として, 3000 mAhのマンガン酸リチウム・イオン電池のナイキスト・プロットを図3-2に示します. 横軸はインピーダンスの実部, 縦軸は虚部の負の値です. 縦軸と横軸ともに20 mΩ/divで, スケールは1:1です. 第1象限と第4象限に軌跡が現れます. 第4象限で観察される部分は電池の構造などに由来するインダクタンス成分を表しており, 電池単体のインピーダンス評価では無視される場合がほとんどです.

　一方, 第1象限上の軌跡は電池反応に由来する容量性や抵抗成分を表す部位であり, 電池内部の情報を探るうえで大きな意味をもちます. 具体的には, この半円と横軸(実軸)との切片の値や半円の直径などが, 電池の内部インピーダンスに関する重要な情報を含んでいます.

　本章では最初に, 図3-3に示す3種類の基本回路のインピーダンスをボード線図とナイキスト・プロットで描き, 定数が変化した際のようすについて解説します.

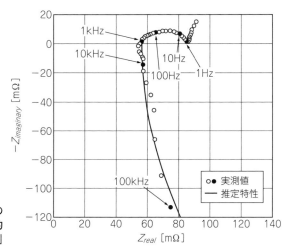

[図3-2] リチウム・イオン電池の
複雑なインピーダンス変化を視覚的
につかめる「ナイキスト・プロット」

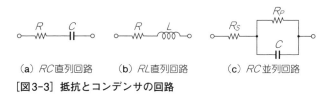

（a）RC直列回路　　（b）RL直列回路　　（c）RC並列回路

[図3-3] 抵抗とコンデンサの回路

次に，リチウム・イオン電池の簡易インピーダンス・モデルや，実際のインピーダ
ンス特性を表現するために用いられる特殊な素子について解説します．

3-2 | モデル化の準備①…「RC直列」回路の交流インピーダンス

● インピーダンスの数式表現

図3-3(a)に示すRC直列回路のインピーダンスは次式で与えられます．

$$Z = R + \frac{1}{j\omega C} \quad\text{··}\text{(4)}$$

Rは抵抗値，Cは静電容量，ωは角周波数です．絶対値$|Z|$と位相θの形式で表
すと次のようになります．

$$|Z| = \sqrt{R^2 + \frac{1}{(\omega C)^2}} \quad\text{·····································}\text{(5)}$$

$$\theta = \tan^{-1}\left(-\frac{1}{\omega CR}\right) \quad\text{·····································}\text{(6)}$$

ωを大きくすると$(\omega \to \infty)$，リアクタンスXの成分は0に近づくため，$|Z| \approx R$に収束します．一方，ωを小さくすると$(\omega \to 0)$，$|Z| \approx 1/\omega C$になります．RC直列回路のインピーダンスが容量性となる低周波領域と，抵抗性となる高周波領域の境界に相当する周波数が折れ点周波数f_{cnr}であり，式(4)の実部Rと虚部$1/\omega C$が等しいときの周波数に相当します．

$$f_{cnr} = \frac{1}{2\pi CR} \dotfill (7)$$

周波数がf_{cnr}のときのθは，式(6)より$-45°$となります．

● RC直列回路のボード線図

RC直列回路において$C = 1$ mFに固定しつつ，Rを100 mΩ，500 mΩ，1.0 Ωと変化させた際のボード線図を図3-4(a)に示します．高周波領域で$|Z|$はそれぞれのRの値に収束し，θは0°になります．一方で，低周波域での$|Z|$はRの値に依存せず，θは$-90°$に漸近します．つまり，RC直列回路の低周波域のインピーダンス特性はCで決定されることがわかります．これは低周波域では，式(5)より$R^2 \ll 1/(\omega C)^2$となるためです．また，Rの値が小さいほどf_{cnr}は高くなることがわかります．$R = 1.0$ Ωでは159 Hzですが，$R = 100$ mΩでは3183 Hzとなります．

RC直列回路で$R = 500$ mΩに固定し，Cを0.1 mF，1 mF，10 mFと変化させたときのボード線図を図3-4(b)に示します．高周波域の$|Z|$はCの値によらずRと同値である500 mΩとなり，θは0°となります．すなわち，高周波域でのインピーダンスはCによらずRで決定されることがわかります．一方，周波数が低くなるにつれて$|Z|$は大きくなり，θは$-90°$に漸近します．低周波での$|Z|$はCの値に依存し，Cが大きいほど$|Z|$は小さくなります．また，Cが大きいほどf_{cnr}は低くなります．

以上の2つのボード線図より，RC直列回路の高周波域と低周波域のインピーダンスはRとCでそれぞれ決定され，その境界がf_{cnr}です．ボード線図は横軸が周波数なので，どの程度の周波数でインピーダンスが容量性を示すのか，どの程度位相が遅れるのかなどを把握するのに都合が良いことがわかります．

● RC直列回路インピーダンスの視覚化

図3-4と同じインピーダンス特性をナイキスト・プロットで表したものが図3-5です．RC直列回路のインピーダンスは，ナイキスト・プロット上の第1象限上(インピーダンスの虚部$Z_{imaginary}$が負の領域)に縦軸と並行な軌跡として現れます．

ナイキスト・プロットの横軸はインピーダンスの実部，つまり抵抗成分を表すた

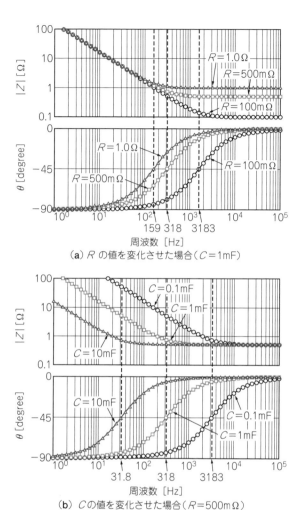

(a) R の値を変化させた場合(C=1mF)

(b) C の値を変化させた場合(R=500mΩ)

[図3-4] RC 直列回路のボード線図

め，**図3-5**(a)において横軸との切片の値は R(100 mΩ，500 mΩ，1.0 Ω)に相当します．高周波域($f\rightarrow\infty$)では，式(4)の虚部が0に近づくため，横軸との切片が Z の値になります．低周波域($f\rightarrow0$)では虚部が大きくなる，つまり Z は横軸から離れていくことになります．

　一方，R の値を固定しつつ C の値を変化させた場合の軌跡は**図3-5**(b)で，ナイキスト・プロット上で一致してしまっています．ナイキスト・プロットでは周波数

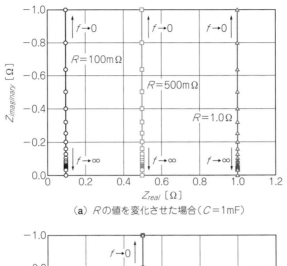

(a) Rの値を変化させた場合（C＝1mF）

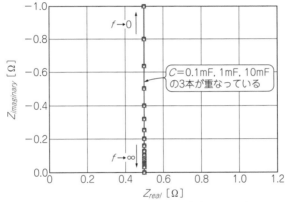

(b) Cの値を変化させた場合（＝500mΩ）

[図3-5] RC直列回路のナイキスト・プロット

を軸に取らないため，注釈などで補足しないかぎりはインピーダンスの周波数情報が失われてしまいます．

　このように，ナイキスト・プロットではRC直列回路のCの値が変化した際のようすを捉えにくいため，容量変化に着目したインピーダンス評価（セラミック・コンデンサのDCバイアス特性など）には適当ではないことがわかります．

3-3 モデル化の準備②…「RL直列」回路の交流インピーダンス

● インピーダンスの数式表現

図3-3(b)に示したRL直列回路のインピーダンスZは次式で与えられます.

$$Z = R + j\omega L \quad\cdots\cdots\cdots\cdots\cdots\cdots\cdots\cdots\cdots\cdots\cdots\cdots\cdots\cdots (8)$$

Lはインダクタンスです. 絶対値$|Z|$と位相θはそれぞれ, 次のようになります.

$$|Z| = \sqrt{R^2 + (\omega L)^2} \quad\cdots\cdots\cdots\cdots\cdots\cdots\cdots\cdots\cdots\cdots\cdots (9)$$

$$\theta = \tan^{-1}\frac{\omega L}{R} \quad\cdots\cdots\cdots\cdots\cdots\cdots\cdots\cdots\cdots\cdots\cdots\cdots (10)$$

リアクタンス成分Xはωに比例するため, 高周波で$|Z| \approx \omega L$となります. 逆に, ωを小さくすると$(\omega \rightarrow 0)$, $|Z| \approx R$に収束します. RL直列回路のインピーダンスが誘導性となる高周波領域と, 抵抗性となる低周波領域の境界に相当する折れ点周波数f_{cnr}は, 式(8)の実部Rと虚部ωLが等しいときの周波数に相当します.

$$f_{cnr} = \frac{R}{2\pi L} \quad\cdots\cdots\cdots\cdots\cdots\cdots\cdots\cdots\cdots\cdots\cdots\cdots\cdots (11)$$

周波数がf_{cnr}におけるθの値は, 式(10)より45°です.

● RL直列回路のボード線図

RL直列回路のRの値を0.1 Ω, 0.5 Ω, 1.0 Ωと変化させた際のボード線図を図3-6(a)に示します. RC直列回路とは異なり, RL直列回路では高周波領域で周波数とともに$|Z|$は上昇し, θは90°になります. 式(9)より高周波領域では$(\omega L)^2 \gg R^2$となるため, $|Z|$の値はRの値には依存せず, Lの値と周波数で決定されます. 一方, 低周波域で$|Z|$の値はそれぞれの抵抗値に収束し, θは0°になります. また, Rの値が大きいほどf_{cnr}は高くなり, 抵抗性を示す領域が高周波まで伸びます.

RL直列回路のRを1.0 Ωに固定しつつ, Lを0.1 mH, 1 mH, 10 mHと変化させたときのボード線図を図3-6(b)に示します. 低周波域の$|Z|$はLの値によらず1.0 Ω, θは0°となることから, 低周波域でのインピーダンスはLによらずRで決定されます. 周波数が高くなるにつれて$|Z|$は大きくなり, θは90°に漸近しますが, $|Z|$はLの値に依存します. Lが大きいほど$|Z|$も大きくなり, f_{cnr}は低くなります.

● RL直列回路インピーダンスの視覚化

図3-6のボード線図のインピーダンス特性をナイキスト・プロットで表したもの

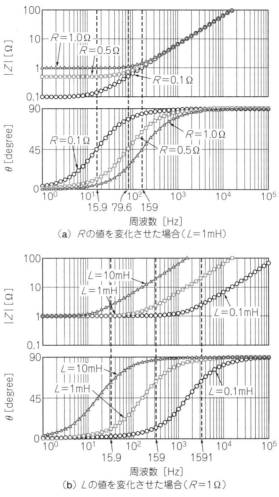

（a）Rの値を変化させた場合（L=1mH）

（b）Lの値を変化させた場合（R=1Ω）

[図3-6] RL直列回路のボード線図

が図3-7です.

　RL直列回路のインピーダンスは，ナイキスト・プロット上の第4象限上（インピーダンスの虚数成分$Z_{imaginary}$が正の領域）に縦軸と並行な軌跡として現れます．RC直列回路の場合と同様，図3-7(a)における横軸との切片はRの値に相当します．高周波域（$f \to \infty$）では，式(8)の虚数成分は∞となるため，Zは横軸から離れた点となります．低周波（$f \to 0$）では虚数成分が0に近づくため，横軸との切片がZとなり

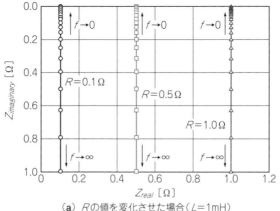

(a) Rの値を変化させた場合（L=1mH）

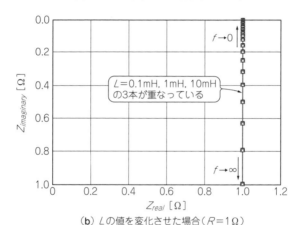

(b) Lの値を変化させた場合（R=1Ω）

[図3-7] RL直列回路のナイキスト・プロット

ます.

　Rの値を1.0Ωに固定しつつLの値を変化させた特性を**図3-7（b）**に示します. ナイキスト・プロット上で軌跡は一致してしまっています. RC直列回路と同様, ナイキスト・プロットではインピーダンスの周波数情報が失われるため, RL直列回路においてLが変化した際のようすを捉えるのが難しくなります.

3-4 | モデル化の準備③…「RC並列」回路のインピーダンス

● インピーダンスの数式表現

抵抗R_SとRC並列回路を直列接続した構成(ここでは単に並列回路と呼ぶ)を図3-3(c)に示します。この回路は、リチウム・イオン電池や燃料電池、さらには太陽電池などの簡易インピーダンス・モデルとしてよく用いられます。この回路はR_Sと$R_P//C$回路を直列接続したものなので、インピーダンスZは次式で与えられます。

$$
\begin{aligned}
Z &= R_S + R_P//C \\
&= R_S + \frac{R_P}{1+(\omega C R_P)^2} - \frac{j\omega C R_P^2}{1+(\omega C R_P)^2} \quad\cdots\cdots\cdots\cdots\cdots (12)
\end{aligned}
$$

絶対値$|Z|$と位相θの形式で表すと次のようになります。

$$
|Z| = R_S + \frac{1}{\sqrt{\left(\dfrac{1}{R_P}\right)^2 + (\omega C)^2}} \quad\cdots\cdots\cdots\cdots\cdots\cdots\cdots\cdots (13)
$$

$$
\theta = \tan^{-1} \frac{-\omega C R_P^2}{R_P + R_S\{1+(\omega C R_P)^2\}} \quad\cdots\cdots\cdots\cdots (14)
$$

式(13)の右辺第2項目は、R_PとCの並列回路($R_P//C$)を表しています。

● RC並列回路のボード線図

$R_S = 50\ \text{m}\Omega$, $C = 1\ \text{mF}$に固定し、R_Pの値を変化させた際のボード線図を図3-8(a)に示します。R_PとCの並列回路($R_P//C$)のインピーダンスは高周波で0に近づくため、高周波域で$|Z| \approx R_S$となり、$50\ \text{m}\Omega$に収束しています。また、高周波では抵抗性の特性を示し、θは0°になります。一方、低周波で$R_P//C$のインピーダンスはおよそR_Pと等しくなるため、等価的にR_SとR_Pの直列回路となります。よって、$|Z| \approx R_S + R_P$, θは0°になります。中間の周波数領域で$|Z|$は変化し、位相遅れが観察されます。全体的な傾向としては、R_Pの変化は高周波領域の特性には影響を与えないことが図3-8(a)からわかります。

図3-8(b)は、Cの値を変化させた際のボード線図です。高周波と低周波の$|Z|$は3条件ともに同じ値に収束していますが、周波数とともに$|Z|$やθが変化する周波数域に差異が生じています。

図3-8(c)は、R_Sの値を変化させたときの特性です。R_Sの値が大きいほど、$|Z|$

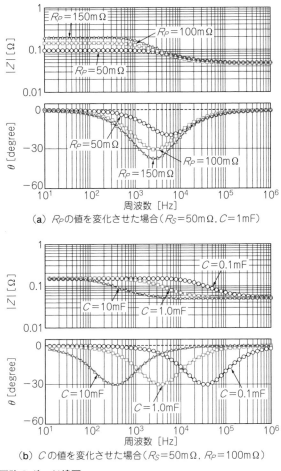

(a) R_P の値を変化させた場合(R_S＝50mΩ, C＝1mF)

(b) C の値を変化させた場合(R_S＝50mΩ, R_P＝100mΩ)

[図3-8] *RC* 並列回路のボード線図

の特性は全体的に上方向にもち上がり，R_S が小さいときは逆になります．式(12)からわかるように，直列抵抗 R_S の項は ω とは無関係であり，すべての周波数領域で特性に影響を与えます．

● **RC 並列回路インピーダンスの視覚化**

図3-8で示したインピーダンス特性をナイキスト・プロットで表したのが**図3-9**です．*RC* 並列回路はナイキスト・プロットの第1象限上で，左切片が R_S で半径が R_P の半円として現れます．そして，半円の頂点における周波数 f の情報から，次式

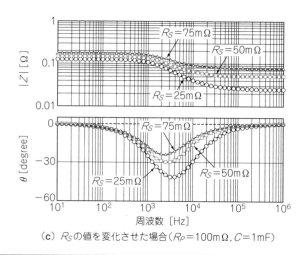

（c）R_Sの値を変化させた場合（R_P＝100mΩ，C＝1mF）

に基づきCの値を算出することができます．

$$f = \frac{1}{2\pi C R_P} \quad\cdots\cdots\cdots\cdots\cdots\cdots\cdots\cdots\cdots\cdots\cdots\cdots\cdots\cdots\cdots\cdots\cdots\cdots\cdots\cdots \text{(15)}$$

　ここで，周波数[Hz]の逆数である$C \times R_P$は時間[s]の単位をもち，時定数と呼ばれます．

　ナイキスト・プロットのグラフを作成する際は，縦軸と横軸のスケール比が1：1となるように注意を払う必要があります．スケールが1：1でない場合，時定数回路の軌跡は楕円のようなひずんだ形となってしまい，インピーダンス特性を適切に把握することができなくなります．

　実際のリチウム・イオン電池のインピーダンス・モデルには，電気回路素子で単純に表すことのできない非線形要素が含まれてきます．ナイキスト・プロット上における実際の軌跡は理想的な半円ではなく，楕円状のひずんだ軌跡が観察される場合がほとんどです．しかし，スケールが1：1でない場合，電池本来のナイキスト・プロットの軌跡が楕円なのか，それともスケールが不適切であるが故に楕円なのかの区別がつかなくなります．

　図3-9（a）はR_Pの値を変化させた場合の軌跡です．半円の左切片の位置はそのままで半円の大きさが変化しています．RC並列回路のR_Pはナイキスト・プロット上での半円の直径に相当するため，R_Pの変化を視覚的にとらえることができます．また，**図3-9**（b）ではR_Sの値を変化させていますが，半円の大きさはそのままで，

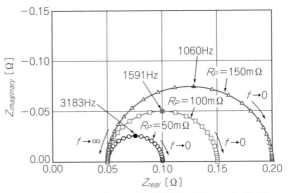

（a）R_Pの値を変化させた場合（R_S＝50mΩ，C＝1mF）

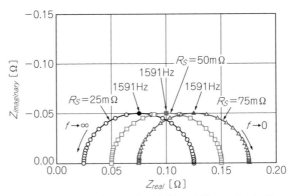

（b）R_Sの値を変化させた場合（R_P＝100mΩ，C＝1mF）

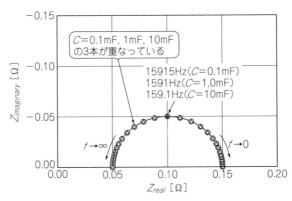

（c）Cの値を変化させた場合（R_S＝50mΩ，R_P＝100mΩ）

[図3-9] RC並列回路のナイキスト・プロット

R_Sの値に応じて半円が横方向にスライドしています．これは，半円の左切片がR_Sの値で決定されるためです．

　以上のように，時定数回路におけるR_SやR_Pの変化はナイキスト・プロット上で視覚的に表れるため，充放電状態や温度によってインピーダンスが大きく変化するリチウム・イオン電池の評価に好都合です．一方，**図3-9(c)**に示すCの値を変化させた場合は，半円の頂点の周波数値は変化するものの，ナイキスト・プロット上での軌跡の形状変化は見られません．よって，Cの変化について評価する場合は，ナイキスト・プロットにおいても周波数の情報は不可欠です．

3-5 ｜ リチウム・イオン電池のインピーダンス

● 簡易インピーダンス・モデル

　電池では，正極と負極が電解液を挟んで対向した構成をとります．電池のインピーダンスは簡易的に，正極と負極はRC並列回路，電解液は純抵抗として表すことができます．

　図3-10にリチウム・イオン電池の簡易インピーダンス・モデルを示します．V_{OCV}は電池の開放電圧です．電圧源のインピーダンスは理想的にはゼロなので，インピーダンス・モデルの観点からV_{OCV}は無視することができます．正極と負極はともに電荷移動抵抗R_{ct}と電気2重層容量C_{dl}の並列接続から構成されるRC並列回路で表されます．電気2重層容量C_{dl}(Electric Double-Layer Capacitance)は，電極と電解液の界面に形成される容量成分を表すものです．また，界面における電荷移動反応の速度は電流と比例関係にあるため，電荷移動抵抗R_{ct}(Charge Transfer Resistance)は反応の起こりにくさの指針となります[5]．R_{sol}は電解液抵抗です．

　図3-10の簡易インピーダンスは，2つのRC並列回路とR_{sol}の直列接続で表されます．よって，この回路のインピーダンスは次式となります．

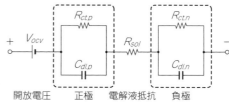

[図3-10] リチウム・イオン電池の簡易インピーダンス・モデル

開放電圧　正極　電解液抵抗　負極

$$Z = R_{sol} + \{R_{ct.p} // C_{dl.p}\} + \{R_{ct.n} // C_{dl.n}\}$$
$$= R_S + \left\{ \frac{R_{ct.p}}{1 + (\omega_{Cdl.p} R_{ct.p})^2} - \frac{j\omega C_{dl.p} R_{ct.p}^2}{1 + (\omega C_{dl.p} R_{ct.p})^2} \right\}$$
$$+ \left\{ \frac{R_{ct.n}}{1 + (\omega C_{dl.n} R_{ct.n})^2} - \frac{j\omega C_{dl.n} R_{ct.n}^2}{1 + (\omega C_{dl.n} R_{ct.n})^2} \right\} \cdots\cdots\cdots\cdots\cdots\cdots (16)$$

ここで，$R_{ct.p}$と$C_{dl.p}$は正極の電荷移動抵抗と電気2重層容量です．$R_{ct.n}$と$C_{dl.n}$は負極を表しています．

簡易インピーダンス・モデルは，正極と負極で2つのRC並列回路を有しているので，条件によってはナイキスト・プロット上に2つの半円が現れます．そして，2つの半円の直径と頂点の周波数情報から，正極と負極の定数（R_PとC_{dl}）を個別に求めることができます．しかし，2つのRC並列回路の特性（時定数）が似通っている場合は2つの半円が重なり合ってしまい，まるで1つの半円や楕円のように見えるケースが多々あります．そのような場合は2つの半円の分離は困難となり，正極と負極の定数を個別に求めることはできなくなります．

正極の定数を$R_{ct.p} = 100\ \mathrm{m\Omega}$，$C_{dl.p} = 1.0\ \mathrm{mF}$としつつ，$R_{sol} = 50\ \mathrm{m\Omega}$，$R_{ct.n} = 125\ \mathrm{m\Omega}$に固定した状態で$C_{dl.n}$を変化させたときのナイキスト・プロットを図3-11に示します．正極の時定数$C_{dl.p} \times R_{ct.p}$は$1.0 \times 10^{-4}\ \mathrm{s}$です．$C_{dl.n} = 1.0\ \mu\mathrm{F}$のとき（負極の時定数$C_{dl.n} \times R_{ct.n}$は$1.25 \times 10^{-7}\ \mathrm{s}$），明確に2つの半円を確認できます．左側の半円の直径は125 mΩなので，$R_{ct.n}$と$C_{dl.n}$に相当する負極の軌跡を表しています．右の半円の直径は100 mΩなので，こちら側が正極（$R_{ct.p}$と$C_{dl.p}$）の軌跡ということになります．

次に，$C_{dl.n} = 0.1\ \mathrm{mF}$（負極の時定数は$1.25 \times 10^{-5}\ \mathrm{s}$）にした場合の特性に注目します．$C_{dl.n} = 1.0\ \mu\mathrm{F}$の場合と比べて2つの半円の区別がつきにくくなり，楕円状の軌

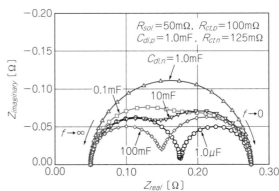

[図3-11] リチウム・イオン電池の簡易インピーダンス・モデルのナイキスト・プロット

跡のようにも見えます．さらに$C_{dl.n}$を$C_{dl.p}$と同じ1.0 mFとした場合，2つの半円の境界は完全になくなり，直径が225 mΩの1つの半円となります．$C_{dl.n}$の値を$C_{dl.p}$よりも大きな10 mFとすると（負極の時定数は1.25×10^{-3} s），再び2つの半円が現れ始めます．さらに$C_{dl.n} = 100$ mFとすると（負極の時定数は1.25×10^{-2} s），明確に2つの半円が現れます．しかし，今度は左右の半円の直径の関係が入れ替わっており，左の半円が正極（$R_{ct.p} = 100$ mΩ，$C_{dl.p} = 1.0$ mF），右が負極（$R_{ct.n} = 125$ mΩ，$C_{dl.n} = 100$ mF）です．

これらの傾向から，正極と負極の時定数の値が十分に異なる場合（**図3-11**の例で時定数が2桁異なる場合），ナイキスト・プロット上で2つの半円を明確に区別することができます．また，時定数の小さな極が左側の半円，時定数の大きな極が右側の半円として現れます．しかし，時定数の値が近い場合，2つの半円が重なり合ってしまい分離することは困難となります．

● 実際の電池特性を表すための等価回路要素CPE

ここまでは，リチウム・イオン電池のインピーダンスは理想的に**図3-10**の等価回路で表現できるものとして説明してきました．しかし，実際の電池のナイキスト・プロットは理想的な半円ではなく，ひずんだ半円として観察される場合がほとんどです．これは，電極の幾何学的形状などに起因する電流密度など各種の不均一性によるものです．

このひずんだ半円の軌跡を再現するために，Constant Phase Element（CPE）と呼ばれる等価回路要素が採用されます．CPEと直列抵抗R_Sで構成される回路を**図3-12**(a)に示します．この回路のインピーダンスは，次式で表されます．

$$Z = R_S + Z_{CPE}$$
$$= R_S + \frac{1}{(j\omega)^\alpha Q} \quad\cdots\cdots\cdots\cdots\cdots\cdots\cdots\cdots\cdots\cdots\cdots\cdots\cdots\cdots\cdots\cdots (17)$$

CPE単体のインピーダンスZ_{CPE}におけるQはアドミタンスに相当する定数，αは0～1.0の範囲の定数です．$\alpha = 1.0$のとき，Z_{CPE}は純粋なコンデンサのインピーダンスと同じになります．$\alpha = 1.0$のときのナイキスト・プロットは**図3-5**のように実軸に対して90°（虚軸と水平）の特性となりますが，$\alpha \neq 1.0$では**図3-12**(b)に示すように90°×αだけ傾いた特性となります．$R_S = 0.2$，$Q = 0.001$に固定しつつ，αの値を1.0, 0.8, 0.6と変化させた場合のナイキスト・プロットを**図3-12**(c)に示します．横軸との切片は一貫してR_Sの値で一定ですが，αの値に応じて特性の傾きが変化します．

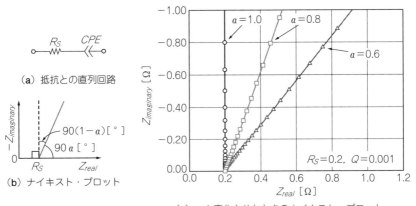

（a）抵抗との直列回路

（b）ナイキスト・プロット

（c）aを変化させたときのナイキスト・プロット

[図3-12] 実際の電池特性を表すための等価回路要素CPE（Constant Phase Element）

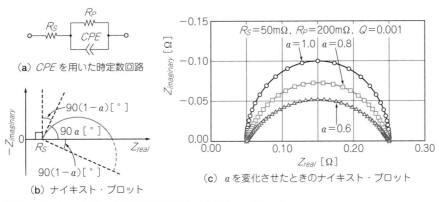

（a）CPEを用いた時定数回路

（b）ナイキスト・プロット

（c）aを変化させたときのナイキスト・プロット

[図3-13] CPEを用いた時定数回路のナイキスト・プロット

CPEを用いた時定数回路を図3-13（a）に示します．CPEと抵抗R_Pが並列回路を形成し，それがR_Sと直列接続された構成です．この回路を用いることで，ナイキスト・プロット上でひずんだ半円を模擬することができます．この回路全体のインピーダンスは式(12)と同様に求めることができ，次式で表されます．

$$Z = R_S + R_P // Z_{CPE}$$
$$= R_S + \frac{R_P}{1 + (j\omega)^\alpha R_P Q} \quad \cdots\cdots\cdots\cdots\cdots\cdots\cdots\cdots\cdots\cdots (18)$$

CPEを用いた時定数回路のナイキスト・プロットを図3-13（b）に示します．第1象限上に現れる半円が，実軸に対して$90°×\alpha$だけ傾きます．これにより，半円の

$90° \times (1 - \alpha)$の部分は第4象限内に埋もれた格好となり，実際のナイキスト・プロットでは現れなくなります．

$R_S = 50$ mΩ，$R_P = 200$ mΩ，$Q = 0.001$とし，αを1.0，0.8，0.6で変化させたときの時定数回路のナイキスト・プロットを**図3-13(c)**に示します．横軸との切片は50 mΩ，ひずんだ半円の直径は200 mΩで一定のままですが，αの値によって半円の形状が大きく変化するようすが見てとれます．$\alpha = 1.0$では純粋な半円ですが，αの値を小さくするほど半円のひずみ具合は顕著になります．

以上のように，CPEを用いることでひずんだ半円を模擬し，実際のリチウム・イオン電池のインピーダンス特性により近いナイキスト・プロットを再現することができます．半円がつぶれる要因は，電極における表面粗さ，電池反応の不均一，皮膜厚さの不均一，電流密度の不均一など，電極の幾何学的形状に起因するものとされています．しかし，CPEはあくまでひずんだ半円を等価回路やシミュレーションで表すための便宜的なものであり，CPEの定数はこれら不均一性の程度や割合などの実態を具体的に表すものではないことに注意する必要があります．

● ワールブルグ・インピーダンス

通常，電池のナイキスト・プロットは高周波域では容量性の半円を示します．しかし，**図3-2**に示したように，低周波域では実軸に対して45°の傾きを持つ直線が出現します．これは，ワールブルグ・インピーダンスと呼ばれるもので，物質の拡散に由来するインピーダンスです．電池における電極での反応は，電気2重層の充電，電荷移動，物質輸送（拡散）の過程を経て起こります．通常，電池では電流密度が高くなると拡散（リチウム・イオン）の過程が律速（全体の反応速度を決定する）となります．

ワールブルグ・インピーダンスZ_wを含む時定数回路を**図3-14(a)**に，そのナイ

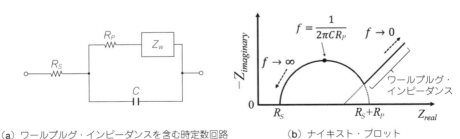

（a）ワールブルグ・インピーダンスを含む時定数回路 　　（b）ナイキスト・プロット

[図3-14] ワールブルグ・インピーダンスを含む時定数回路とナイキスト・プロット

キスト・プロットを**図3-14**(b)にそれぞれ示します．ワールブルグ・インピーダンスの数学的表現は複雑なため，専門書に譲ります[5]．高周波域ではCとR_pの時定数回路の半円を描き，低周波域ではワールブルグ・インピーダンスによる45°の直線となります．

◆**参考文献**◆

(1) W. Huang and J. A. A. Qahouq；"An online battery impedance measurement method using DC-DC power converter control," IEEE Transactions on Industrial Electronics., vol.61, no.11, pp.5987-5995, Nov. 2014.

(2) Y. D. Lee, S. Y. Park, and S. B. Han；"Online embedded impedance measurement using high-power battery charger," IEEE Transactions on Industry Applications., vol.51, no.1, pp.498-508, Jan./Feb. 2015.

(3) N. Katayama and S. Kogoshi；"Real-time electrochemical impedance diagnosis for fuel cells using a DC-DC converter," IEEE Transactions on Energy Conversion, vol.30, no.2, pp.707-713, Jun. 2015.

(4) C. Schaef, E. Din, and J. T. Stauth；"A hybrid switched-capacitor battery management IC with embedded diagnostics for series-stacked Li-ion arrays," IEEE Journal of Solid-State Circuits, vol.52, no.12, pp.3142-3154, Dec. 2017.

(5) 板垣 昌幸；インピーダンス分光法の原理と解析法，表面科学，Vol.33，No.2，pp.64-68，2012年.

Column (A)

冷蔵庫はなぜ温度試験には適さないか

　リチウム・イオン電池などの特性評価では，周囲環境の温度を一定に維持して実験を行う必要があります．任意の温度環境を作り出すには，環境試験機や恒温槽と呼ばれる容器型の装置を用います．強制対流方式の恒温槽では，槽内をファンで攪拌することで温度を一定に維持します．電池などある程度の熱を発する物体を槽内に置いた場合でも，強制対流により槽内温度を維持できます．しかし，このような装置は高価なので気軽に導入できません．代替手段として，安価な冷蔵庫や温冷庫を用いる場合がありますが，恒温槽と比べると精度や温度を一定に維持する能力が劣るため，電池の特性評価には適しません．

　熱電対とデータ・ロガーを用いて，**写真3-A**に示す市販の冷蔵庫（冷蔵室と冷凍室）と恒温槽（SU-242，エスペック）の内部温度を測定しました（**図3-A**）．恒温槽内の温度は非常に安定しています．測定開始後2時間の時点で槽内の設定温度を－16℃から4℃に変更しましたが，数分で目標温度に追従しており，温度を強制的に維持できています．

[写真3-A] 冷蔵庫，冷凍庫，恒温槽の内部温度を測定

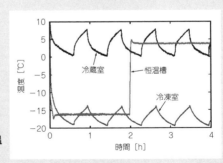

[図3-A] 冷蔵庫，冷凍庫，恒温槽の内部温度の推移

第4章

測定の方法からデータの見方まで

インピーダンスを実測して
電池の劣化を読み解く

　前章では交流インピーダンスの基礎について解説しました．本章では，実際のリチウム・イオン電池に対して温度を変化させた場合，充電状態(SOC；State of Charge)を変化させた場合，さらには充放電サイクルにより劣化が進行した場合のインピーダンス特性のデータを紹介し，特性変化の定性的傾向に焦点をあてて解説します．

4-1	リチウム・イオン電池のインピーダンス

● リチウム・イオン電池の簡易インピーダンス・モデル

　前章のおさらいになりますが，リチウム・イオン電池のインピーダンス・モデルは，簡易的に図4-1に示す回路で表せます．正極と負極は，それぞれ電荷移動抵抗($R_{ct.p}$, $R_{ct.n}$)と電気2重層容量($C_{dl.p}$, $C_{dl.n}$)の並列回路で構成され，電解液は純抵抗R_{sol}として記述できます．V_{OCV}は開放電圧であり，インピーダンスの観点では無視できます．

　RC並列回路の交流インピーダンスは，ナイキスト・プロットの第1象限上(虚部が負の領域)で半円の軌跡として現れます．直列抵抗に相当するR_{sol}と，正極と負極の2つのRC並列回路を有する等価回路のインピーダンスは，理想的にはナイキスト・プロット上で2つの重なり合った半円として観察されます．左半円と実軸の切片がR_{sol}に相当し，各半円の直径が電荷移動抵抗($R_{ct.p}$, $R_{ct.n}$)，各半円の頂点における周波数から電気2重層容量($C_{dl.p}$, $C_{dl.n}$)を算出できます．

● 温度や定数変化が読み取れるナイキスト・プロット

　等価回路の各種定数はSOCや温度，さらには劣化具合によって大きく変化します．よって，定数変化はナイキスト・プロット上の軌跡の形状変化として観察され

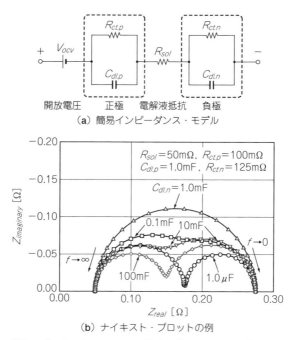

(a) 簡易インピーダンス・モデル

(b) ナイキスト・プロットの例

[図4-1] リチウム・イオン電池の簡易インピーダンス・
モデルと視覚化のためのナイキスト・プロット

るため，視覚的に定数変化のようすを捉えるのに好都合です．

　簡易インピーダンス・モデルにおける2つのRC並列回路の時定数の値が十分に離れている場合，2つの半円を分離することができます．しかし，時定数の値が近い場合，2つの半円が重なり合って分離が困難となり，1つの楕円として観察されることがよくあります．さらに，図4-1(a)に示した簡易インピーダンス・モデルは理想的な回路素子を用いたものであり，実際のリチウム・イオン電池のインピーダンスは電気回路素子では単純に表現できない非線形な要素を含みます．

　実際のナイキスト・プロットではきれいな半円ではなく，押しつぶされたような楕円状の半円が確認される場合がほとんどです．さらに，電池反応を起こすための物質輸送反応が律速となる拡散過程を表すワールブルグ・インピーダンスも含まれます．

　このように，実際の電池は非線形な要素を多分に含むため，インピーダンス・データの正確な解釈は容易ではありません．しかし，温度や劣化に伴って変化する軌跡の傾向から，等価回路中の各種要素の変化を定性的に捉えることができます．

● 測定の方法

　ボード線図やナイキスト・プロットで表される交流インピーダンスは，専用測定器があれば手軽に計測することができます．測定器としては，インピーダンス・アナライザ，周波数応答分析器（FRA；Frequency Response Analyzer），*LCR*メータなどが用いられます（**写真4-1**）．実験室などにおける評価では専用測定器を用いるのが一般的ですが，実用時（オンライン）においては充放電器（DC-DCコンバータ）やセル・バランス回路などを用いて交流インピーダンスを取得することも可能です．

（a）FRA（FRA5087，NF 回路設計ブロック）

（b）*LCR* メータ（IM3533-01，日置）

[**写真4-1**] 交流インピーダンス測定に使う専用の測定器

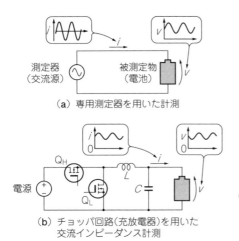

（a）専用測定器を用いた計測

（b）チョッパ回路（充放電器）を用いた
交流インピーダンス計測

（c）アクティブ・セル・バランス回路を用いた
交流インピーダンス計測
（隣接セル間バランス回路方式を用いた例）

[図4-2] 交流インピーダンス測定の方法

　交流インピーダンス測定の基本的な原理は，**図4-2**(a)に示すように，交流電圧（もしくは交流電流）を被測定物に対して与え，その際の電流応答（もしくは電圧応答）からインピーダンスを算出することにあります．専用測定器を用いる場合は，測定器自体が交流電圧/電流を生成し，その際の応答からインピーダンスを算出します．周波数を任意の範囲で掃引し，交流電圧/電流の振幅はノイズの影響を受けずにインピーダンス測定できる範囲でなるべく小さくします．電池内部の電極反応における電圧と電流の関係は本質的には非線形ですが，微小信号に対しては線形で近似することができるためです[1]．

　専用測定器の代わりに，**図4-2**(b)のようにチョッパ回路などの電力変換回路（DC-DCコンバータ）を用いて交流電圧/電流を生成し，その応答から交流インピーダンスを得ることもできます．一般的に，入力電圧がV_{in}であるチョッパ回路の出力電圧V_{out}は，半導体スイッチのON時間の比率であるデューティDやスイッチング周波数f_Sに依存します．よって，Dやf_Sを正弦波状に摂動させることで，電池に対して交流電圧/電流を与えることができます[2]〜[4]．

　図4-2(b)は最も代表的な電力変換回路であるチョッパ回路を用い，交流成分を重畳させた充電電流iを電池に与えるようすを表しています．チョッパ回路ではDを操作して充電電流や電圧を制御するため，Dを摂動させて交流成分を生成します．電池に供給する充電電流は直流が主成分ですが，交流電流成分とそれによる交流電圧応答から交流インピーダンスを測定することができます．ただし，直流電流が流れている場合と開放状態とでは，厳密には電池の内部状態は異なるという点に注意

を払う必要があります.

　複数のセルを直列接続したバッテリ・パックで用いられるセル・バランス回路を用いて交流インピーダンス測定を行うことも可能です. バランス回路としてはさまざまな種類の回路方式が存在しますが, 近年ではチョッパ回路などの電力変換回路を用いたアクティブ・セル・バランス回路が用いられることが多くなってきています. 図4-2(b)と同様, 半導体スイッチのデューティDやスイッチング周波数f_Sを摂動させることで, 電池セルに対して交流電圧/電流を与えることができます[5].

　一例として, 図4-2(c)は隣り合うセルの間でエネルギー授受を行うことでセル・バランスを行う隣接セル間バランス回路を用いて, セルに交流電圧/電流を与えるようすを表しています. そのほかのアクティブ・セル・バランス回路方式を用いて交流電圧/電流を生成してインピーダンス測定を行うことも可能です.

● 交流インピーダンスの温度依存性

　容量が3400 mAhの18650形のリチウム・イオン電池(NCR18650B, パナソニック)を恒温槽内に置き, SOCが100 %, −20 ℃～＋40 ℃の範囲で交流インピーダンスの温度依存性を取得しました. FRA(FRA5087, NF回路設計ブロック)を用い, 10 m～100 kHzの周波数範囲で測定を行いました.

　取得したナイキスト・プロットを図4-3に示します. 25 ℃以上と0 ℃以下の条件で軌跡のようすが大きく異なります. 25 ℃以上の条件で観察された軌跡は2つの半円が重なり合ったような形状であり, 正極と負極を明確に分離することはできませんでした. しかし, 全体的な傾向としては温度が低いほど半円(楕円)の直径が大きくなります. 40 ℃での半円の直径はおおよそ15 mΩ程度ですが, 25 ℃では45 mΩ程度まで大きくなっています.

　また, 両方の軌跡ともに, 低周波領域でワールブルグ・インピーダンスによる特性(およそ45°の傾きをもつ特性)が観察されました. 一方, 0 ℃以下の条件では, 半円とは大きく異なる軌跡が確認できます. 周波数の高い領域では半円ではなく20°くらいの傾きをもった特性となり, 低い周波数領域ではインピーダンスが非常に大きくなります.

　全体的な傾向としては, 低温であるほど軌跡と実軸の切片は右方向にシフトし, さらに半円の直径が大きくなります. これは, 電解液抵抗R_{sol}(実軸との切片に相当)と電荷移動抵抗R_{ct}(半円の直径)がともに低温で増加することを示唆します.

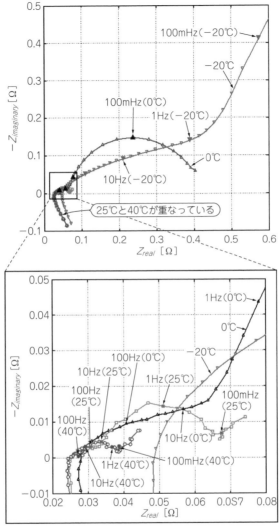

[図4-3] リチウム・イオン電池のナイキスト・プロット
の温度依存性

● **交流インピーダンスのSOC依存性**

25℃に設定した恒温槽内で，SOCを0〜100％の範囲で変化させた際のナイキスト・プロットを図4-4に示します．全体的な傾向として，SOCが低いほど半円の左切片の値は大きくなりました．これは，電解液抵抗R_{sol}はSOCにおおよそ反比例

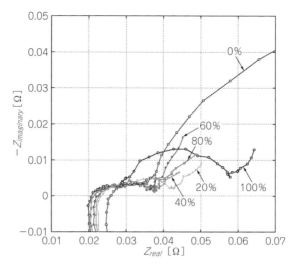

[図4-4] リチウム・イオン電池のナイキスト・プロット
のSOC依存性

することを示唆しています.

　一方,半円(楕円)の直径についても,SOCに依存します.SOCが20〜80%の範
囲ではおおよそ同程度の直径ですが,100%や0%の条件下では大きくなっていま
す(0%では特性がグラフ外まで及んでいる).直径の傾向については単調ではない
ため,定性的な傾向の解釈は困難です.

　ここで示したナイキスト・プロットの傾向は,この実験で用いたセルの特性を表
したものであり,ほかの製品の特性も同様の傾向を示すわけではないという点に十
分に注意してください.

| 4-3 | 劣化に伴うインピーダンスの変化 |

　リチウム・イオン電池は使っているうちに劣化が進行するため,スマートフォン
などのモバイル機器の稼働時間が徐々に短くなります.電気自動車用のバッテリで
あれば,劣化が進行すると車両の航続距離が短くなります.

　一言で劣化といっても要因はさまざまですが,容量(Ah)の低下と内部インピー
ダンスの増加が,電池の電気特性が劣化する要因です.あらゆるリチウム・イオン
電池は,使用に伴い容量が低下し内部インピーダンスは増加します.

　これら劣化要素の進行の程度は電池の種類のみならず,使用条件や環境によって

大きく影響を受けます.

　待機状態であっても自然と進行する劣化であるカレンダー劣化と，充放電に伴う劣化であるサイクル劣化があり，それぞれの劣化メカニズムは異なります．それぞれの劣化により電池内部でどの部位が変化するのかを識別するのに，交流インピーダンス解析を活用することができます．本節では，カレンダー劣化とサイクル劣化に伴うナイキスト・プロットの変化の一例について紹介します．

● フローティング充電における劣化

　容量が2000 mAhのラミネート・セル(UF103450P，パナソニック)を用いて，室温で4.2 V一定に維持(フローティング充電状態)して寿命評価試験を行いました．実験で用いたラミネート・セルにとって4.2 Vは100 %のSOCに相当します.

　リチウム・イオン電池は待機状態でも劣化が進行し(カレンダー劣化)，一般的に電圧が高い(SOCが高い)ほど劣化は速く進みます．容量低下のようすを図4-5(a)に示します．横軸は試験開始からの時間，縦軸は容量保持率です．試験開始後，1200時間，1920時間，3600時間の時点で容量確認試験(完全充放電させて容量を計測)を行いました．試験時間とともに容量は低下し，試験開始後3600時間における容量保持率は約93 %です.

　容量確認試験時に，交流インピーダンス測定も併せて行いました．取得したナイキスト・プロットを図4-5(b)に示します．いずれの軌跡も潰れた半円状であり，時間の経過，すなわち劣化とともに半円の位置に変化が生じています．半円(潰れた半円)の直径はおよそ25 mΩ程度ですが，劣化にともない半円と実軸の左切片が右方向にシフトしています.

　得られた半円の左切片の値を電解液抵抗R_{sol}，直径を電荷移動抵抗R_{ct}とし，これらの変化のようすを描いたものが図4-5(c)です．R_{ct}の値はおよそ25 mΩで一定ですが，R_{sol}は時間経過とともに徐々に増加しています.

　図4-5(b)と図4-5(c)の結果より，この実験におけるフローティング充電条件では電解液抵抗は増加するものの，電荷移動抵抗を増大させる(電極界面における電荷移動反応を阻害する)ような劣化は生じないことが示唆されます.

● 充放電サイクルによる劣化

　容量が3000 mAh(マンガン酸リチウム)のラミネート・セルに対して連続充放電サイクルによる寿命評価試験を行いました．実験は20 ℃の恒温槽内で行いました．65分にわたる1.5 A-4.2 Vの定電流-定電圧充電(CC-CV；Constant Current-

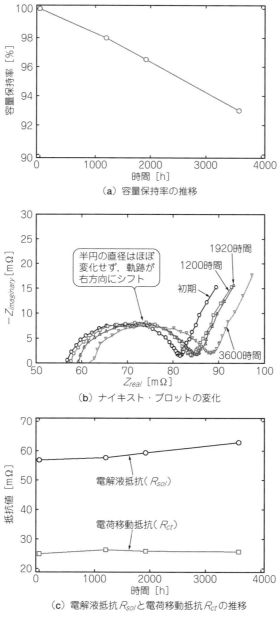

（a）容量保持率の推移

（b）ナイキスト・プロットの変化

半円の直径はほぼ
変化せず，軌跡が
右方向にシフト

初期
1200時間
1920時間
3600時間

（c）電解液抵抗 R_{sol} と電荷移動抵抗 R_{ct} の推移

電解液抵抗（R_{sol}）
電荷移動抵抗（R_{ct}）

[図4-5] フローティング充電状態での劣化の進行

Constant Voltage)，35分のCC放電(1.0 A)を1サイクルとしました．これは，20％の放電深度(DOD；Depth of Discharge)に相当する条件です．

　300，600，1000，3000サイクルの時点で容量確認試験を行いました．容量保持率の推移を図4-6(a)に示します．横軸は充放電サイクル数，縦軸は容量保持率です．1サイクルあたり100分なので，3000サイクルは5000時間(208日)相当です．サイクルとともに容量は低下していき，3000サイクル時点での容量保持率は約82％です．

　交流インピーダンス測定で取得したナイキスト・プロットを図4-6(b)に示します．フローティング試験時と同様，時間の経過(サイクルの経過)に伴い半円は徐々に右方向にシフトしていますが，同時に半円の直径が大きくなっています．得られた半円の左切片を電解液抵抗R_{sol}，直径を電荷移動抵抗R_{ct}とし，これらの推移をグラフ化したものが図4-6(c)です．R_{sol}とR_{ct}の両方とも徐々に増加する傾向が見て取れます．

● フローティング試験と充放電サイクル試験の比較

　図4-5のフローティング試験と図4-6の充放電サイクル試験の結果を比較してみます．これらの試験では異なる電池を用いたため一概にはいえませんが，ナイキスト・プロットの傾向だけに注目すると，フローティング試験と充放電サイクル試験では電池内部での劣化の部位が異なることが示唆されます．

　図4-5のフローティング試験では劣化に伴いR_{sol}のみが上昇し，R_{ct}には目立った変化は見られませんでした．一方，充放電サイクル試験ではR_{sol}とR_{ct}の両方が増加しています．つまり，充放電サイクル試験では電解液のみならず電極の劣化も顕著に進行し，その結果として電荷移動抵抗が増大したことが示唆されます．

　劣化メカニズムの詳細については文献に譲りますが[6]，交流インピーダンス測定で得られるナイキスト・プロットより，劣化に伴い電池内部においてどの部位が変化しているかを探ることができます．これは，図4-5(a)や図4-6(a)の容量保持率の推移からだけでは得られない重要な情報です．ただし，繰り返しになりますが，図4-5と図4-6とでは異なる電池を用いているので，これらの結果の単純比較で劣化メカニズムを断定すべきではないという点に注意を払う必要があります．

● 3000サイクル以降の特性

　さらに長期間の試験を行い，25000サイクルまで充放電サイクル試験を行いました．これは41667時間分(およそ1736日，4.76年)の実時間に相当します．

　3000サイクル以降のナイキスト・プロットと放電カーブの推移を図4-7に示し

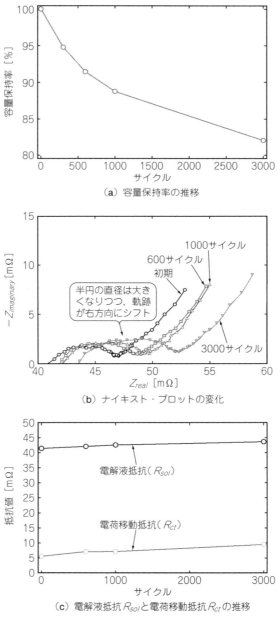

（a）容量保持率の推移

（b）ナイキスト・プロットの変化

（c）電解液抵抗R_{sol}と電荷移動抵抗R_{ct}の推移

[図4-6] 充放電サイクル実験での劣化の進行

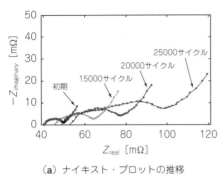

(a) ナイキスト・プロットの推移

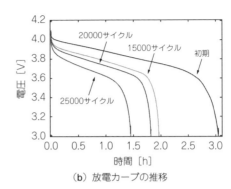

(b) 放電カーブの推移

[図4-7] 3000サイクル以降の特性

ます．**図4-6**(a)に示した3000サイクルまでのナイキスト・プロットと比べると，半円が大きく押しつぶされたような特性になっていることが見て取れます．特に，25000サイクル時のナイキスト・プロットはもはや半円とは呼べないような形状です．

このことからも，**図4-1**(a)のような簡易的モデルはリチウム・イオン電池の内部インピーダンスを正確に表すには不十分であることがわかります．しかし，充放電サイクル数の増加に伴い半円(楕円)のX軸との切片の値が大きくなり，かつ，半径が大幅に拡大しているであろうことは容易に識別できます．これは，セルの内部インピーダンスの増大を意味します．

インピーダンスの増大は，**図4-7**(b)の放電カーブの推移からも確認できます．充放電サイクル数の増加に伴い，放電時の電圧が低下していますが，これは容量低下に加えてインピーダンスにおける電圧降下が原因です．

4-4	電流遮断法による内部抵抗の算出

　交流インピーダンス測定によって得られるナイキスト・プロット上の軌跡から，電池の内部インピーダンスの情報を探ることができます．交流インピーダンス測定は多くの情報を得られる反面，実用時における測定は容易でありません．交流インピーダンス測定を行うためには電圧もしくは電流を摂動させる必要があり，さらに電圧と電流の振幅や位相差を正確に計測する必要があります．

● 電流遮断法

　それに対して，内部インピーダンスを比較的簡単に計測する方法として，電流遮断法があります．これは，電池の電流をステップ状に変化させた際の応答（ステップ応答）から内部インピーダンスを求める方法です．負荷を接続した瞬間，電池内部での電圧降下により端子電圧は急激に低下します．逆に，負荷を切り離した瞬間は電圧降下の影響は消えるため，端子電圧は急激に回復します．これらの電流ステップに対する電圧応答（電圧降下）から，インピーダンスを簡易的に求めることができます．

　電流遮断法のイメージを図4-8に示します．内部インピーダンスが図4-1(a)の簡易モデルで表されると仮定し，電池に対してステップ状の放電電流を流したときのR_{sol}，$R_{ct.p}$，$R_{ct.n}$の電圧応答に相当します．電池の放電電流を急変させると，電池の端子電圧（図中の合計）は急峻に変化します．そのときの電圧変化量ΔVは電池内部のIRドロップであり，これは図4-1(a)の簡易モデルにおける$I \times R_{sol}$に相当します．その後，電圧は時定数応答を示します．これは正負極の時定数によるものです．つまり，電池の端子電圧の応答は簡易モデルに対するステップ応答に相当します．

● 簡易モデルのインピーダンス計算

　実際の電池のインピーダンスは非線形な要素を含んだ複雑なものになります．ここでは単純化のため，電池のインピーダンスは図4-1(a)の簡易モデルで表現できるものとして話を進めます．

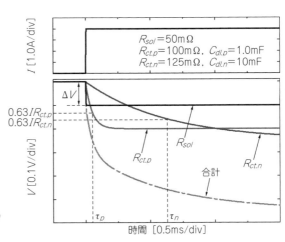

[図4-8] 電流遮断法の
　　　　イメージ

図4-1(a)の簡易モデルのインピーダンス$Z(j\omega)$は次式で与えられます.

$$Z(j\omega) = R_{sol} + \frac{R_{ct.p}}{1 + j\omega C_{dl.p} R_{ct.p}} + \frac{R_{ct.n}}{1 + j\omega C_{dl.n} R_{ct.n}} \quad \cdots\cdots\cdots\cdots\cdots (1)$$

ここで, $j\omega$をラプラス演算子sで置き換えます.

$$Z(s) = R_{sol} + \frac{R_{ct.p}}{1 + s C_{dl.p} R_{ct.p}} + \frac{R_{ct.n}}{1 + s C_{dl.n} R_{ct.n}} \quad \cdots\cdots\cdots\cdots\cdots\cdots\cdots (2)$$

電流遮断法では電流Iを急激に変化させるため, 電池の端子電圧$V(t)$はIのステップ応答になります. Iのステップ入力はラプラス演算子を用いて表すとI/sであるため, 開放電圧成分を除いた電池電圧の応答$V(t)$は式(2)の逆ラプラス変換より, 次式のように求まります.

$$
\begin{aligned}
V(t) &= L^{-1}\left[\frac{I}{s} Z(s) \right] \\
&= I\left[R_{sol} + R_{ct.p}\left(1 - e^{-\frac{t}{\tau_p}} \right) + R_{ct.n}\left(1 - e^{-\frac{t}{\tau_n}} \right) \right] \cdots\cdots\cdots\cdots (3)
\end{aligned}
$$

ここで, τ_pとτ_nは時定数であり, それぞれ$\tau_p = C_{dl.p} R_{ct.p}$, $\tau_n = C_{dl.n} R_{ct.n}$で与えられます. この式における右辺第1項の$I \times R_{sol}$は電解液抵抗での電圧降下を反映しており, 電流$I$のステップ変化に対して即座に変化する要素です. つまり, **図4-8**中のΔVに相当する部分です. 右辺第2項と第3項は正極と負極における時定数応答を表しており, 電圧の大きさは$R_{ct.p}$と$R_{ct.n}$に依存し, 応答速度はそれぞれの時定数τ_pとτ_nで決定されます.

式(3)における$I \times R_{sol}$の要素は電流ステップ変化時におけるΔVとして観測されます. $R_{ct.p}$と$R_{ct.n}$の時定数応答については, 時刻$t = \tau_p$と$t = \tau_n$における電圧より理論的に求めることができます. **図4-8**では,

$\tau_p = R_{ct.p} \times C_{dl.p} = 0.1$ ms
$\tau_n = R_{ct.n} \times C_{dl.n} = 1.25$ ms

です. しかし, τ_pとτ_nの値が近い場合は, 2つの時定数応答を分離するのは難しくなります.

さらに, 上述のように実際の電池インピーダンスは**図4-1**(a)の簡易モデルほど単純ではなく, 非線形な要素が含まれるため, 時定数を正確に求めるのは容易ではありません. しかし, $I \times R_{sol}$に相当する部分については比較的容易に観測することができるので, 主にR_{sol}の値を算出するために電流遮断法が用いられることが多いようです.

ただし, 正確な計測とR_{sol}算出のためには, 被測定物の時定数と比べて, 立ち上

がり時間が十分に短く電流変化率(スルー・レート)の高い電流ステップを与える必要があります.

● 電圧応答の実例

3400 mAhのリチウム・イオン電池(NCR18650B, パナソニック)に対して, 開放電圧が4.0 Vの状態から2.0 Aのステップ状の放電電流を流した際の電圧応答を観察しました. 25 ℃, 0 ℃, −20 ℃での応答特性を比較したものが**図4-9**です. 25 ℃においてステップ電流に対する電圧変動ΔVは約60 mVなので, $I \times R_{sol}$よりR_{sol} = 30 mΩと求まります. 同様に, 0 ℃と−20 ℃におけるΔVはそれぞれ72 mVと150 mVなので, R_{sol}はそれぞれ36 mΩと75 mΩとなります.

図4-3で取得したナイキスト・プロットの実軸との切片の値と比較すると, 誤差はありますがそれなりに一致しています. 誤差の要因としては, 電圧応答波形取得時とナイキスト・プロット取得時のSOCの差異(**図4-4**に示すようにインピーダンスはSOCに依存する)などが考えられます.

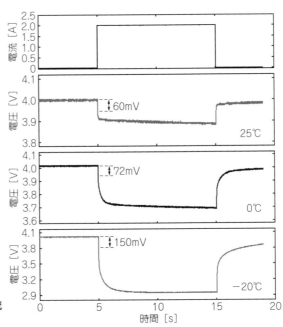

[**図4-9**] ステップ状の放電電流に対する電圧応答

◆参考文献◆

(1) 板垣 昌幸；インピーダンス分光法の原理と解析法，表面科学，Vol.33，No.2，pp.64-68，2012年.

(2) W. Huang and J. A. A. Qahouq；"An online battery impedance measurement method using DC-DC power converter control," IEEE Transactions on Industrial Electronics., vol.61, no.11, pp.5987-5995, Nov. 2014.

(3) Y. D. Lee, S. Y. Park, and S. B. Han；"Online embedded impedance measurement using high-power battery charger," IEEE Transactions on Industry Applications, vol.51, no.1, pp.498-508, Jan./Feb. 2015.

(4) N. Katayama and S. Kogoshi；"Real-time electrochemical impedance diagnosis for fuel cells using a DC-DC converter," IEEE Transactions on Energy Conversion, vol.30, no.2, pp.707-713, Jun. 2015.

(5) C. Schaef, E. Din, and J. T. Stauth；"A hybrid switched-capacitor battery management IC with embedded diagnostics for series-stacked Li-ion arrays," IEEE Journal of Solid-State Circuit, vol.52, no.12, pp.3142-3154, Dec. 2017.

(6) 江田 信夫；データに学ぶLiイオン電池の充放電技術，2020年，CQ出版社.

第5章

ふだんの安定化電源との違い…「電圧変動」と「充放電効率」
リチウム・イオン電池を電源に使うときの注意

リチウム・イオン電池を含む充電式の電池（2次電池）は，携帯機器や電気自動車などにおいて電源の役割を果たします．電池は負荷に対して電流を供給し，充電時には充電器からの電流を吸収する電圧源です．電気系技術者の多くは，電池のことを安定化電源（電圧源）として取り扱います．しかし，実際の電池の特性は安定化電源とは大きく異なります．具体的には，充放電に伴う電圧変動や内部インピーダンスによる損失発生が挙げられます．電池のこのような特性を考慮せずにシステムを設計すると，充電器が正常に動作できなかったり，システム効率が予想を大きく下回ったりという事態に陥ります．

ここでは，電池と安定化電源の大きな違いとして，電池の電圧変動と充放電効率について解説します．

5-1	注意点①…電圧変動

● 電池の電圧変動

安定化電源は出力電圧が制御された電圧源であり，出力電圧の値は常に一定値に制御されます．それに対して，電池の電圧は充電状態（SOC；State of Charge）によって大きく変化します．例えばリチウム・イオン電池の場合，正負極の材料の種類にもよりますが，セル電圧は2.7〜4.2 V程度の間で変化します．このような電圧変動を考慮して充電器や負荷の動作範囲を決定しないと，電池のエネルギーを十分に活用することができません．

図5-1に，3400 mAhの円筒形リチウム・イオン電池（NCR18650B, パナソニック）を1.0 Aで放電させた際の放電電圧とSOCの関係を示します．ここでは3.0 Vまで放電したときを0％として定義しています．この電池に対して，例えば動作電圧範囲が3.5〜4.5 Vの充放電器を用いると，3.5 V以下の領域の蓄積エネルギーを電池か

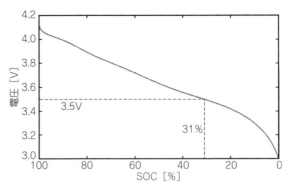

[図5-1] リチウム・イオン電池の電圧-SOC特性の例

[図5-2] リチウム・イオン電池と充放電器
リチウム・イオン電池を充放電する際の総合効率は，充放電器の電力変換効率と電池本体の充放電効率の積となる

ら引き出すことができません．放電時の電圧が3.5 VにおけるSOCは31 %なので，単純計算で31 %相当のエネルギーを活用できないことになります．

　電池の充電エネルギーをすべて活用するためには，電池電圧の変動範囲をすべてカバーできるように充電器を設計する必要があります．これは，単純に充電器の出力電圧(**図5-2**においてバスを入力，電池側を出力と定義)の制御範囲を広くすることと同じです．

● **電池の種類と電圧変動**
　電圧変動の範囲は電池の種類によって大きく異なるため，充電器を設計する際には電池の種類とその特性(電圧変動範囲)について把握しておく必要があります．これは，リチウム・イオン電池に限らず，ニッケル水素電池など他種類の電池や電気2重層キャパシタなどを用いる場合についても同様です．

　参考のために，各種電池の放電時における電圧-SOC特性を**図5-3**に示します．電圧変化幅は充放電条件にも依存しますが，ニッケル水素電池では1セルあたりの放電時の電圧は1.2～1.4 V程度，電気2重層キャパシタは0～2.5 V程度，リチウム・イオン・キャパシタは2.2～3.8 Vの範囲で変化します．

　デバイスによって電圧変化の程度は異なり，電気2重層キャパシタ用充電器など

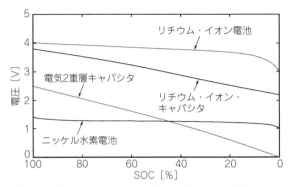

[図5-3] 放電時における各種電池の電圧-SOC特性

はリチウム・イオン電池用よりも広い電圧範囲での動作が必要になります．電気2重層キャパシタのセル電圧は0Vまで変化しますが，通常の充放電器は0Vのような低電圧で動作することはできません．よって，電気2重層キャパシタの充電エネルギーを100％使い切ることは実用上困難です．

5-2 | 注意点②…電池の内部インピーダンス

　電池と安定化電源の違いについて見落としがちな点は，内部インピーダンスです．安定化電源は出力電圧が一定となるように制御された電圧源なので，等価的にインピーダンスが非常に小さな理想電圧源としてふるまいます．それに対して電池は内部インピーダンスを含むため，充放電の方向や電流値によって電池の端子電圧は変化します．さらに重要な点は，インピーダンスによって発生する損失です．

　例えば図5-2に示すシステムにおいて，バスから充放電器（双方向DC-DCコンバータ）を介して電池を充電し，その充電エネルギーをバス側に放電する一連の過程の効率を考えてみます．充放電器の電力変換効率を95％と仮定します．多くの電気系技術者は，充電方向95％×放電方向95％で，往復の効率は90.3％であると考えます．しかし，実際の電池は内部インピーダンスを有しているため，充放電の過程において電池内部でも損失が発生します．

　仮に，電池の充放電効率が90％とすると，図5-2のシステムにおける総合効率は90.3％×90％で81.3％にまで低下します．とても単純な話なのですが，このような電池内部の損失を考慮せずに電源システム設計を行い，システム効率を甘く見積もってしまうケースが多くあります．

● クーロン効率とエネルギー効率

電池単体の充放電効率について考えていきます．電池の充放電効率には，クーロン効率とエネルギー効率があります．

クーロン効率は，その名のとおり電気量(クーロン)に関するもので，充電電気量に対する放電電気量の割合です．クーロン効率η_Qは次式で定義できます．

$$\eta_Q = \frac{Q_{dis}}{Q_{cha}} = \frac{\int i_{dis} \, dt}{\int i_{cha} \, dt} \quad \cdots\cdots\cdots\cdots\cdots\cdots\cdots\cdots\cdots\cdots (1)$$

ここで，Q_{cha}とQ_{dis}は充電電気量と放電電気量であり，充電電流i_{cha}と放電電流i_{dis}の時間積分で表せます．単位はクーロン[C]です．3600 C＝1 Ahなので，充電電気量と放電電気量をAhの比率で求めることもできます．リチウム・イオン電池のクーロン効率はほぼ100 %であり，電気量保存則が成立します．それに対して，ニッケル水素電池や電気2重層キャパシタのクーロン効率は100 %とはなりません．

エネルギー効率は，充電エネルギーに対する放電エネルギーの百分率で定義されます．エネルギー効率η_Eは，次式で定義されます．

$$\eta_E = \frac{E_{dis}}{E_{cha}} = \frac{\int v_{dis} \, i_{dis} \, dt}{\int v_{cha} \, i_{cha} \, dt} \quad \cdots\cdots\cdots\cdots\cdots\cdots\cdots\cdots\cdots\cdots (2)$$

E_{cha}とE_{dis}は充電エネルギーと放電エネルギーで，それぞれ充電電力($v_{cha} \times i_{cha}$)と放電電力($v_{dis} \times i_{dis}$)を時間で積分したものに相当します．

式(1)のクーロン効率が$\eta_Q \approx 100$ %であることを式(2)に当てはめると，エネルギー効率η_Eは充電時と放電時の電圧であるv_{cha}とv_{dis}でおおよそ決定されるということがわかります．

● 充放電カーブのSOC依存性

3400 mAhのリチウム・イオン電池(NCR18650B，パナソニック)を25 ℃において，充電電圧を4.0～4.2 Vで変化させて1.0 A(0.3 C相当)でCC-CV充電したときの充電特性と，1.0 Aの定電流で放電させたときの特性を図5-4に示します．ただし，横軸は時間ではなく，SOCです．充電時にSOCは増加するため，特性上を右方向に移動します．逆に，放電時のSOCは低下するため特性を左方向になぞります．

充電時と放電時の電圧は一致せず，ヒステリシスが発生することがわかります．同じSOCでも充電時のほうが電圧は高く，放電時は低くなります．これは，電池

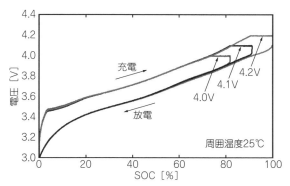

[図5-4] リチウム・イオン電池の充放電カーブのSOC依存性

の内部インピーダンスにおける電圧降下によるものです．充電時は電池に向かって電流が流れ込むため，インピーダンスにおける電圧降下によって端子電圧は高く推移します．それに対して放電時は電池から外部回路に向かって電流が流れ出すので，電圧降下により端子電圧は低くなります．

　つまり，図5-4のヒステリシスの原因は電池の内部インピーダンスにおける電圧降下ということになります．このヒステリシスが大きいほど損失も大きくなり，エネルギー効率η_Eは小さくなります．η_Eを式(2)より求めると，充電電圧には関係なく約87％でした．

● 頻繁な充放電と高エネルギー密度は両立しない

　充放電に伴う損失は電池の内部インピーダンスに依存するので，エネルギー効率を改善するためにはインピーダンスの低減が効果的です．電力回生が頻繁に発生するような用途（例えばハイブリッド自動車）では，電池は頻繁に充放電されることになります．そのような用途では，インピーダンスが低くレート特性に優れた電池（ハイ・レート特性を有するパワー密度の高い電池）が用いられます．

　しかし，一般的には電池の高出力化と高エネルギー密度化は両立せず，レート特性に優れた電池のエネルギー密度は低くなる傾向にあります．よって，用途に応じて適切な電池を選定することが重要になります．

　充放電の頻度が低く，低レートで放電するような用途（スマートフォンやノート・パソコンなどのモバイル機器）では高エネルギー密度品が適切です．高いエネルギー効率が求められる用途（電力回生用途）やレート特性が求められる用途（ドローンなど）では高出力品が用いられます．

● エネルギー効率の温度依存性

　電池のインピーダンスがエネルギー効率に影響するわけですが，インピーダンス自体がさまざまな因子に影響を受けます．第3章と第4章でリチウム・イオン電池のインピーダンスについて解説しましたが，インピーダンスは劣化に伴い増加し，SOCによっても変化します．さらに，温度によってインピーダンスは大きく変化します．つまり，電池を運用する温度によって，電池のエネルギー効率は大きく変化することになります．

　図5-4と同じ電池を用いて，温度を−10〜+40℃の範囲で変化させ，1.0 A（0.3 C相当）の電流で充放電特性を取得した結果を**図5-5**(a)に示します．温度によってヒステリシスの大きさは変化し，温度が低いほど充電時と放電時の電圧差は拡大して

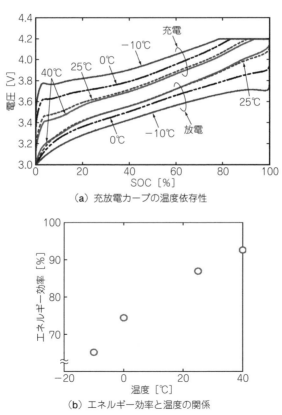

（a）充放電カーブの温度依存性

（b）エネルギー効率と温度の関係

[図5-5] リチウム・イオン電池のエネルギー効率の温度依存性

ヒステリシスが大きくなります．温度とエネルギー効率の関係をグラフ化したものが図5-5(b)です．温度が低くなるほどエネルギー効率が低下します．40℃では92.7％もの高い効率を示しましたが，−10℃では65％にまで低下しています．

以上の傾向から考察すると，電池の温度を高くしてインピーダンスを下げることでエネルギー効率を高められる，ということになります．しかし，安易に温度を高めることは推奨されません．理由は，高温環境下では電池の劣化が速く進行するためです．電池の劣化については第6章で解説します．

● **エネルギー効率のCレート依存性**

電池インピーダンスによる損失は，充放電電流のCレートにも大きく依存します．

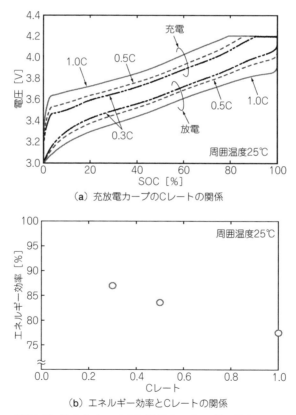

(a) 充放電カーブのCレートの関係

(b) エネルギー効率とCレートの関係

[図5-6] リチウム・イオン電池のエネルギー効率のCレート依存性

例えば，等価的に純抵抗で表される電解液における損失は，電流の2乗に比例します．電流が大きいほど損失は大きくなり，内部インピーダンスにおける電圧降下が大きくなることで，充放電特性のヒステリシスが拡大します．

　図5-4と同じ電池を用いて，25℃において0.3 C，0.5 C，1.0 Cのレートで充放電させたときの特性を取得しました．レートが高いほど内部インピーダンスにおける電圧降下が大きくなるため，図5-6(a)からわかるようにヒステリシスが大きくなっています．エネルギー効率のCレート依存性を表したものが図5-6(b)です．充放電レートが高くなるほどエネルギー効率は低下し，0.3 Cでは87 %の効率であったのに対して，1.0 Cでは77.5 %にまで低下しました．ハイ・レートでの充放電（急速充放電）ほどエネルギー効率が低下します．

　電池ユーザの利便性を高めるために急速充電モードを搭載する機器が増えていますが，エネルギー効率の観点（寿命の観点でも）で急速充電は好ましくありません．

　近年ではエネルギーの有効利用への要求が高まっています．充電レートを下げることで効率を高める低速充電モードを搭載する機器が将来増えるかもしれません．

5-4　　**補う存在…頻繁な充放電が得意な電気2重層キャパシタ**

● 充放電が得意＆長寿命を生かす

　リチウム・イオン電池が不得意な，電力回生が頻繁に発生する（頻繁に充放電する）用途で用いられる蓄電デバイスとして一般的なのが，電気2重層キャパシタ（EDLC；Electric Double Layer Capacitor）です．EDLCは比表面積の大きな活性炭電極と電解液の間に形成される電気2重層容量を蓄電に利用したデバイスであり，電気化学反応を蓄電に利用する通常の電池とは蓄電の原理が根本的に異なります．

　蓄電の原理が大きく異なるため，リチウム・イオン電池などと比べると長所と短所も明確に異なります．電池と比較して長寿命であり，温度特性にも優れます．さらに，インピーダンスが低く，非常に優れたレート特性を示します．

　しかし，リチウム・イオン電池と比べてエネルギー密度が非常に低く（20分の1以下），エネルギー貯蔵デバイスとしての小型化が見込めません．エネルギー密度が低いという欠点を補うために，リチウム・イオン電池とEDLCのハイブリッドのようなデバイスであるリチウム・イオン・キャパシタ（LIC；Lithium-Ion Capacitor）も開発されています．EDLCと比べるとエネルギー密度は大幅に改善されますが，それでもリチウム・イオン電池のエネルギー密度には遠く及びません（5分の1以下）．

よって，EDLCやLICはリチウム・イオン電池を単純に代替できるデバイスではなく，用途を適切に選んで使用する必要があります．

● 高パワー特性で威力を発揮

　EDLCやLICが威力を発揮するのは，高エネルギー密度特性よりも高パワー特性が重視され，電力回生が頻繁に発生するような用途です．例としては，エレベータやクレーンなど，運動エネルギーや位置エネルギーが頻繁に大きく変化する用途です．

　このような用途では大電力を扱える蓄電デバイスが求められるため，レート特性に優れるEDLCやLICが適します．また，エネルギー効率の観点でもEDLCやLICが最適です．

　このような用途では蓄電デバイスが高頻度で充放電されることになりますが，EDLCやLICはインピーダンスが非常に低く，リチウム・イオン電池と比べてシステムのエネルギー効率を大幅に改善することができます．

　0℃と25℃におけるEDLCとLICの充放電カーブのSOC依存性を**図5-7**に示します．特性取得時の充放電電流は1.0C相当です．**図5-4**と**図5-5**に示したリチウム・イオン電池の特性と比べて充電時と放電時の特性にほどんど差はなく，ヒステリシスが非常に小さいことが確認できます．これはEDLCとLICのインピーダンスが低いためです．

　また，電圧-SOC特性は温度にほとんど依存せず，**図5-7(a)**と**図5-7(b)**では0℃と25℃における2つの特性がほぼ重なっています．EDLCとLICのエネルギー効

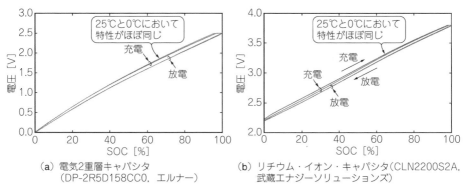

　　（a）電気2重層キャパシタ　　　　　　　（b）リチウム・イオン・キャパシタ（CLN2200S2A，
　　　　（DP-2R5D158CC0，エルナー）　　　　　　武蔵エナジーソリューションズ）

[図5-7] キャパシタはリチウム・イオン電池と比べて充放電特性が一定
0℃と25℃における充放電カーブのSOC依存性

率はそれぞれ約96％と98％でした．よって，リチウム・イオン電池と比べてエネルギー効率の大幅な改善が期待できます．

Appendix 1

充放電が得意な「電気2重層キャパシタEDLC」&「リチウム・イオン・キャパシタLIC」
電池を補う存在 大容量キャパシタ

　リチウム・イオン電池などの2次電池と並んで，電気2重層キャパシタも電気エネルギー貯蔵デバイスとして頻繁に用いられます．しかし，リチウム・イオン電池とは長所や特徴が大きく異なるため，キャパシタを電池の代替電源として単純に採用することはできません．キャパシタを採用するにあたっては，その特性をしっかりと把握する必要があります．また，リチウム・イオン電池ほどではありませんが，キャパシタに対しても各種の管理機能（マネジメント）が不可欠となります．ここでは，電気2重層キャパシタを使用するうえで，電気系技術者が押さえておくべき基礎を中心に解説します．

A-1	その①…電気2重層キャパシタEDLC

● 原理

　電気2重層キャパシタ（Electric Double Layer Capacitor；EDLC）は，図A-1に示すように，正極と負極に比表面積の大きな活性炭電極を用いた大容量キャパシタです．水系の電解液と有機系（非水系）の電解液があり，水系のほうが大きな容量を得ることができます．しかし，水の電気分解の電圧は1.23Vと低いため，水系の電解液を用いたセルの耐電圧は0.9V程度となります．有機系は容量で劣りますが（3分の1程度），分解電圧が4～5V程度と高いので，2.5～3.0V程度の耐電圧のセルを作ることができます．

　EDLCが蓄えることのできるエネルギーは汎用のコンデンサと同様，$(CV^2)/2$です．エネルギーは電圧の2乗に比例するため，有機系は容量が1/3であっても3倍程度の耐電圧により，総合的に水系よりも3倍のエネルギー密度を達成できます．大きなエネルギー密度を達成できるため，多くの製品では有機系電解液が用いられます．

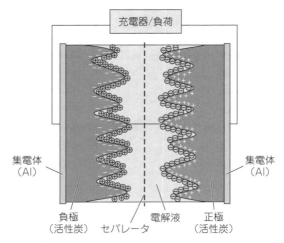

[図A-1] 電気2重層キャパシタの構造イメージ

図中ラベル：充電器/負荷、集電体（Al）、集電体（Al）、負極（活性炭）、セパレータ、電解液、正極（活性炭）

外部からセルの正負極間に電圧が印加されると，正極には溶媒和した負のイオンが吸着します．このとき，正極の正電荷と負イオンの層が対向することで電気2重層が形成されます．負極においても同様に，溶媒和した正イオンが吸着し，負極の負電荷と負イオンが対向するので，電気2重層を形成します．つまり，等価的には，正極と負極にて形成される2つの電気2重層容量が直列接続された状態です．

汎用的な電池とは異なり，EDLCでは充放電の際に電気化学反応を伴いません．蓄電に寄与するのは電気2重層容量であり，イオンの吸脱着のみで充放電が行われます．化学反応に比べてイオンの吸脱着は速やかに行われるため，結果としてEDLCはハイレート特性に優れたデバイスとなります．また，汎用電池では充放電反応に伴い若干発生する副反応が劣化の一因となりますが，EDLCの蓄電原理はそもそも充放電反応を伴いません．よって，副反応もほとんど起こらないため，充放電に伴う劣化は小さくなります．

● 使いどころ

一方，EDLCでは電極表面しか蓄電に寄与しないため，電池と比べるとどうしてもエネルギー密度は低くなってしまいます．リチウム・イオン電池のエネルギー密度は100～250 Wh/kg程度あるのに対して，EDLCではわずか5 Wh/kg程度以下です．つまり，同じ電力量あたりの体積や重量は，リチウム・イオン電池と比べて数十倍にもなるため，単純に電池をEDLCに置き換えることはできません．EDLCが

（a）DP-2R5D158CC0（エルナー）

（b）2セル・モジュール
（21MMA/MMB，日本蓄電器工業，
セルはMaxwell製BCAP0350 E270）

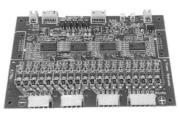

（c）EDLCモジュール（20セル直列，54 V，60 F）とセル・バランス回路を含む
監視基板（MSLC20-54V060T0-2，パワーシステム）

[写真A-1] 円筒形EDLCの製品例

採用されるのは，おもにハイパワー特性が求められる用途になります．

　EDLCはハイレート特性に優れ，内部インピーダンスが低いため，リチウム・イオン電池と比べて充放電のエネルギー効率を高めることができます．高いエネルギー効率とハイレート特性を生かして，クレーンやエレベータなど，エネルギー回生が頻繁に生じる用途において汎用的に採用されています．そのほか，寿命特性を生かしてメンテナンス・フリーの電源としても採用されます．

● 実物

　円筒形EDLCの製品例を写真A-1(a)，(b)に示します．大容量コンデンサのように，ねじ端子形[写真A-1(a)]と基板自立形が主流ですが，そのほかに角形セルやラミネート・タイプのセルもあります．単セルのみならず，複数セルからなるモ

ジュール製品も提供されています．**写真A-1(b)**，(c)のようなモジュール製品は多くの場合，セル・バランス回路（第10章）を内蔵しています．

● 容量

EDLCの容量は通常，ファラド[F]で表します．通常のアルミ電解コンデンサなどの容量はμF～mFクラスであるのに対して，EDLCの容量は数mF～数kFに及びます．電解コンデンサなどと比較して数千倍以上の容量を有しています．ですが，一般的にEDLCの単セルあたりの充電電圧は2.5～3.0 V程度（有機系電解液）と低く，高い電圧を得るためには複数のセルを直列接続する必要があります．

リチウム・イオン電池の容量はAhであるのに対して，EDLCの容量はFで表されるので，比較するためには換算が必要です．Ahは電流[A]と時間[h]の積なので，1 Ah = 3600 C（クーロン）です．一方，EDLCの電荷量は$Q = C\Delta V$です（Cは静電容量，ΔVはEDLCの電圧変動範囲）．通常，EDLCの電圧範囲は0 Vから2.5～3.0 V程度なので，ΔVは2.5～3.0です．よって，$C\Delta V/3600$でAhに換算できます．定格電圧が2.5 Vの場合，1440 Fの静電容量で1 Ah相当になります．

写真A-1(a)のセルの静電容量は1500 Fなので，1.04 Ahです．このセルのサイズはϕ50×120 mm，体積は約236 ccです．一方，汎用的な18650タイプのリチウム・イオン電池（18×65 mm≒16.6 cc）で3 Ah前後の容量があることを考えると，EDLCの体積がいかに大きいかがわかります．

また，セルを直並列接続してモジュールを構成する際，AhとFとで単位の扱いが異なるため注意する必要があります．Ahは電流×時間の電荷量に相当するため，セルを直列接続してモジュールを構成する際も，その容量はセルの容量と変わりません．一方で，Fは単位電圧あたりの電荷量（$C = Q/V$）なので，セルを直列接続したモジュールの容量Fはセルと比べて低下します．n個のセルを直列接続すると，容量は$1/n$になります．なので，EDLCのモジュール品の静電容量はセルと比べて小さくなります．直列数とモジュール容量から，単セルの容量を計算することができます．直列数が不明の場合は，モジュール電圧（大体は2.5～2.7 V程度）から直列数を推測できます．並列接続に関しては，AhとFの両方とも扱いは同じです．n個のセルを並列接続する場合，合成容量はともにn倍になります．

● 過充電と過放電

リチウム・イオン電池と同様，過充電は禁止されています．製造メーカが規定する充電電圧（2.5～2.7 V程度）を上回る電圧まで充電すると過充電状態となり，早期

の劣化につながります.

　また，過放電についても防止する必要があります．EDLCは0Vまで放電できるデバイスなので，抵抗性負荷に対しては過放電状態とはなりません．しかし，複数セルを直列接続して使用する場合や定電流負荷を用いる場合は，過放電状態に陥る可能性があります．EDLCは過放電すると端子電圧が負となる，いわゆる転極の状態となります.

A-2 | その②…よりエネルギー密度の高いリチウム・イオン・キャパシタLIC

　EDLCの最大の短所はエネルギー密度の低さにあります．エネルギー密度を高めたキャパシタとして，リチウム・イオン・キャパシタ(Lithium-Ion Capacitor；LIC)が知られています(**写真A-2**)．文字どおり，リチウム・イオン電池とキャパシタを合体させたようなデバイスで，EDLCの優れた寿命性能やハイレート特性を損なうことなくエネルギー密度を高めることができます．正極はEDLCと同じですが，リチウム・イオンをプレドープした負極カーボンを採用しており，正極と比べて負極を大容量化することで，デバイス全体としての大容量化を達成しています．さらに，通常のEDLCよりも端子電圧は2.2～3.8Vと高いため，より多くのエネル

[**写真A-2**] リチウム・イオン・キャパシタ(CLN2200S2A，武蔵エナジーソリューションズ)

ギーを蓄積できます．また，リチウム・イオン電池やEDLCと同様，メーカの指定
する電圧範囲を逸脱しての使用（過充電と過放電）は，早期の劣化や事故の原因とな
るため防止する必要があります．

EDLCと比べて高いエネルギー密度を達成できるとはいっても，LICの重量エネ
ルギー密度は高くて30 Wh/kg程度です．リチウム・イオン電池と比べると依然と
して小さな数字なので，単純にリチウム・イオン電池にとって代わるデバイスには
なりえません．EDLCと同様，ハイパワー特性や長寿命が求められる用途に適した
デバイスです．

<table>
<tr><td>A-3</td><td>大容量キャパシタが得意とする充放電特性</td></tr>
</table>

● 電気2重層キャパシタ

容量が1350 FのEDLCセルに対して，940 mA（およそ1Cレートに相当），2.5 V
のCC-CV充電を行った際の充電特性を図A-2(a)に示します．一定電流で充電す
ると，電圧はおよそ直線的に増加しており，コンデンサと類似のふるまいをしてい
ることがわかります．電圧が2.5 Vに達するCV充電への移行後，電流は速やかに
絞られています．

リチウム・イオン電池の場合は，CV充電への移行後に電流は緩やかに絞られ，
CV充電中でもある程度の大きな電流が流れます．CCで充電されるSOCは全体の
70〜80 ％程度で，残りはCV期間中に充電が行われます．つまり，完全充電（SOC
＝100 ％）に達するには数時間にわたってCV充電状態を維持しなければならず，結
果として充電に長い時間を要することになります．それに対して，EDLCではCC
のみでほぼ100 ％の充電状態に達することができます．

同じセルに対して，－10〜25 ℃の温度環境下で940 mAのCC放電を行った際の
放電カーブを図A-2(b)に示します．充電時と同様，放電時においても電圧はおよ
そ直線的に変化しています．周囲温度を変化させても，放電特性に大きな差は見ら
れませんでした．これは，低温下（寒冷地）においても特性が劣化しないことを示唆
します．

図A-2の充放電時における電圧カーブをよく観察すると，電圧によって傾き
(dv/dt)が変化していることがわかります．電圧が高いほど傾きは緩やかになりま
す．これは，EDLCの端子電圧が高くなるにつれて電気2重層における電界が強まり，
電極にイオンが強く引き付けられることで，正と負の層間距離が縮まるためです．
このように，端子電圧によって容量が変化するため，充放電時の電圧カーブに対す

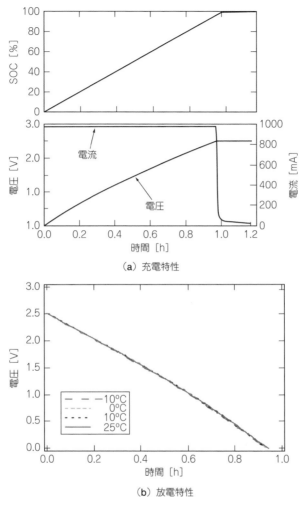

（a）充電特性

（b）放電特性

[図A-2] 電気2重層キャパシタ（1350 F）の特性

る単純な直線近似で容量を求めることができません．言い換えると，$dv/dt = I/C$ で容量を求めようとすると，dv/dt の電圧依存性によって C の値が定まりません．一般的に，EDLC の容量はエネルギー換算法で算出します．放電エネルギーを元に，コンデンサのエネルギーの式（$CV^2/2$）に基づいて容量 C を算出します．

● リチウム・イオン・キャパシタ

　2200 FのLICセルの充放電特性を**図A-3**に示します．充放電ともに1022 mAの定電流，充電電圧は3.8 Vとしました．EDLCの特性と同様，定電流での充放電時の電圧カーブはおよそ直線で変化していますが，若干の非線形性が確認できます．充電時においてセル電圧が3.8 Vに到達後，電流は速やかに絞られ，ほぼ0 Aとなりました．CV充電を行わずとも，CC充電のみでSOCはほぼ100 %に到達してい

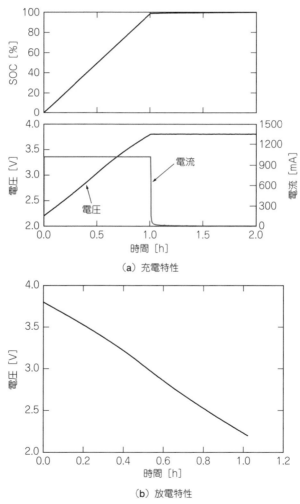

（a）充電特性

（b）放電特性

[図A-3] リチウム・イオン・キャパシタ(2200 F)**の特性**

ます.

A-4	大容量キャパシタのエネルギー利用率

● 放電特性の比較

　ここまで見てきたように，EDLCやLICの電圧は充放電に伴い大きく変動します．
リチウム・イオン電池(LIB)，EDLC，LICの放電カーブを比較したものを**図A-4**
に示します．比較のために，Ahで換算した放電深度(DOD)を横軸にとっています．
LIBの特性は放電末期を除くとおおよそ平坦ですが，EDLCとLICは直線的に大き
く変化します．特にEDLCの電圧変化は大きく，完全放電状態では0Vとなります．

　充放電に伴い電圧が大きく変化する蓄電デバイス(とくにEDLC)は，多くの負荷
に対して直に接続することはできません．一般的に，これら蓄電デバイスと負荷の
間にDC-DCコンバータなどの電力変換回路を挿入し，負荷への供給電圧を一定に
制御する必要があります．しかし，蓄電デバイスの電圧変化範囲が広いと，DC-
DCコンバータは幅広い動作範囲で動作しなければいけません．広い電圧範囲で動
作するようにコンバータを設計することは可能ですが，動作電圧範囲を広くとるほ
ど一般的には回路サイズは大きくなり効率も低下する傾向があります．

　また，広い電圧範囲で動作するよう設計できるとはいえ，EDLCのように0V
付近の電圧にコンバータを対応させるのは現実的に極めて困難です．よって，実用
時においてEDLCを完全放電状態の0Vにまで放電させるのは難しく，ある程度の

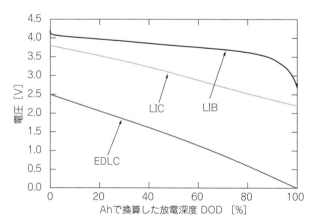

[図A-4] リチウム・イオン電池，電気2重層キャパシタ，リチ
ウム・イオン・キャパシタの放電特性比較

妥協した電圧範囲で使用することになります．それでは，どの程度の電圧範囲で使用するべきなのでしょうか？

● **エネルギー利用率と放電終止電圧/充電電圧の関係**

　放電終止電圧 V_{cut} の値によって，キャパシタの充電エネルギーのうちの何パーセントを利用できるかどうか，つまりエネルギー利用率が決まります．放電終止電圧とは放電終了時の電圧であり，何 V までキャパシタを放電して使用するかを決める値となります．ここからは EDLC を例にとって話を進めます．

　キャパシタが蓄えるエネルギーは $CV^2/2$ です．充電電圧 V_{cha} まで充電した際の蓄積エネルギーは $CV_{cha}^2/2$，V_{cut} まで放電後の残存エネルギーは $CV_{cut}^2/2$ です．よって，V_{cha} から V_{cut} まで放電する際のエネルギー利用率 U は次式となります．

$$U = \frac{V_{cha}^2 - V_{cut}^2}{V_{cha}^2} = 1 - \left(\frac{V_{cut}}{V_{cha}}\right)^2 \tag{1}$$

　この式をグラフ化したものが**図A-5**です．横軸は V_{cut}/V_{cha} であり，この値が小さいほど幅広い電圧範囲で EDLC を使用し，深く放電することを意味します．V_{cut}/V_{cha} が大きいと，EDLC の蓄積エネルギーを十分に活用することができません．エネルギー利用率 U が低いと，EDLC のエネルギー密度が等価的に低下することになります．

　$U = 100\%$ を実現するためには $V_{cut} = 0$ まで放電しなければいけませんが，$U = 75\%$ 程度であれば $V_{cut}/V_{cha} = 0.5$ で達成することができます．つまり，充電電圧の半

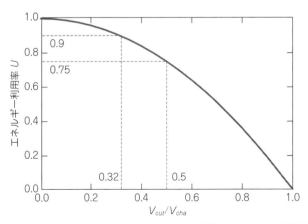

[図A-5] EDLC のエネルギー利用率と放電終止電圧 V_{cut}/充電電圧 V_{cha} の関係

分の電圧までEDLCを放電することができれば，蓄積エネルギーの75％を活用することができます．また，充電電圧の1/3程度（$V_{cut}/V_{cha}=0.32$）まで放電できれば $U=90$％を達成できます．$V_{cut}/V_{cha}=0.5$程度であれば汎用DC-DCコンバータでも対応できますが，$V_{cut}/V_{cha}=0.32$となるとコンバータの設計に問題（大型化，効率低下など）が顕著になります．

A-5　エネルギー利用率を高めるくふう…直並列切り替えモジュール

● セルの直並列接続を切り替えてセルを深くまで放電

　電圧変動の大きなEDLCのエネルギー利用率を高めるため，直並列切り替えモジュールが開発されています[1]~[4]．複数セルから構成されるモジュールにおいて，セル電圧の値に応じてセルの直並列接続状態を切り替えます．モジュール全体としての電圧変動幅を抑えつつ，各セルを低い電圧まで放電させることができます．

　放電時における直並列切り替えモジュールの動作概念を図A-6に示します．大きく分けて，バランス型とアンバランス型に分類されます．

　図A-6(a)に示すバランス型は4セル・モジュールの例です．放電開始直後は1直列-4並列接続（1S-4P）となっているため，モジュール全体の電圧は1セルぶんの電圧と同じです．放電の進行にともない電圧が低下したら，2直列-2並列（2S-2P）の状態に切り替えます．切り替え前後でモジュール電圧は1セルぶんから2セル直列ぶんへと急上昇します．さらに放電が進行して電圧が低下したら，4直列-1並列（4S-1P）に切り替えます．以上の具合で，セル電圧の低下に合わせてセル直列数を順次変更することで，モジュール電圧をある程度の狭い範囲に抑えることができます．

　また，各状態でセル並列数が異なるため，放電カーブの傾きは変化します．バランス型では，いずれの直並列接続状態でもすべてのセルの電流分担は等しく，原理的にはセル電圧のばらつきは生じません（ただし，セル特性の個体差に起因して生じる電圧ばらつきは除く）．

　一方，図A-6(b)に示すアンバランス型では，一部の接続状態においてセルの電流分担が不均一となるため，原理的に電圧ばらつきが生じます．具体的には，図A-6(b)の例における3直列（3S）の状態です．C_2とC_3は並列接続される一方で，そのほかのセルとは直列接続されています．4セル・モジュールを強引に3S構成にするため，電流分担は必ず不均一化します．結果として，3S構成への切り替え以降，セル電圧にばらつきが生じます．

　モジュールを充電する際に図A-6(b)と逆のシーケンスで直並列を順次切り替え

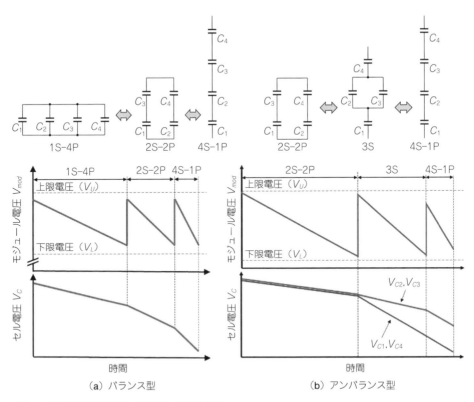

[図A-6] 直並列切替回路の概念と放電時特性

ることで，原理的にこの電圧ばらつきは充電末期に解消されます．しかし，4S-1P
の放電時において，電圧の低いセルの転極を避ける必要があるため，低電圧セルに
よりモジュール全体の利用が制限される恐れがあります(ばらつきによる悪影響に
ついては第8章参照)．このような電圧ばらつきによるデメリットを有するものの，
アンバランス型は直並列切り替え時におけるモジュール電圧の変動を，バランス型
と比べて低減できます．

　図A-6(a)に示したように，バランス型では1S-4Pの状態から2S-2Pへと切り替
える際，モジュールの直列数が一気に2倍になり，モジュール電圧が大きく変化しま
す．それに対して，アンバランス型ではモジュールの直列数を1セルぶんずつ変化
させることができるため，直並列切り替えに伴う電圧変化を抑制できます．

● 直並列切り替えモジュールのメリット

　最大のメリットは，セルのエネルギー利用率を高めることができる点です．モジュール全体としての電圧変動幅をほどほどに抑えつつ，各セルについては低い電圧まで深く放電できます．どの程度の深さまで放電できるか（どの程度までV_{cut}を低くとれるか）については，モジュールを構成するセル数に依存するため，DC-DCコンバータの許容電圧範囲を考慮して直並列切り替えモジュールを設計する必要があります．

　バランス型とアンバランス型のいずれの方式も，高周波のスイッチング動作を伴いません．充電および放電時において，直並列切り替えは数回程度しか行われません．方式によっては一定周期で常に直並列を切り替えるものもありますが，それでも切り替え周波数は数Hz程度以下です[5], [6]．よって，スイッチングに伴う損失（スイッチング損失など）はほぼ皆無であるとみなせます．直並列切り替え回路で生じる損失は，基本的にはスイッチの導通損失のみです．直並列切り替えモジュールにおけるスイッチング周波数は極めて低周波なので，半導体スイッチの代わりにリレーを採用することも可能です．

　一方で，直並列切り替えモジュール全体の電圧は図A-6からもわかるように，切り替えのタイミングで鋸のように大きく変化します．いくらモジュール電圧がDC-DCコンバータの動作電圧範囲に収まってはいても，急激な電圧変化によってコンバータが誤動作する可能性があります．誤動作を引き起こさないようにセル数を調節して電圧変化を抑制する，もしくはDC-DCコンバータのフィルタ回路を強化する，などの工夫や事前検証が必要です．

● バランス型直並列切り替えモジュールの具体例

　バランス型直並列切り替えモジュールの具体例として，4セル・モジュールの構成と放電時の動作モードを図A-7に示します．セルの間に3つのスイッチを挿入し，セル電圧に応じてこれらのスイッチを操作します．n個のセルに対して，合計で$3(n-1)$個のスイッチを使用します．

　図A-7(b)は1S-4P構成のモードです．S_2，S_5，S_8はOFF状態です．全セルはそれぞれ2つのスイッチを介して並列接続された状態です．この1S-4Pの状態からS_4とS_6をOFFしつつS_5をONすることで，図A-7(c)の2S-2Pの状態へと移行します．C_1とC_2，C_3とC_4はそれぞれ並列接続されていますが，これら2つの並列回路はS_5を介して直列接続されます．ここからさらにS_1，S_3，S_7，S_9をOFFし，S_2とS_8をONすることで，図A-7(d)の4S-1Pの状態となります．4つのセルはS_2，S_5，S_8を

経由して直列接続された状態となります.

　ここでは4セル・モジュール構成を例に説明しましたが,セルとスイッチを追加することでモジュールを拡張することができます.ただし,奇数個のセルに対しては,バランス型直並列切り替えモジュールを構成することはできません.バランス型構成を採用する際には,偶数個のセルでモジュールを構成する必要があります.

● **アンバランス型直並列切り替えモジュールの具体例**

　アンバランス型直並列切り替えモジュールの一例を**図A-8**に示します.$2m$個のセル(mは任意の自然数)で構成され,$2m+1$個のスイッチを用います.

　図A-8の方式を4セル・モジュールに適用した回路を,**図A-9(a)**に示します.**図A-8**におけるS_{m+1}が,**図A-9(a)**のS_3に相当します.**図A-9(b)~(d)**は,4セル・モジュールの放電時における動作モードです.まず,**図A-9(b)**のようにS_1とS_5をONして,2S-2Pの状態で放電します.**図A-9(c)**ではS_2とS_4をONすることで,C_2とC_3は並列接続状態となります.一方で,C_1とC_4は直列状態なので,モジュール

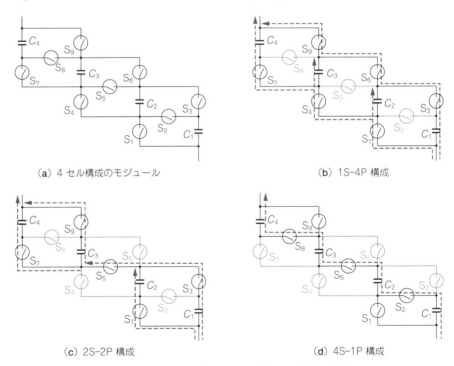

(a) 4セル構成のモジュール　　　　　　　(b) 1S-4P 構成

(c) 2S-2P 構成　　　　　　　　　　　(d) 4S-1P 構成

[図A-7] バランス型直並列切り替えモジュールの具体例と放電時の動作モード

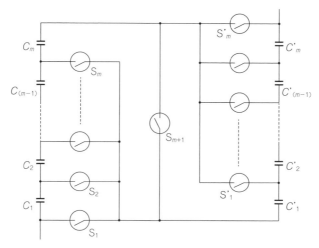

［図A-8］アンバランス型直並列切り替えモジュールの具体例

全体としては3S構成となります．C_2とC_3の並列回路では電流が分流されますが，C_1とC_4は並列接続されるセルがないため，C_2やC_3と比べて2倍の電流が流れます．

　このような放電電流不均一により，セル電圧が徐々にばらつきます．最後の図A-9(d)のモードではS_3のみをONすることで，すべてのセルは直列接続され，4S構成となります．すべてのセルの放電電流は等しくなりますが，図A-9(c)の3S構成の時点でセル電圧はばらついており［図A-6(b)参照］，4S構成においてもその電圧ばらつきは解消されません．充放電の過程で電圧ばらつきが必然的に発生しますが，モジュール内におけるセルの直列数を1個単位（2S→3S→4S）で切り替えることができるため，バランス型と比較してモジュールの電圧変動を狭い範囲に抑えることができます．

◆参考文献◆

(1) R. Montheard, M. Bafleur1, V. Boitier, J. M. Dilhac, and X. Lafontan; "Self-adaptive switched ultra-capacitors: a new concept for efficient energy harvesting and storage," in Proc. Power MEMS 2012, pp. 283-286, 2012.

(2) F. E. Mahboubi, M. Bafleur, V. Boitier, A. Alvarez, J. Colomer, P. Miribel, and J. M. Dilhac; "Self-powered adaptive switched architecture storage," in Proc. Power MEMS 2016, pp. 1-4, 2016.

(3) X. Fang, N. Kutkut, J. Shen, I. Batarseh; "Analysis of generalized parallel-series ultracapacitor shift circuits for energy storage systems," Renewable Energy, vol. 36, pp. 2599-2604, Oct. 2011.

(4) S. Sugimoto, S. Ogawa, H. Katsukawa, H. Mizutani, M. Okamura; "A study of series-parallel changeover circuit of a capacitor bank for an energy storage system utilizing electric double layer capacitors," Electrical Engineering Japan, vol. 145, pp. 33-42, 2003.

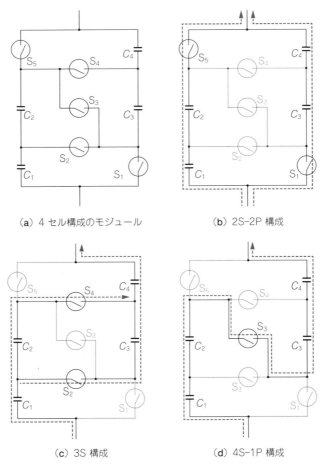

（a）4 セル構成のモジュール　　　　（b）2S-2P 構成

（c）3S 構成　　　　　　　　　　　（d）4S-1P 構成

[図A-9] 4 セル構成のアンバランス型直並列切り替えモジュール
の回路構成と放電時の動作モード

（5）M. Uno, K. Iwasaki, and K. Hasegawa; "Series-parallel reconfiguration technique with voltage equalization capability for electric double-layer capacitor modules," Energies, vol. 12, no. 14, pp. 1-15, 2019.

（6）M. Uno, Z. Lin, and K. Koyama; "Series-parallel reconfigurable electric double-layer capacitor module with cell equalization capability, high energy utilization ratio, and good modularity," Energies, vol. 14, no. 12, 3689, 2021.

第6章

温度・充放電電圧・充放電深度をおさえる

リチウム・イオン電池の劣化要因と長寿命化

　新品のスマートフォンやノート・パソコンは，バッテリ駆動モードで半日以上連続で使用できるような製品がたくさんあります．しかし，半年や1年ほど経つと，新品のころと比べて電池の減りが明らかに早くなり，こまめに充電する必要がでてきます．これは，バッテリが劣化してしまったからにほかなりません．電池は使っているうちに劣化するということは誰もが知っていることですが，どのような条件で劣化がより進行するのか，どのような条件だと劣化を抑制できるのか，などについてはあまり知られていません．

　本章では，リチウム・イオン電池もしくは電気2重層キャパシタの劣化傾向の概要と予測方法，劣化を抑制して長寿命化させる運用方法について解説します．

6-1	電池の劣化

● 電池は生もの！人間とよく似ている

　よく，「電池は生もの」という例えが用いられます．生ものは放置しておくと腐ってしまい，とくに温度が高い夏場は早く傷んでしまいます．これは電池にも共通で，電池は使っていない状態でも多かれ少なかれ劣化が進行し，温度が高いほど劣化は速く進行します．

　また，電池は人間にも例えることができます．電池の劣化が高温で進行しやすくなるのと同じく，人間は暑い日に体力の消耗が激しくなります．

　お腹いっぱいの満腹状態は健康には好ましくなく，腹8分目が良しとされていますが，電池もよく似ています．100 %の充電状態（SOC；State of Charge）では電池の劣化は進行しやすく，SOCを低く抑えたほうが劣化は抑制されます．

　また，人間はエネルギーがゼロになるまで毎日働き続けると，過労で早死にしてしまいます．電池も同じで，深い放電深度（DOD；Depth of Discharge）で使用する

電池は人間とよく似ている．暑いと体力を失い，満腹は健康に良くない，過労は早死にの元

と劣化は速く進行します．

● カレンダー劣化とサイクル劣化

　電池の劣化は大きく分けて，カレンダー劣化とサイクル劣化があります．

　カレンダー劣化は，定電圧充電での待機状態や開回路状態などにおいて進行する劣化です．電池を使用していない状態においても進行します．リチウム・イオン電池の場合，SOC が高い状態では電解液に高い電圧ストレスがかかり，それによって電解液が分解して劣化します．いくら電池を規定の電圧範囲内で使用したとしても，電池内部の電極表面の状態は必ずしも均質ではなく，不均質な箇所では高いストレスがかかります．このような分解による劣化は本来の電池反応とは異なる副反応であり，温度が高いほど副反応は活発になります．つまり，温度が高いほどカレンダー劣化は速く進行します．

　それに対して，サイクル劣化はその名のとおり，充放電サイクルに伴う劣化のことです．充放電を行うと正極と負極の間でリチウムの出入りが発生し，それぞれが含有するリチウムの量が変化します．これに伴い正負極が膨張/収縮し，機械的なストレスが加わることで徐々に破壊され，劣化が進みます．また，充放電サイクル

中は充電時に電池が高い電圧ストレスにさらされるため，カレンダー劣化と同様の理屈でも劣化が進みます．劣化メカニズムの詳細については専門書に譲り[1]，本章では劣化傾向の概要について解説します．

6-2	カレンダー劣化

● カレンダー劣化は温度が高いほど進行

電池は電流が流れていない状態（使っていない状態）でも劣化し，この劣化のことをカレンダー劣化と呼びます．カレンダー劣化は温度と電圧に依存します．まずカレンダー劣化の温度依存性について解説します．

カレンダー劣化の温度依存性を調べるために，電気2重層キャパシタ（EDLC；Electric Double Layer Capacitor）とリチウム・イオン・キャパシタ（LIC；Lithium-Ion Capacitor）を用いて寿命評価試験を行いました[注1]．3種類の異なる温度環境下にEDLCとLICを置き，一定時間ごとに容量を計測して劣化傾向を調査しました．容量測定時を除き，EDLCとLICをそれぞれの定格充電電圧である2.5 Vと3.8 Vの一定電圧で維持しました．

実験結果を図6-1に示します．横軸は時間，縦軸は初期容量を100 %とした場合の容量保持率です．いずれも時間経過に伴って容量が徐々に低下していますが，温度条件によって劣化の程度に大きな差があります．50000時間におけるEDLCは，0 ℃では95.5 %程度の容量を維持していますが，40 ℃では88.8 %まで低下しています．LICについても同様で，低温条件の0 ℃では8333時間において99 %の容量維持率ですが，50 ℃では87.7 %まで低下しています．EDLCとLICともに，温度が高いほど劣化が進行しているようすがわかります．

● 劣化反応の速度を表すアレニウスの式

容量劣化の温度依存性はアレニウスの式で表せます．アレニウスの式は化学反応の温度依存性を表す式であり，化学反応の速度Kは次式の形式で与えられます．

$$K = A \exp\left(\frac{-E_a}{RT}\right) \quad\cdots\cdots\cdots\cdots\cdots\cdots\cdots\cdots\cdots\cdots\cdots\cdots\cdots\cdots\cdots\cdots (1)$$

ここで，A は定数，R [J/K・mol]は気体定数，T [K]は絶対温度です．E_a [kJ/mol]は活性化エネルギーであり，反応に固有の値です．この式は，温度Tが低い

注1：EDLCやLICは電池ではなく，劣化メカニズムはリチウム・イオン電池などとは異なるが，カレンダー劣化の温度依存性について説明するうえではEDLCやLICの実験結果を例として話を進めても問題ない．

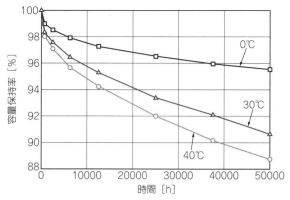

（a）電気2重層キャパシタ

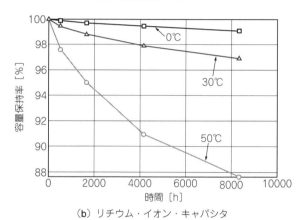

（b）リチウム・イオン・キャパシタ

［図6-1］放電時における各種電池の電圧-SOC特性

ほど化学反応の速度Kは遅く（小さく）なることを意味しており，活性化エネルギーE_aがTとKの関係を決定する重要なパラメータとなります．

　EDLCやLICの劣化は化学反応の一種であるとすると，Kを劣化率Dに置き換えることができます．ここで劣化率Dは，**図6-1**の任意の時間における，

　　　$100-$容量保持率［％］

に相当します．式(1)のKをDに置き換え，自然対数で表すと次のようになります．

$$\log_e D = \frac{-E_a}{1000R}\frac{1000}{T} + \log_e A \cdots\cdots\cdots (2)$$

この式は常用対数で表すこともできます．

$$\log D = \frac{1}{2.303} \frac{-E_a}{1000R} \frac{1000}{T} + \log A \quad \cdots\cdots\cdots\cdots\cdots\cdots\cdots\cdots\cdots\cdots\cdots\cdots\cdots\cdots\cdots (3)$$

これらの式は，劣化率 D の対数と T の逆数は比例関係にあり，その傾きは $-E_a$ に相当することを示しています．つまり，温度 T と劣化率 D の関係を求めるためには，活性化エネルギー E_a を算出する必要があります．ただし，ある温度範囲内で同じメカニズムで劣化が進行する場合は D の対数と $1000/T$ は傾きが $-E_a$ の直線で表されますが，ある温度を境に異なる劣化メカニズムが生じるのであれば，その限りではありません．言い換えると，D の対数と $1000/T$ の関係が直線で表されていれば，その温度範囲内では同じメカニズムで劣化が進行していることを示唆します．

EDLCとLICの劣化率 D と $1000/T$ をプロットしたものを図6-2に示します．K

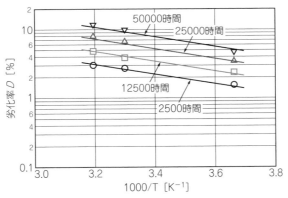

（a）電気2重層キャパシタ

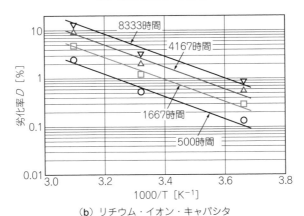

（b）リチウム・イオン・キャパシタ

[図6-2] EDLCとLICの劣化率のアレニウス・プロット

と1000/Tの関係を表すグラフのことをアレニウス・プロットと呼びます．EDLC と LIC ともに，いずれの時間でもアレニウス・プロット上でDと1000/Tはおおよそ直線の関係性を示すことがわかります．実験時間が経過しても，アレニウス・プロット上の特性の傾きはほとんど変化していないことから，同一のメカニズムで劣化が進行していることが予想できます．アレニウス・プロットにおける特性の傾きからE_aを算出した結果，EDLCでは11〜15 kJ/mol，LICでは42 kJ/mol程度でした．

● **10℃上昇ごとの劣化加速割合**（劣化加速係数）

次に，先ほど求めた活性化エネルギーE_aから，劣化加速係数αを求めます．ここでの劣化加速係数αとは，温度を10℃上昇させたときの劣化加速の割合のことで，次式で定義します．

$$\alpha = \sqrt[\left(\frac{T - T_{ref}}{10}\right)]{\frac{D}{D_{Tref}}} \quad\cdots\cdots\cdots\cdots\cdots\cdots\cdots\cdots\cdots\cdots\cdots\cdots\cdots\cdots\cdots\cdots (4)$$

ここで，D_{Tref}は基準とする温度T_{ref}における劣化率です．ここでは0℃をT_{ref}としています．TとDには，そのほかの試験温度と劣化率を当てはめます．式(1)と式(4)をまとめて次式で表すことができます．

$$\alpha = \sqrt[\left(\frac{T - T_{ref}}{10}\right)]{\exp\left\{\frac{E_\alpha}{R}\left(\frac{1}{T_{ref}} - \frac{1}{T}\right)\right\}} \quad\cdots\cdots\cdots\cdots\cdots\cdots\cdots\cdots\cdots (5)$$

この式に，**図6-2**で求めた活性化エネルギーE_aを当てはめて加速係数αを求めます．EDLCでは$E_a = 13$ kJ/molより$\alpha \approx 1.2$，LICでは$E_a = 42$ kJ/molより$\alpha \approx 1.7$となります．つまり，温度が10℃上昇するごとにEDLCの劣化率は1.2倍，LICでは1.7倍となります．

実験結果よりEDLCとLICの劣化加速係数を求めましたが，あくまでこの実験で用いた製品の劣化加速係数が1.2と1.7であり，すべてのEDLCとLICにこれらの係数が当てはまるわけではないということに注意する必要があります．文献ではリチウム・イオン電池で43〜48 kJ/molの活性化エネルギーの値が報告されていますが[2], [3]，これをもとに劣化加速係数αを求めると1.7〜2.1となります．

電池やアルミ電解コンデンサの劣化については，経験的に10℃の温度上昇ごとに劣化は2倍となる「10℃ 2倍則」が目安として受け入れられていますが，文献の活性化エネルギーE_a値から求めた劣化加速係数はこの経験則と合致します．

● カレンダー劣化の充電電圧依存性

前述したように，電池の電圧が高いほどカレンダー劣化は進行します．一般に，0.1 Vの上昇ごとに劣化速度は2倍程度になるといわれています[(1), (4)]．充電電圧を高く設定することで充電容量は増え，電池により大きなエネルギーを蓄えることができます（第2章を参照）．つまり，電池のエネルギー密度（体積あたり，もしくは重量あたりのエネルギー）を高めることができるので，電池を含む機器の小形化や，駆動時間を延長することができるようになります．

近年のスマートフォンなどのモバイル機器では，リチウム・イオン電池の充電電圧は4.35 Vや4.4 Vにまで高められています．もちろん，高い充電電圧に耐えられるよう，電解液に添加剤を加えるなどの適切な設計が行われていますが，それでも充電電圧が高いほど劣化が進行しやすいことには変わりありません．電気自動車などでは電池の劣化を抑えるためにSOCが80 %程度の充電が推奨されます．これは高いSOC（高い電圧に相当）では劣化が速く進み，寿命を縮めてしまうためです．

6-3	サイクル劣化

● サイクル劣化における温度と充電電圧の影響

充電と放電のサイクルを繰り返すことでも電池は劣化していきます．充電状態と放電状態において正極と負極が含有するリチウムの量は変化し，これに伴い正負極の体積が変化します．充放電サイクルによって正負極が膨張/収縮を繰り返し，これにより生じる機械的なストレスによって材料が徐々に破壊されて劣化が進みます．また，充電時において電池は高い電圧状態となるため，これによっても劣化が進みます．

3000 mAhのマンガン酸リチウム・イオン電池を用いて充放電サイクル試験を行いました．1500 mA-4.1 VのCC-CV充電を65分間，1000 mAのCC放電を35分間（20 %のDODに相当），これを1サイクルの基準としました．この基準条件に対して，CV充電の値を4.2 Vに設定した条件と，DODを40 %に設定した条件でも充放電サイクルを行いました．

実験で取得した容量保持率の推移を**図6-3**に示します．いずれの条件でも，サイクル数の増加に伴って容量が徐々に低下しています．**図6-3(a)**より，充電電圧を4.2 Vと高く設定した場合のほうが顕著に劣化しています．これは，充電電圧を高くすることで電池が高い電圧にさらされる時間が長くなり，結果として電解液の分解などによる劣化が進行したためであると考えられます．

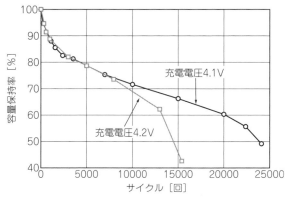

（a）充電終止電圧値に対する依存性

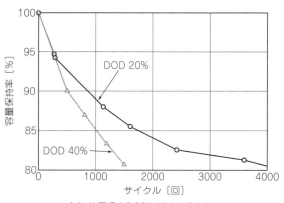

（b）放電深度DODに対する依存性

[図6-3] 充放電サイクル試験の結果

　また，**図6-3**(b)より，DODを深く設定した条件で劣化速度が速くなります．一般に，リチウム・イオン電池ではDODが深いほど劣化は速く進行します．DODが深いと充放電サイクルの過程で正負極のリチウム含有量が大きく変化するため，正負極の体積変化も大きくなります．よって，体積変化による機械的ストレスも大きくなるため，深いDODの条件で劣化率が大きくなったと考えられます．

6-4	電池の寿命予測

● 寿命予測の必要性

　電池は徐々に劣化して放電容量が減っていき，最終的には寿命を迎えます．寿命

の定義はアプリケーションによりけりですが，電池側からの定義では，初期容量に対する放電容量が所定の割合まで下がったときが寿命となります．電池がいつ寿命を迎えるのか，という点については誰もが知りたいことです．電池寿命は製品の良し悪しを決定する重要な要素です．

電池に対して実動作条件を模擬した評価試験を行うことで寿命を把握できますが，寿命評価試験には膨大な時間を要します．例えば，3年間の寿命が要求されるアプリケーションに対して，3年間もの実時間を要する寿命評価試験を行うのは非現実的です．よって，何らかの方法で電池の寿命を予測する必要があります．

● 寿命予測モデル

寿命を予測する簡易的な手法として，外挿法が挙げられます．これは，**図6-1**における時間のルートを横軸に取り，容量保持率を直線で外挿して寿命を推定する方法です．周期性のある充放電サイクルは時間関数に置き換えることができるので，**図6-3**のサイクル数のルートを横軸に取り，外挿することもできます．任意の時間もしくはサイクル数における容量保持率Cは次式で近似できます．

$$C = 100 - d\sqrt{t} = 100 - D \quad\cdots\cdots\cdots\cdots\cdots\cdots\cdots\cdots\cdots (6)$$

ここで，tは時間もしくはサイクル数です．dは劣化係数であり，これは後述の**図6-4**や**図6-5**における外挿直線の傾きを表します．$d\sqrt{t}$は，式(2)〜式(4)における劣化率Dと同じです．式(6)に式(4)を代入することで次式を得ます．

$$C = 100 - d_{Tref}\sqrt{t}\,\alpha^{\left(\frac{T - T_{ref}}{10}\right)} \quad\cdots\cdots\cdots\cdots\cdots\cdots\cdots\cdots (7)$$

d_{Tref}は基準とする温度における劣化係数です．この式を用いることで，外挿法による劣化傾向の推定と加速係数αを組み合わせた寿命予測を行うことができます．

● EDLCとLICの寿命予測

図6-1と**図6-3**の容量保持率を，横軸を時間もしくはサイクル数のルートに置き換えたものを**図6-4**と**図6-5**にそれぞれ示します．実験結果と直線の間に多少のずれがありますが，劣化傾向をおおよそ近似できています．**図6-4**のEDLCとLICについては，外挿直線とαを併用した式(7)により，任意の温度における劣化傾向を予想することもできます．例えば，**図6-4**(a)のEDLCの寿命を仮に初期容量の80％と定義すると，40℃での寿命はおよそ160,000時間（＝400^2時間）となります．

EDLCの作動温度範囲を広げて60℃での寿命を式(7)のモデルに従い予想すると，77284時間（＝278^2時間）となります．ただし，これは40℃と60℃におけるEDLC

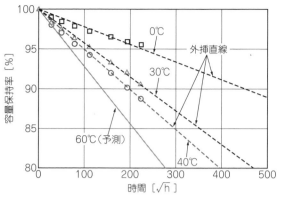

（a）電気2重層キャパシタ（DP-2R5D158CC0，エルナー）

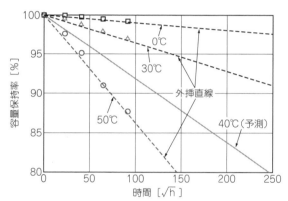

（b）リチウム・イオン・キャパシタ（CLN2200S2A，
武蔵エナジーソリューションズ）

[図6-4] EDLCとLICの劣化傾向を外挿法により予測

の劣化メカニズムが同一であることが前提となります．この前提が成立しない場合は，劣化の温度依存性をαで表すことができず，αを含む式(7)のモデルを用いることもできません．同様に，LICの40℃での寿命を式(7)に従って予想すると，60516時間（＝246^2時間）となります．

　図6-5(a)のリチウム・イオン電池の寿命末期の領域において，実際の特性と近似直線が大きくずれています．これは，寿命末期ではそれまでとは異なるメカニズムの劣化が生じ始めている，もしくは電池内で生じる複数の劣化因子のうちある特定の因子が支配的になり始めている，などが考えられます．

　いずれにせよ，この外挿法は経験的かつ簡易的に劣化傾向を直線で近似する手法

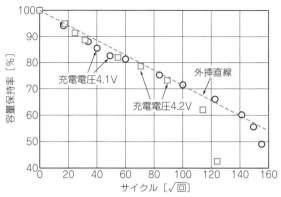

（a）充電終止電圧に対する依存性

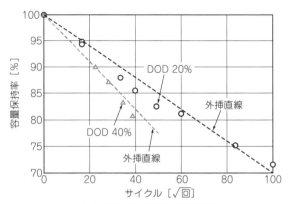

（b）放電深度DODに対する依存性

[図6-5] リチウム・イオン電池の劣化傾向を外挿法により予測

であり，電池の寿命が尽きるまでのすべての劣化傾向の予測を保証するものではありません．

| 6-5 | どうすれば電池の寿命を延ばせるか |

● 電池の長寿命化

　ここまで，電池の劣化傾向について，いくつかの例を用いて解説してきました．劣化傾向をまとめると，

　　（1）温度が高いほど劣化する

（2）電圧が高い（SOCが高い）ほど劣化する

（3）放電深度DODが深いほど劣化する

これらを踏まえると，電池を長寿命化させるコツが見えてきます．

まず，温度の高い環境にさらさないことです．電池を保存する場合は涼しい場所を選ぶということは当然ですが，システムに電池を組み込む場合においても電池の温度が高温とならないような場所に配置し，適切な熱設計を施すことが重要です．しかし，高温状態が良くないからといって闇雲に温度を下げすぎても良くありません．低温では内部インピーダンスが上昇するため十分な電気性能が得られず，温度が低すぎると電解液は凍結してしまいます．また，低温でリチウム・イオン電池を充電すると負極表面にリチウムが析出して劣化や事故につながる恐れがあります．よって，メーカが推奨する温度範囲内で温度を低く維持するのがよいでしょう．

一般に，リチウム・イオン電池などではSOCが高いほど電圧も高くなります．よって，高い電圧を避けて劣化を抑制するということは，SOCをほどほどの値に抑えることと同じです．むやみに電池を100％まで充電するのではなく，せいぜい80％程度までに抑えて使用することで劣化を抑制することができます．

高いSOCまで充電したほうがたくさんのエネルギーを電池に詰め込むことができますが，100％のエネルギーがどうしても必要だという場合は稀ではないでしょうか．例えば，40 kWhの電池を搭載した日産リーフの航続距離は400 kmですが，一般のユーザがこれだけの距離を一気に走行する機会はほとんどありません．ちなみに，日本における乗用車の1日当たりの走行距離は，過半数が20 km以下です．

日産リーフでは電池の劣化を抑えるため，充電量を80％に抑えたロングライフ・モードを推奨しています．このように100％まで充電せずに電池の劣化を抑制する機能は，ノート・パソコンなどのモバイル機器でも汎用的に用いられています．メーカや機種にもよりますが，デバイスの設定で充電条件を少し変更するだけで電池を長寿命化できる可能性があります．

深いDODで使用すると劣化するので，これとは逆に浅いDODで使用すれば劣化を抑えることができます．寿命の観点で最悪なのは100％まで充電して0％まで放電させるような使い方です．これはDOD＝100％の条件に相当します．このような完全充電と完全放電を繰り返すのではなく，こまめに充電して浅いDODで使用するほうが電池にとってはやさしい環境です．例えば，充電はSOC＝80％までで，SOC＝50％まで放電したら再び充電する（DOD＝30％の条件に相当），といった具合です．高いSOCを避けつつ浅いDODで使用することで，電池の劣化を抑えられます．ただし，浅いDODで電池を運用するということは，電池全体の一部の容量

しか活用しないということを意味し，等価的には電池の体積や重量増加を招くことになります．例えば，DOD＝100％と比べて30％の条件では，同じ放電電力量あたりで必要となるセル容量やサイズは3.3倍となります．

　5年以上の長寿命が要求される人工衛星用の電池では，上記すべての工夫を取り入れた運用によって電池の劣化を抑えています．電池の温度は0〜10℃程度の範囲で維持され，40％程度以下の浅いDODで使用されます(100分程度の周期で充放電サイクルが行われる低軌道衛星の場合)．

　また，運用開始後の数年間は電池容量が十分であるため，充電電圧を低く設定して劣化を抑制するように電池を運用します．年月が経つと電池容量は徐々に低下して次第に十分なエネルギーを蓄積できなくなりますが，充電電圧の設定値を徐々に上昇させることで充電容量を増加させていきます．つまり，容量に余裕のある運用初期は充電電圧を低く設定して劣化を抑制し，劣化により容量に余裕がなくなる運用後半や末期では充電電圧を高く設定して容量を高める運用を行います．

● リチウム・イオン電池の容量回復方法は…ない

　鉛蓄電池やニッケル水素電池では容量を回復する方法があります．鉛蓄電池は，充電せずに放置しておくとサルフェーションと呼ばれる現象によって劣化します．ニッケル水素電池では，浅いDODで繰り返し使用しているうちに実用容量が低下するメモリ効果と呼ばれる現象が生じます．鉛蓄電池のサルフェーションに対しては，デサルフェーション(サルフェーション除去)，ニッケル水素電池のメモリ効果に対しては完全充放電によるリフレッシュを行うことで，これらの現象による劣化ぶんを回復させることができます．

　「リチウム・イオン電池の容量を回復することはできないのか」ということがよく話題にのぼります．しかし，リチウム・イオン電池に限っては，一般的に容量回復方法はありません．電池を分解し，添加物を加えるなどして容量を回復する技術はあるようですが，分解せずに回復する方法は筆者の知る限りは存在しません．リチウム・イオン電池の容量を回復させる製品をインターネット上で見かけたりするかもしれませんが，使用は控えるべきです．

◆参考文献◆
(1) 江田 信夫；データに学ぶLiイオン電池の充放電技術，2020年，CQ出版社．
(2) H. Yoshida, N. Imamura, T. Inoue, K. Takeda, and H. Naito；"Verification of life estimation model for space lithium-ion cells," Electrochemistry, vol.78, no.5, pp.482-488, 2010.
(3) Y. Mita, S. Seki, N. Terada, N. Kihira, K. Takei, and H. Miyashiro；"Accelerated test methods for

life estimation of high-power lithium-ion batteries," Electrochemistry, vol.78, no.5, pp.382-386, 2010.

(4) R. Kötz, P. W. Ruch, and D. Cericola ; "Aging and failure mode of electrochemical double layer capacitors during accelerated constant load tests," Journal of Power Sources, vol.195, no.3, pp.923-928, Feb. 2010.

第7章

進化を続けるBMSの基礎知識
「長寿命で安全」を司る バッテリ・マネジメント・システム入門

　バッテリは，複数セルの直列接続ならびに並列接続で構成されます．バッテリを長期にわたって安全に使用するためには，バッテリを構成するすべてのセルを，電圧，電流，温度の観点で安全な領域で動作させる必要があります．電池メーカの指定する範囲外でセルを使用すると，早期の劣化のみならず，最悪の場合には発火や爆発などの重大事故につながる恐れがあります．

7-1	バッテリ劣化の主な要因

● 要因①…過充電と過放電

　バッテリ電圧が指定の上限電圧を上回ると過充電となります．劣化が進行しやすく寿命を大きく縮めてしまう状態で，かつ，非常に危険な状態となります．同様に，放電時においてバッテリ電圧が下限電圧を下回ると過放電となり，これも早期劣化や事故の要因となり得ます．

　過充電や過放電に関しては，バッテリ全体に対してのみならず，個別のセルに対しても注意を払う必要があります．セル電圧は必ずしも等しいとは限らないからです．たとえ一時的にセル電圧が均一な状態であったとしても，さまざまな要因によってセル電圧は徐々にばらつきます．セル電圧のばらつく原因については第8章で詳しく解説します．たとえバッテリ全体の電圧が安全範囲であったとしても，セル電圧のばらつきによって一部のセルが過充電や過放電の状態に陥る可能性があります．

● 要因②…過電流（過大電流）

　バッテリが許容できる以上の電流で充放電を行うと，電池反応が追いつかず劣化に繋がります．一般的に放電よりも充電のほうが電流に関する条件は厳しいので，

充電方向の電流についてはとくに注意が必要です．充電器が適切に動作し，充電電流が適切に制御されている限りは問題ありません．しかし，誤った充電器をバッテリに接続してしまった場合や充電器が誤動作した場合などは，バッテリに過大な充電電流が流れる恐れがあります．

　放電電流については負荷で決定され，バッテリが許容できる以上の重負荷を接続すると，過大な放電電流が流れることになります．なので，最大負荷時においてもバッテリの許容電流値が満たされるよう，Cレート性能や容量を考慮してバッテリを選定することになります．注意すべきは，バッテリ電圧によって放電電流は変化するという点です．一般的に，DC-DCコンバータなどの電力変換器を介して負荷に電力供給を行うことになりますが，バッテリから見たDC-DCコンバータは定電力負荷です（DC-DCコンバータは負荷に一定電圧を出力するため）．よって，バッテリ電圧の変動に応じてバッテリの放電電流も変化します．定電力負荷に対しては，バッテリ電圧が最も低下する放電末期において放電電流は最大となります．つまり，放電末期の電圧の低い状態で，かつ，最大負荷においてバッテリ放電電流は最大となります．

● 要因③…温度

　第6章で解説しましたが，バッテリの劣化は温度に大きく影響を受け，温度が高いほど劣化は速く進行します．低温では劣化は抑制されますが，バッテリの内部インピーダンスが大きくなり，十分な出力を得ることができなくなる可能性があります．また，低温で大電流充放電を行うと電池反応が追いつかず，とくに充電時には負極表面にリチウムが析出し，劣化のみならず内部短絡に繋がる恐れが生じます．

　バッテリの温度は周囲環境だけでなく，充放電電流にも影響を受けます．大きな電流で充放電を行うと，バッテリは発熱し温度は上昇します．とくに，急速充電時や重負荷に対する放電時に発熱は大きくなるのでバッテリの温度は上昇します．

　また，バッテリ内のセルの配置方式や冷却方法によっても温度は大きく影響を受けます．一般的にはセルを密集させてバッテリを構成しますが，例えば自然空冷の場合，バッテリ中心部のセルと外周部のセルとでは温度環境が異なります．中心部のセルはほかのセルに囲まれているので空気の循環が悪く，温度は上昇しやすくなります．一方，外気と直接触れる外周部のセルは冷却されやすく，温度は低くなる傾向にあります．これによりバッテリ内で温度分布が発生します．バッテリの温度管理を行う際には，このような温度分布についても考慮する必要があります．

劣化や危険を避けるバッテリ・マネジメント・システムBMS

バッテリ・マネジメント・システム(Battery Management System；BMS)は，その名のとおり，バッテリを管理するための機能システムのことです．電圧計測，電流計測，温度計測に始まり，上述の安全領域の逸脱を防止するための監視機能ならびに保護機能，さらにはそのほかの雑多な機能を含みます．BMSの機能を下記に列挙します．

(1)過電圧保護(過充電保護，過放電保護)
(2)過電流保護
(3)温度制御，温度保護(過熱保護，低温度保護)
(4)充電制御，放電制御
(5)セル・バランス
(6)SOC推定
(7)通信

BMSは必ずしもこれらすべての機能を含むわけではなく，一部の機能だけであってもBMSと呼ばれます．過電圧保護と過電流保護機能はリチウム・イオン・バッテリにおいて最も重要であり，これらの機能はすべてのBMS製品に搭載されます．単セル用BMSではセル・バランス機能は不要ですが，直列セル用ではセル電圧を均一化させるためのセル・バランス機能を有する製品が多く販売されています．高機能のBMSはSOC推定や通信機能なども有します．

4セル構成のバッテリに対するBMS機能ブロックの概念を**図7-1**に示します．セル電圧計測，セル・バランス回路，制御，遮断スイッチ，充電器など，機能ごとにブロックで表していますが，これらは個別のICや基板で構成されることもあれば，複数の機能をワンチップにまとめたバッテリ監視ICもあります．

BMSの主な機能

● 電圧計測

バッテリ全体ならびに各セルの電圧を計測します．計測値を元に，充電電圧制御，過充電保護や過放電保護の判定，セル・バランス実施の判定，SOC推定などを行います．

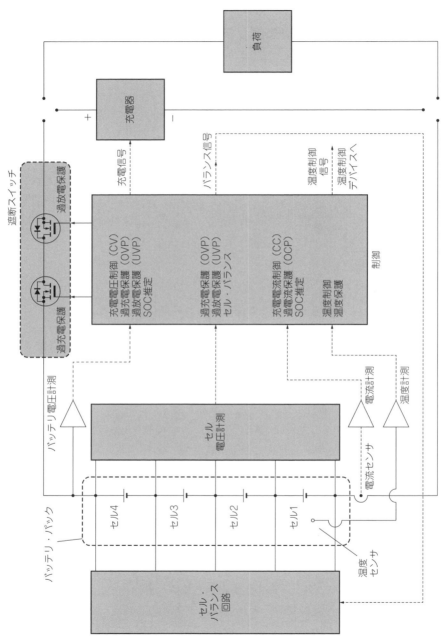

[図7-1] バッテリ・マネジメント・システムの機能ブロック

● 電流計測

　シャント抵抗やホール・センサなどの電流センサを用いて，バッテリの充放電電流を計測します．計測値を元に，充電電流制御，過電流保護の判定，SOC推定などを行います．一般的に，電流計測は個別のセルに対しては行わず，バッテリ全体に対してのみ行われます．

● 温度計測

　サーミスタなどを用いてバッテリ温度を計測します．計測値を元に，温度制御（図7-1に示していない温度制御機器を用いる）や温度保護判定を行います．複数セルで構成されるバッテリでは前述のとおり温度分布が生じるため，バッテリの規模に応じて温度計測点を複数設ける必要があります．具体的には，バッテリ全体のなかで最も温度が高くなる箇所や最も低くなる箇所を中心に測定します．

● 過電圧保護

　リチウム・イオン・バッテリの過充電は重大な事故につながるので，保護機能が必須です．過充電に対しては2重，3重の保護が施されます．

　まず，充電器による充電制御が適切に行われている限り，バッテリは過充電状態とはなりません．充電器や充電制御に何らかのトラブルが生じ，結果としてバッテリが過充電の状態となってしまった場合，充電器からバッテリを遮断して保護する必要があります．制御部で過充電を判定し，遮断スイッチ（過充電保護）をOFFすることでバッテリを充電器から遮断します．

　さらに，過充電に対して2重の保護を施すために，セカンド・プロテクション機能（図7-1には示していない）の搭載も一般的です．放電時に過放電を検出した場合も同様に，遮断スイッチ（過放電保護）をOFFしてバッテリを負荷から切り離して保護します．これらの機能は，汎用の電源装置や負荷装置における過電圧保護（Over Voltage Protection；OVP），ならびに低電圧保護（Under Voltage Protection；UVP）機能に相当します．

● 過電流保護

　充電器や負荷の誤動作などによりバッテリに過大電流が流れた際においても，外部回路とバッテリを遮断して保護します．これは，汎用の電源や負荷装置における過電流保護（Over Current Protection；OCP）機能に該当します．

● 温度制御ならびに保護

　バッテリの温度が任意の範囲に収まるよう，外部の温度制御機器を用いて温度を制御します．ファンやポンプを用いた熱媒体による冷却，および加熱が一般的です．加熱にはPTC(Positive Temperature Coefficient)ヒータや，高周波の充放電電流により生じるジュール熱を利用した内部加熱手法などもあります[1]～[3]．また，充放電電流を絞りバッテリ内部の発熱を抑えることで，バッテリの温度上昇を抑制することもできます．とくに急速充電時はバッテリ温度が上昇し，上限温度を越えやすくなるため，充電電流を絞ることによる発熱抑制は効果的です．また，温度に異常が生じた場合，バッテリを遮断してシステムの動作を停止させる，過熱保護(Over Temperature Protection；OTP)や低温度保護(Under Temperature Protection；UTP)機能もあります．

　一般的にバッテリの許容温度範囲は充電時と放電時とで異なり，充電時のほうが条件は厳しくなります．バッテリの許容温度範囲と充放電電流の関係を表した例を**図7-2**に示します．この例では，放電時の許容温度範囲は−20～60℃，それに対して充電時は0～40℃と狭くなっています．また，放電時よりも充電時のほうが許容電流は小さく設定されます．これは，低温でのハイレート充電時は電池反応が追いつかず，電極表面にリチウムが析出して劣化や事故を招く恐れがあるためです．バッテリのデータシートに記載されている許容温度範囲と充放電電流を逸脱しないよう，温度制御ならびに充放電制御を行う必要があります．

● セル・バランス

　セル電圧の計測値を元に，セル電圧が既定の上限値に達した場合，もしくは電圧ばらつきが規定値以上になった場合にセル・バランスを行います．セル・バランス開始のタイミングをセル電圧の上限値とするか，もしくは規定のばらつきとするかは，セル・バランスの方式や制御アルゴリズムに拠ります．セルの電圧が等しくな

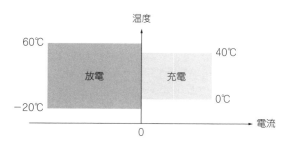

[図7-2] バッテリ許容温度範囲と充放電電流の関係のイメージ

るよう定期的にセル・バランスを行うわけですが，それでもセル電圧が安全範囲を逸脱してしまうような場合には，充電器や負荷等の外部回路とバッテリを切り離してバッテリを保護する必要があります．

● SOC推定

　残量計やガス・ゲージなどと呼ばれる機能です．最も簡易的なものでは，バッテリの開放電圧（OCV）からSOCを推定します．電圧情報のみでSOC推定を行う簡単なものですが，OCV-SOC特性は非線形であり（コラムA参照），経年劣化によっても変化するため精度は優れません．また，充放電の最中には内部インピーダンスでの電圧降下が発生し，OCVの情報を得ることができなくなるため，この手法を単純に適用することはできません．

　内部インピーダンスでの電圧降下を補正することでOCVを求めることもできますが，内部インピーダンスは温度や経年劣化，さらにはOCVにも依存する変数であるため，正確な補正は簡単ではありません．

　一方，バッテリ電流の積算によるクーロン・カウンティングは，電圧情報を利用した推定手法よりも短期的には高い精度を達成できます．しかし，電流計測に基づいて電荷を積算するという性質上，電流計測値に含まれるオフセットにより推定SOCが真の値から徐々にドリフトし，長期的には誤差が拡大してしまいます．

　高機能なSOC推定手法では，上記のOCVと電流の両方を利用します．バッテリのOCV特性や内部インピーダンスの情報をメモリに格納し，温度や経年劣化により変化する容量や内部インピーダンスの情報を更新する学習機能を備えることで，高精度のSOC推定を実現します．

7-4	規模に応じたBMSの構成

　バッテリの規模は用途に応じてさまざまです．スマートフォンなどの単セル・バッテリ，数セル程度で構成されるモバイル機器や電動工具用のバッテリ，数十セル以上の多直列で構成されるEV用や定置型蓄電設備用のバッテリなど，用途や規模に応じてバッテリの構成は大きく変わります．システムの規模やバッテリを構成するセル数に応じて，適当なBMSの構成も変化します．

　6セル直列のバッテリに対するBMS構成例を**図7-3**に示します．**図7-3**におけるBMSは，おもに**図7-1**における電圧計測，過電圧保護，制御機能部を含むものとします．

▶分散型［**図7-3(a)**］

　セルごとにBMS機能を有します．セルとBMSのペアを足していくことでバッテリ・システムを拡張することができるので，拡張性に優れます．しかし，セルと同数のBMS回路を要するため，規模の増大とともに高コスト化します．よって，分散型は大規模システムには適さず，おもに小規模のバッテリで採用されます．

▶集中型［**図7-3(b)**］

　すべてのセルを一括して1つのBMSで管理します．分散型と比較してBMS回路の数を大幅に削減できるため，コストの点で優位です．しかし，セル数の増加に柔軟には対応できないため，拡張性の観点で劣ります．また，全セルからの計測線を1つのBMS基板にまとめなくてはならず，セル数の大きなバッテリ・システムではケーブルの扱いが非常に厄介になります．**図7-3**のような図面上では便宜上，BMSをセルよりも大きく描いているので配線はシンプルに見えます．しかし，実物のセルやバッテリはBMS基板よりも大きい場合が多く，多数の計測線を長い距離にわたって這わせてセルとBMSを接続することになります．

▶モジュラ型［**図7-3(c)**］

　分散型と集中型の中間的な構成です．1つのBMS回路で管理するセル数をほどほど（最大12セル程度）に抑えつつ，各BMSを数珠つなぎ（デイジー・チェーン）で拡張します．**図7-3(c)**の例では，3セルごとにBMSを設けており，BMSを含む3

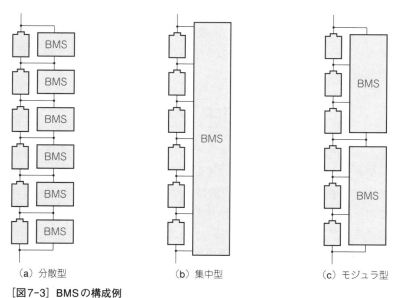

（a）分散型　　　　　　　（b）集中型　　　　　　　（c）モジュラ型

［図7-3］BMSの構成例

セル構成のモジュールを積み重ねることで規模の大きなシステムに拡張します．各BMS間はUART，SPI，I²Cなどのシリアル・インターフェースで通信します．EV用バッテリなど，セル直列数が多くなる比較的大きなシステムで採用されます．

<table>
<tr><td>7-5</td><td>BMSを構成するハードウェア</td></tr>
</table>

● 電圧センサ

バッテリ監視/保護ICにはすべてのセルに対する電圧計測機能が含まれているので，個別に電圧センサを構成する必要性はありません．計測したセル電圧の情報を元に，おもにバッテリ保護（過充電保護，過放電保護）やセル・バランス実施の判定を行います．

単セル・バッテリなどの小規模システム（分散型システム）用のバッテリ監視ICでは，計測した電圧をコンパレータで過充電電圧や過放電電圧レベルと比較し［図7-4(a)］，遮断スイッチを操作してバッテリ保護を行います．単セル用監視ICでは，そのほかに過電流検出機能なども有しており，IC単体で計測から保護判定まで行います．

一方，セル数の多いシステムなど（モジュラ型）では，マルチプレクサ（MUX）とアナログ-ディジタル・コンバータ（ADC）を用いて測定します．図7-4(b)に，バッテリ監視ICの電圧計測に関する機能ブロックを示します．セル電圧計測には数mV程度の精度が要求されるため，14〜16ビットのADCが用いられます．ディジタルに変換した信号は，シリアル・インターフェース経由でマイコンや監視ICに送信します．図7-4(b)に示した監視ICには過充電や過放電の判定機能は含まれず，

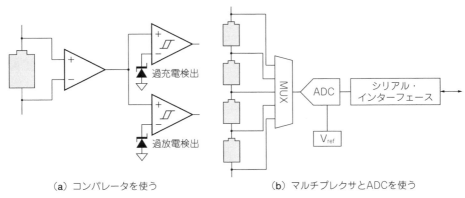

（a）コンパレータを使う　　　　　（b）マルチプレクサとADCを使う

［図7-4］バッテリ監視ICの電圧計測機能ブロックの例

保護判定を行うのは図外のマイコンなどが必要になります．このような計測機能の
みをもつタイプの監視ICは，アナログ・フロントエンド・タイプに分類されます．

● 電流センサ

　バッテリの充放電電流は直流なので，カレント・トランスやロゴスキー・コイル
などの交流用の電流センサを用いることはできません．直流電流を計測できるセン
サを採用します．

▶シャント抵抗

　最も汎用的な電流計測方法です．図7-5(a)に示すように，抵抗値の小さなシャ
ント抵抗をバッテリと直列に接続し，充放電の際にシャント抵抗で生じる電圧降下
($V = I \times R$)を測定し，オームの法則より電流値を算出します．シャント抵抗では
I^2Rの損失が発生するので，損失を低減するためにRの小さな素子がシャント抵抗
として用いられます．一般的には，定格電流時における電圧降下が十数mV～数百
mVとなるような抵抗値が用いられます．シャント抵抗での電圧降下をOPアンプ
で増幅して電流計測を行うので，OPアンプの電源が必要です．シャント抵抗自体
が発熱し，後述のホール・センサと比べて発熱量が大きいため，システムの熱設計
が難化します．

　電流計測専用のシャント抵抗の代わりに，遮断スイッチとして用いるNチャネル
MOSFETのオン抵抗における電圧降下を利用して電流計測することも可能です．
シャント抵抗を省略できるのでコストを削減できますが，MOSFETの固体差や動
作条件によりオン抵抗は変動するため，高精度の電流計測には適しません．

▶ホール・センサ

　ホール効果を利用した電流センサです．ホール素子は磁場に比例した電圧信号を
出力するので，被測定電流により生じる磁場をホール素子で検出し，これを増幅す
ることで電流計測を行います．図7-5(b)に示すように，電流の流れる導体周囲の
磁場を集めるために磁性体コアを用い，コアのギャップ部にセンサを配置して電流
を検出します．

　コアやセンサの駆動方法に応じて，オープン・ループ方式，クローズド・ループ
方式，フラックス・ゲート方式があります．方式により精度やコストに差がありま
すが，いずれもシャント抵抗方式と比べて低発熱です．しかし，大型部品である磁
性体コアを必要とするため，小型化が難しく設置制約が生じます．被測定電流によ
って生じる磁場を，コアを用いず直接検出するコアレス電流センサもあります．コ
アレス構造なので小型化に適しますが，コア付きセンサと比べると大電流の測定に

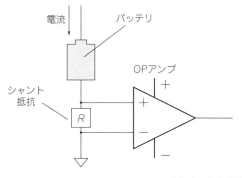

シャント抵抗，50 A，50 mV
（Murata Power Solutions）

（a）シャント抵抗

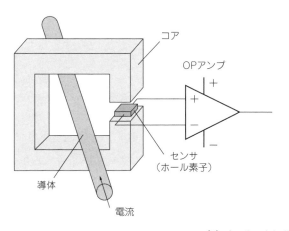

カレント・トランスデューサ，50 A
（HLSR 50-P，LEM）

（b）ホール・センサ

[図7-5] 電流センサの原理概要と製品例

は不向きです．

● 温度センサ

　産業用の温度センサとしてはおもにサーミスタ，熱電対，白金測温抵抗体などが
あります．熱電対の測定温度範囲は$-200 \sim 1000$ ℃（Kタイプ熱電対）と広く，セン
サ部自体は小型ですが，微弱な熱起電力を増幅するための増幅回路が必要です．サ
ーミスタと白金測温抵抗体はともに，温度で抵抗値が変化する素子を利用して温度
を計測します．白金測温抵抗体の測定範囲は$-200 \sim 600$ ℃程度であり，優れた線
形性を有しているため高精度な温度測定に適します．しかし，白金抵抗体を用いる

ため高コストとなります．それに対し，サーミスタの測定範囲は－50〜200℃程度
と狭く，他のセンサと比べると精度は劣ります．しかし安価であり，温度に対する
抵抗値の変化が大きいため，汎用マイコンのA-Dコンバータでも十分な計測が行
えます．

　バッテリの動作温度範囲はせいぜい－20〜60℃程度なので，計測範囲の広い温
度センサは必要ありません．BMSでの温度計測には一般的にはサーミスタが用い
られます．

● 遮断スイッチ

　図7-6(a)に示すように，2つのNチャネルMOSFETを逆直列した双方向スイッ
チが用いられます．ゲート端子(G)とソース端子(S)の間に電圧を与えることで，
MOSFETのチャネル[ドレイン端子(D)とソース端子間の経路]は低抵抗状態とな
り導通します．逆に，ゲート-ソース間の電圧を取り除くことでチャネルは高抵抗
のOFF状態となります．

　OFF状態のMOSFETを利用してバッテリを外部回路から遮断するわけですが，
単一のMOSFETでは充電電流と放電電流の両方を遮断することはできません．
MOSFETには構造上，ボディ・ダイオードと呼ばれる寄生素子が必ず内蔵されて
いるため，ドレインからソース方向に流れる電流しか阻止することはできません．
ソースからドレイン方向の電流は，たとえチャネルがOFF状態であってもボディ・
ダイオードを経由して流れてしまいます．

　よって，2つのMOSFETを逆向きに直列接続(逆直列)することで充電と放電の
両方向の電流を阻止します．つまり，2つのMOSFETは過充電保護用と過放電保
護用とで機能が分かれています．これらのMOSFETにはバッテリの充放電電流が
流れるため，MOSFETのオン抵抗で常に損失が発生することになります．複数の
素子を並列接続して合成抵抗を下げることで，損失を低減します．

　以下では，過充電保護用と過放電保護用の，2つのMOSFETを個別に駆動する
際の動作について述べます．

▶過充電状態での動作

　バッテリの過充電が検出された場合，過充電保護用のMOSFETをOFFします．
充電器からの電流は，過放電保護用MOSFETのチャネルならびにボディ・ダイオ
ードを通過することはできますが，過充電保護用MOSFETのチャネルで阻止され
ます[図7-6(b)]．一方で，過放電保護用MOSFETをON状態としておくことで，
負荷への放電は可能な状態です[図7-6(c)]．

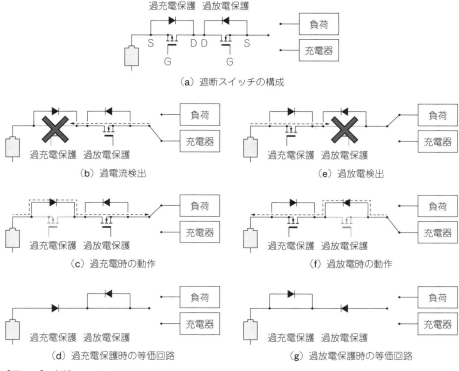

（a）遮断スイッチの構成

（b）過電流検出　　　　　　　　　　　　　（e）過放電検出

（c）過充電時の動作　　　　　　　　　　　（f）過放電時の動作

（d）過充電保護時の等価回路　　　　　　　（g）過放電保護時の等価回路

[図7-6] 遮断スイッチ

　過充電保護用MOSFETのみOFFした状態の等価回路は図7-6（d）で表すことができます．ここではON状態の過放電保護用MOSFETを導線として描いています．充電方向の電流は阻止しつつ，放電方向の電流は過充電保護用MOSFETのボディ・ダイオード経由で流すことができます．放電によりバッテリ電圧は低下し，いずれは過充電状態から回復します．

▶過放電状態での動作

　バッテリの過放電状態が検出されると，過放電保護用MOSFETをOFFします．これにより，放電方向の電流は阻止されます[図7-6（e）]．このとき，過充電保護用MOSFETをON状態としておくことで，充電方向の電流のみ流すことができます[図7-6（f）]．

　過放電保護用MOSFETのみOFFした状態の等価回路は図7-6（g）となります．放電方向の電流は過放電保護MOSFETで阻止されますが，充電方向の電流は過放電保護MOSFETのボディ・ダイオードを経由して流すことができます．充電方向

の電流によりバッテリの電圧は上昇し，いずれ過放電状態から回復します．

● **充電回路**

　充電回路については，長くなるので，後述します．

● **セル・バランス回路**

　セル電圧を均一にそろえるための回路です．リチウム・イオン・バッテリや電気2重層キャパシタ用BMS特有の回路であり，さまざまな回路方式が存在します．セルのエネルギーを消費させて電圧を揃えるパッシブ・セル・バランス方式と，セル同士の間でエネルギー授受を行うことで電圧を均一化するアクティブ・セル・バランス方式に大別されます．それぞれの方式によるバランス・イメージを**図7-7**に示します．

　パッシブ・セル・バランス方式は，SOCの高いセルのエネルギーを熱として消費させるため，セルのエネルギーが無駄となり，システムの熱設計を難化させる可能性があります．とくに，大容量のセルに対しては，消費させるエネルギーが大きくなるので，パッシブ・セル・バランス方式の課題は顕著になります．しかし，おもに半導体スイッチと抵抗のみで構成される簡素な回路方式なので集積化との相性がよく，多くのバッテリ監視IC製品にパッシブ・セル・バランスの機能が組み込まれています．

　一方，アクティブ・セル・バランス方式では，SOCの高いセルから低いセルへとエネルギーを受け渡すことでセル・バランスを行います．セル間のエネルギー授受には，非絶縁型や絶縁型DC-DCコンバータを基礎とした電力変換回路を用います．理想的にはアクティブ・セル・バランス回路でのエネルギー消費はないため高

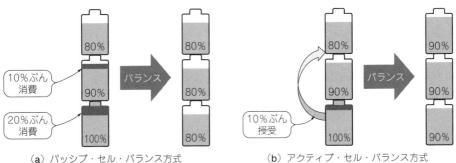

　　　（a）パッシブ・セル・バランス方式　　　　　　（b）アクティブ・セル・バランス方式

[図7-7] **セル・バランスのイメージ**

効率であり，かつ，大容量セルに対しても低発熱のセル・バランスが可能です．しかし，アクティブ・セル・バランス回路で必要となる部品点数が多く，コスト増加につながります．

これらのセル・バランス回路の詳細については第3部で解説します．

7-6	充電回路について

● 充電器に求められる特性

充電器は，電圧と電流を制御した直流電源のことです．汎用の安定化電源などは，出力電圧と電流をともに所望の値となるよう制御されているので，そのまま充電器として用いることができます．リチウム・イオン・バッテリの充電には基本的にはCC-CV充電が採用されますが，バッテリを過放電の消耗した状態から復帰させる際には安全に充電するためにC/10程度の小さな電流で予備充電（プリチャージ）を行います．電圧が回復したら，通常のCC-CV充電に移行させます．充電器の電圧-電流出力特性をグラフで表すと図7-8(a)のようになります．CC-CV充電に相当する領域については，電流値と電圧値を設定した汎用の安定化電源の出力特性と同一です．

図7-8(b)は，過放電状態から充電を行った際の時間特性です．充電開始時，過放電電圧レベルよりもバッテリ電圧は低いため，予備充電を行います．バッテリ電圧はゆっくりと上昇し，過放電電圧レベルを上回ると通常のCC充電に移行します．このとき，充電器は図7-8(a)のA点で動作し始めます．充電が進行するにつれて電圧は上昇し，充電器の動作点はCC特性上をB点の方向に移動します．バッテリ電圧が上昇してCV充電に移行後，電流は徐々に絞られます．このとき，充電器の動作点はCV特性上をC点の方向に移動します．

以上はCC-CV充電時における充電器の動作点推移を表したものであり，B点において電流と電圧が共に最大となるため，充電器電力も最大となります．よって，充電器の電力定格は，CC充電からCV充電へと移行するB点を目標に決定します．しかし，充電器における損失や発熱の都合や，充電器の電力定格を低減するために，単純なCC-CV特性ではなく電力制限を設ける場合が多々あります．その場合，充電器の動作点は図7-8(a)において，破線部の定電力（Constant Power；CP）特性カーブ上を推移します．通常のCC-CV充電では動作点はA→B→C点の順序で推移しますが，電力制約が設けられる場合はCC-CV特性に加えてCPカーブ上を推移します．つまり，動作点はA→A′→C′→Cで移動します．

図7-8に示したように，充電器の出力電力，つまり充電電力は充電の進行に応じて大きく変化します．充電器を電力変換器として考えると，予備充電期間はバッテリ電圧と電流はともに低い状態なので，軽負荷状態です．CV充電末期で電流が絞られた状態も，低電流なので軽負荷状態です．それに対して，CC充電期間では充電器は大きな電流を出力するので重負荷状態です．とくにCC充電とCV充電に移行するB点[**図7-8(a)**]で最大負荷となります．予備充電やCV充電末期の電流は0.1C程度です．充電電圧はセルあたり4.2 V程度ですが，過放電電圧レベル以下の予備充電のためには1.0～2.5 V程度の電圧出力が求められます．

　以上のように，電圧と電流の両方が大きく変化するため，充電器は大きな負荷変

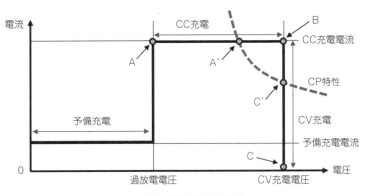

（a）電圧-電流出力特性

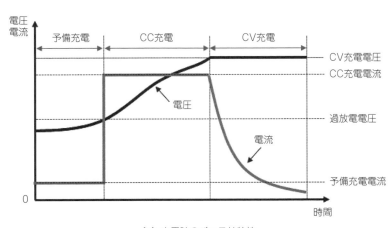

（b）充電時のバッテリ特性

[**図7-8**] **充電器の特性**

化幅に対応する必要があります。充電器の回路方式によっては幅広い負荷には適用しにくいものもあるため、想定される負荷範囲をカバーできるような回路を設計ならびに選定する必要があります。

　そのほか、充電電流に含まれるリプル成分についても注意を払う必要があります。充電電流は理想的には純粋な直流電流であるべきですが、充電器の方式や設計に応じて幾分のリプル（脈動）が含まれます。充電電流に含まれるリプルのイメージを図7-9(a)に示します。リプルが重畳することによって、平均充電電流あたりの電流実効値が増加します。実効値が増加すると、バッテリの内部抵抗における発熱量が増加するため、これによってバッテリ温度が上昇して劣化が加速されてしまいます[4], [5]。後述するドロッパ方式以外の充電器では、半導体スイッチを高周波でON/OFFさせて充電制御を行うため、スイッチング動作に伴いリプル電流が生じます。充電器回路内のLCフィルタでリプルを除去することができますが、フィルタ能力が不十分だとリプルは残留します。「バッテリは大容量コンデンサのようなものなので、バッテリでリプルを吸収してLCフィルタを小型化しよう」という思想で充電器設計が行われる例をときおり見かけますが、リプルによってバッテリの発熱量が大きくなり寿命が犠牲になる"可能性"があることは把握しておくべきでしょう。

　また、リプル電流の問題は充電器に限ったことではなく、負荷に向かって放電する際についても同様です。例として、インバータ（直流電力を交流電力に変換する電力変換回路）を介して交流負荷に放電する際のイメージを図7-9(b)に示します。インバータから交流負荷に対して供給される電流i_{ac}は交流であり、図示のように時間変化します。よってバッテリ電流i_{bat}も時間的に変化することになります。インバータの入力端子にはフィルタ回路が挿入されているため、i_{bat}はおおむね直流

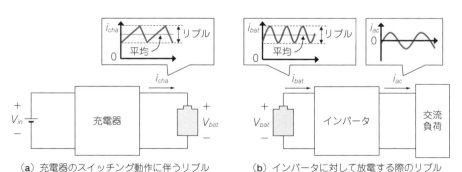

（a）充電器のスイッチング動作に伴うリプル　　（b）インバータに対して放電する際のリプル

[図7-9] バッテリ電流に含まれるリプルのイメージ

となるよう平滑化されます．しかし，リプルを十分に小さなレベルにまで除去するには大きなフィルタ回路が必要となります．

● 充電器の具体的回路例

　電源回路の出力特性が**図7-8**(a)となるように制御することで，さまざまな電力変換回路をリチウム・イオン・バッテリ用充電器として用いることができます．充電器として具体的に採用できる回路はDC-DC変換回路であり，下記で分類することができます．ドロッパ方式(リニア・レギュレータ方式)は簡素で低コストですが，動作原理上，可変抵抗のようにふるまうため効率は低く，大きな充電電力を扱うことはできません．それに対して，非絶縁型ならびに絶縁型DC-DCコンバータ方式は大きな充電電力にも対応でき，適切に設計された回路であれば90％以上の効率を達成できます．

▶ドロッパ方式

　リニア・レギュレータ(3端子レギュレータ)を利用した簡素な充電回路です．概念構成を**図7-10**に示します．電源とバッテリの間に挿入したトランジスタを線形領域で動作させ，トランジスタにおける電圧降下V_{drop}を調節することでバッテリ電流ならびに電圧を制御します．V_{drop}は，電源電圧V_{in}とバッテリ電圧V_{bat}の差と等しくなります．線形領域で動作するトランジスタは可変抵抗のようにふるまうため，充電電流I_{cha}とV_{drop}の積に相当する損失がトランジスタで発生します．また，トランジスタでの電圧降下を利用して充電制御を行うため，必ずV_{bat}はV_{in}よりも低くなければいけません．つまり，回路の動作としては入力よりも出力電圧を下げる，降圧動作となります．トランジスタの電圧降下を小さく抑えられるほうがV_{bat}の制御範囲は広くなるため，ロー・ドロップ・アウト(LDO)タイプのレギュレー

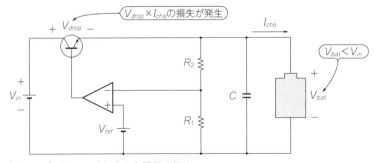

[図7-10] ドロッパ方式の充電器の概念

タが用いられます.

例として,5.0 Vの電源から単セル・バッテリを500 mAで充電するケースを考えてみます.電源からの供給電力は5.0 V×500 mA＝2.5 Wです.V_{bat}＝4.2 Vのとき,充電電力が4.2 V×500 mA＝2.1 W,損失は500 mA×0.8 V＝0.4 W,効率は84％です.一方,V_{bat}＝3.0 Vでの充電電力は1.5 W,損失は500 mA×2.0 V＝1.0 Wとなり,効率は60％です.このように,V_{in}とV_{bat}の差が大きいほど効率は低くなり,損失(発熱)が増大します.

ドロッパ方式の充電器は後述のDC-DCコンバータを用いた充電器回路と比較して非常に簡素でインダクタが不要,かつ少数個の部品で充電器を構成することができます.しかし,動作原理上,$V_{drop}×I_{cha}$の損失が発生するため,大きな充電電流が求められる用途や,V_{in}とV_{bat}の差が大きくなるような用途では損失がとくに増大してしまい実用的ではありません.よって,おもに小容量で簡素性とコストが重視される用途(例えば上の例のような低電源で単セル・バッテリを充電する)で用いられます.

ドロッパ式充電回路の製品例を**写真7-1**に示します.マイクロUSBポートから供給される5 Vを入力電源とした回路で,充電機能と保護機能を備えています.最大充電電流が1 Aの単セル・バッテリ充電用リニア・レギュレータIC(LP4056H)で充電制御を行います.単セル用保護IC(DW01)は過充電/過放電保護機能を有し,過充電/過放電電圧レベルは製品モデルごとに異なります.デュアルMOSFET

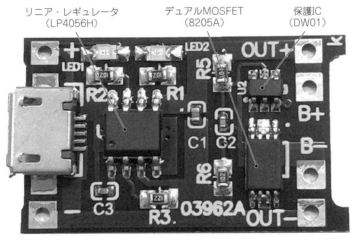

[写真7-1] ドロッパ式充電回路の製品例

（8205A）にはドレイン端子を共通接続した2つのMOSFETが内蔵されており，この1つの部品で遮断スイッチを構成しています．

▶非絶縁型コンバータ

　非絶縁型のDC-DCコンバータを利用した充電回路です．後述の絶縁型ではトランスを用いて電源側とバッテリ側を電気的に絶縁するのに対して，非絶縁型の充電回路はトランスを含みません．よって，絶縁が求められない充電器で採用される方式となります．

　具体的な回路としては，図7-11に示す降圧チョッパ，昇圧チョッパ，昇降圧，SEPIC（Single Ended Primary Inductor Converter）などの各種チョッパ回路が用いられます．各種チョッパ回路の詳細な動作原理については，パワー・エレクトロニクスの参考書に譲ります[6]．NチャネルMOSFETやIGBTなどの半導体スイッチを数十kHz〜数百kHz程度で駆動し，インダクタやコンデンサを充放電させます．半導体スイッチのデューティ（1スイッチング周期におけるオン時間の比率）を調節するPWM（Pulse Width Modulation）制御により，充電電流ならびにバッテリ電圧を制御します．

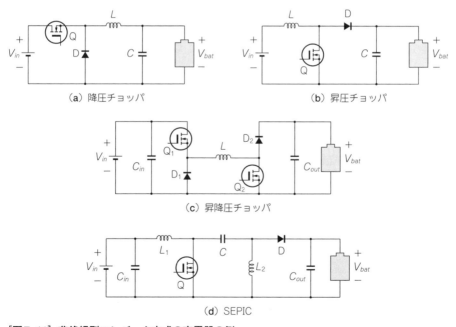

（a）降圧チョッパ　　　　　　　　　　　（b）昇圧チョッパ

（c）昇降圧チョッパ

（d）SEPIC

[図7-11] 非絶縁型コンバータ方式の充電器の例

ただし，回路方式に応じて動作可能な電圧範囲が異なるため，V_{in}とV_{bat}の関係に応じて適切な回路方式を選定する必要があります．具体的には，降圧チョッパの出力電圧（バッテリ電圧V_{bat}に相当）は入力電圧V_{in}よりも必ず低くなるため，$V_{in} > V_{bat}$の範囲でしか動作できません．昇圧チョッパの出力電圧はV_{in}よりも必ず高くなるので，動作範囲は$V_{in} < V_{bat}$となります．一方，昇降圧チョッパやSEPICでは，出力電圧をV_{in}よりも高くとることもできれば低くとることもできるので，理想的には動作電圧の制約はありません（実際には非理想的な要素により制約される）．しかし，降圧チョッパや昇圧チョッパと比較して部品点数が多く，同じ電力定格あたりの回路サイズは大型化する傾向にあります．よって，動作電圧の制約が問題とならないかぎりは，昇降圧チョッパやSEPICの採用は推奨されません．

　図7-11に示した各種チョッパ回路は，充電電流が大きな重負荷時は電流連続モード（Continuous Conduction Mode；CCM），低電流充電となる軽負荷時は電流不連続モード（Discontinuous Conduction Mode；DCM）と呼ばれるモードでそれぞれ動作します．一般的にCCMとDCMとで回路は異なる特性を示すため，両方のモードを考慮した制御系設計が求められます．なお，**図7-11**の回路中のダイオードをスイッチに置き換えた同期整流方式では，軽負荷時においてもCCMで動作します．

▶絶縁型コンバータ

　トランスを用いて電源側とバッテリ側を電気的に絶縁しつつ，磁気的には結合させたDC-DCコンバータです．絶縁が要求される用途で用いられる回路方式ですが，非絶縁の用途でも採用することはできます．ただし，非絶縁型コンバータと比べて回路構成が複雑であり，トランスの追加によりサイズも大型化するため，特殊な場合を除き非絶縁用途で絶縁型コンバータを採用するメリットはありません．多種多様の絶縁型コンバータが存在しますが，代表的な回路方式として**図7-12**に示すフライバック・コンバータ，LLCコンバータ，DAB（Dual Active Bridge）コンバータなどが挙げられます．

　フライバック・コンバータは最も簡素な絶縁型コンバータであり，小容量充電器で主流の回路方式です．USB充電器やノート・パソコン用ACアダプタなどで汎用的に用いられています．LLCコンバータは小型化ならびに高効率化に適した方式で，電気自動車のオンボード充電器などで用いられています．DABコンバータは，充電方向と放電方向の双方向の電力変換に対応可能な双方向絶縁型コンバータです．バッテリの充電と放電の両方への対応が求められる変換回路，例えば電気自動車と系統の間で電力授受を行うV2G（Vehicle to Grid）や家庭との間で電力授受を行うV2H（Vehicle to Home）などで用いられます．

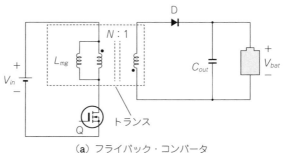

（a）フライバック・コンバータ

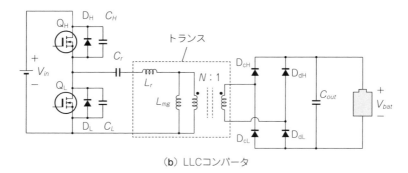

（b）LLCコンバータ

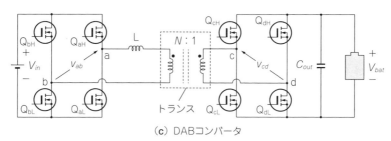

（c）DABコンバータ

[図7-12] 絶縁型コンバータ方式の充電器の例

● そのほかの電力変換回路やモータを利用した充電回路

　EVなどでは，他用途の電力変換回路の回路素子を利用することで，専用充電器を用いずとも充電回路を構成することもできます．EVにはモータと，モータを駆動するためのインバータが搭載されています．一般的な車両では，基本的にこれらは走行時にのみ使用され，停車時には活用されません．そこで，このシステムに対して図7-13のようにモータの中性点をリレー経由で外部電源と接続することで，モータ巻き線のインダクタンス成分とインバータの半導体スイッチを利用した昇圧

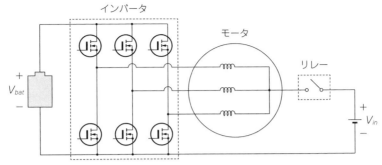

[図7-13] 車載モータとインバータを利用した充電器回路

チョッパを構成し，充電器としても活用することができます．リレーをOFFすれば，従来どおりのインバータとモータの構成となります．

　このような充電回路がすでに一部の自動車メーカにより実用化されています．

7-7 BMS回路の例

　BMS製品の例を**写真7-2**に示します．**写真7-2**(a)は，4直列の18650セルで構成されるバッテリです．上面にBMS基板が直付けされており，基板上の主要部品としてシャント抵抗，遮断スイッチ，BMS ICが確認できます．そのほか，パッシブ・セル・バランス回路も備えています．

　写真7-2(b)は，最大20セル用，最大バッテリ電流60 AのBMSです．パッシブ・セル・バランス回路(バランス電流55 mA)を有しており，サーミスタによる温度測定機能も搭載しています．そのほか，外部通信用のシリアル・ポートも搭載されています．

　写真7-2(c)は，最大24セル用，最大バッテリ電流60 AのBMSで，こちらもサーミスタによる温度測定機能を備えています．また，第15章で解説するアクティブ・セル・バランス回路(エネルギー貯蔵デバイスを用いたセル選択式バランス回路，バランス電流0.6 A)を搭載しており，これが基板上で大きな面積を占めています．

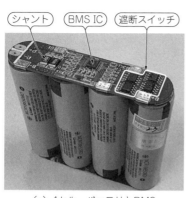

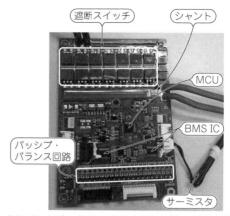

（a）4セル・バッテリとBMS　　　　（b）パッシブ・バランス回路を備えた20セル用BMS

（c）アクティブ・バランス回路を備えた24セル用BMS

[写真7-2] BMS製品の例

Column(A)

リチウム・イオン電池の開放電圧特性

　リチウム・イオン電池の開放電圧（OCV）は取得が容易で，かつ，SOCとの間に相関性があるため，しばしばSOC推定に利用されます．OCV-SOC特性は，バッテリの種類のみならず製品によっても異なりますが，既知のOCV-SOC特性をルックアップ・テーブルとして用いることでOCVからSOCを推定します．ここでは，リチウム・イオン・バッテリのOCV-SOC特性を取得する方法について簡単に述べます．

　バッテリを単に開放状態にすればOCVの情報を得られるかというと，そうでもありません．図7-Aに3400 mAhの18650セル（NCR18650B，パナソニック）の放電特性を示します．満充電状態から放電終止電圧3.0 Vまで放電させ，その後にセル

を開放状態で放置して電圧(すなわちOCV)を観察しました. 放電終了後, OCVは
3.0 Vから3.1 V程度まで跳ね上がっていますが, これは内部インピーダンスにおけ
る電圧降下が消滅したためです. その後にゆっくりとOCVが上昇し, 最終的に
3.25 V付近で落ち着いています. OCVが一定値に十分に落ち着くまで, 電流遮断後,
20〜30分程度要しています. つまり, 正確なOCVの値を取得するためには, 電池
を開放状態でしばらく放置しておく必要があるということになります.

　放電時は負極から正極に向かってリチウム・イオンが移動しますが, これにより
電池内でリチウム・イオンの濃度に差が生じます. この濃度差によって電池の起電
力は小さくなります. 電流を遮断(放電を終了して開放状態)すると, 負極から正極
へのリチウム・イオンの移動は止まりますが, 放電時に生じていた濃度差が均一に
なるよう, 濃度の高い部位から低い部位へとリチウム・イオンは自然に拡散します.
これにより, OCVはゆっくりと変化します. そして濃度が均一になれば, 最終的
にOCVは一定値で落ち着きます.

　OCVの回復現象は, 放電時における電池内部でのリチウム・イオンの濃度差に
起因するため, 電流遮断前の放電電流が大きいほど回復の幅も大きくなります. ま
た, 充電時にも同様の現象が観察されますが, 放電時とはリチウム・イオンの移動
方向が逆なので(充電時は正極から負極へ移動), OCVは充電電流遮断後に低下し
ます.

　リチウム・イオン電池のOCV-SOC特性を取得するためには, 放電と開放状態
を一定時間間隔で繰り返す, 間欠放電を行います. 図7-Bの例では, C/3放電を9
分間, 20分間の休止状態を1セットとし, これを20回繰り返して間欠放電を行っ
ています. 放電電荷量からSOCを求め, 休止期間末期での電圧をOCVとして記録
します. 間欠放電より取得したOCV-SOC特性が図7-Cです. このバッテリでは,
SOCとOCVの間にはおよそ線形の関係性があることがわかります. ただし, OCV
-SOC特性はバッテリの種類や製造メーカに大きく依存し, 多くの場合で非線形と
なります.

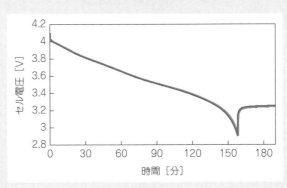

[図7-A] 18650 セル
(NCR18650B, パナソ
ニック)の放電特性と
電流遮断後のOCV

別の例として，リン酸鉄系リチウム・イオン電池のOCV-SOC特性の一例を図7-Dに示します．非線形性が強く，SOCが10〜90％の範囲で非常にフラットなOCV特性となっています．よって，OCVからSOCを推定する場合は，高い精度でOCVを取得する必要があることがわかります．

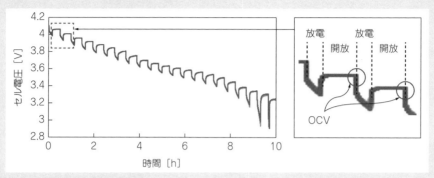

[図7-B] 間欠放電特性

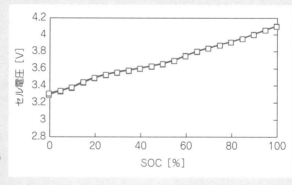

[図7-C] 間欠放電より取得したOCV-SOC特性

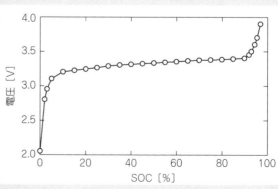

[図7-D] リン酸鉄系リチウム・イオン電池のOCV-SOC特性の例

汎用リチウム・イオン・セル代表格「18650」によるバッテリの自作

　一昔前は，保護回路なしのリチウム・イオン・セル単体の入手は困難でした．セルやバッテリを用いた実験を行う場合，既製品のバッテリを購入して，自己責任のもとで保護回路を外して実験に使用していました．しかし，最近では通販でも簡単にセルを入手できるようになりました．その代表格が18650タイプのセルです．1セルあたり1000円程度で入手可能です（中国系の通販サイトでは数百円程度と非常に安価だが，粗悪品には注意が必要）．実際に自作する様子は，動画で視聴可能です[7]．

　リチウム・イオン・バッテリを自作するにあたって必要な部材は，おもに

(1)セル
(2)ホルダ（ブラケット）
(3)ニッケル・タブ（ニッケル・ストリップ）
(4)BMS基板

です（**写真7-A**）．これらのほかに，ニッケル・タブをセルに溶接するためのスポット溶接機やケーブル類も必要です．安価なものであれば，スポット溶接機は通販で数千円で購入できます．

　バッテリを組み立てるまえに，不健全なセルがバッテリに混入しないようにするため，セルの選別を行います．本来は，セルの容量を個別に測定したうえで健全性について判断すべきですが，セル数が多く，専用の充放電器がない場合は時間と労力のかかる作業になるため，ここでは簡易的に開放電圧の情報だけで判断します．

［**写真7-A**］バッテリを自作するのに必要な部材とスポット溶接機の例

開放電圧の情報だけで健全性を判断することはできませんが，明らかに異常な電圧値を示すセルは使用しないのが無難です．何らかの理由で著しく劣化していたり，不良品の可能性があります．また，セル同士を並列接続する際に大きな電圧差がある場合，セル間で過大電流が流れる恐れがあります．

　次に，ホルダを組み合わせてバッテリ・セルのレイアウトを決めます．例えば，1並列12セル直列の48 Vバッテリを組み立てる場合，縦2セル×横6セルの構成にするか，縦3セル×横4セルの構成にするかなど，用途や好みに合わせて決めます．ホルダはLEGOブロックのようなはめ込み式で，好みのレイアウトに拡張することができます．ここでは例として，縦2セル×横6セル構成の，1並列12直列バッテリを自作する例について紹介します．

　レイアウトが決まったら，ホルダにセルをはめ込んでいきます．このとき，セルのプラスとマイナスの向きに注意します．隣り合うセル同士をニッケル・タブで直列接続するので，互い違いの向きでセルをはめ込まなければいけません（**写真7-B**）．セルを並列接続する場合は逆で，隣り合うセルが同じ向きになるようにはめ込みます．

　次に，スポット溶接でニッケル・タブをセルの端子に取り付けて，セル同士を接続します．この段階で初めてセル同士を接続することになりますが，タブでセルを誤って短絡してしまわないよう最大限の注意が必要です．バッテリの表側と裏側の

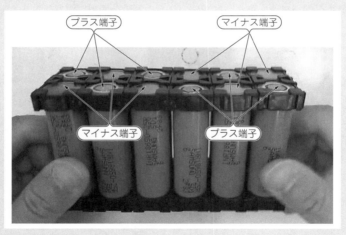

[**写真7-B**] 互い違いの向きでホルダにはめ込んだセル

両方にスポット溶接でタブを接続するため，溶接作業を行っているほうとは逆側のタブの接続箇所が見えなくなります．裏側の接続箇所が見えない状態で，表側でうっかりと誤った位置にタブを置くと，その瞬間にセルが短絡されてしまいます．わかっていても実際に短絡事故を起こしてしまうことがあるので，細心の注意を払います．

　最後に，BMS基板をバッテリに取り付けます．ニッケル・タブとケーブルは簡単にはんだ付けすることができます．セルと接続したケーブルがむき出し状態にならないように注意します．バッテリに接続した時点で，そのケーブルは活線状態になります．何らかの拍子で，むき出しのケーブルが周囲の導体に触れてしまい，バッテリの短絡事故を起こす事例がよくあります．インピーダンスの低いバッテリをうっかり短絡させてしまうと大電流が流れて，ケーブルの抵抗成分によるジュール熱でケーブルが蒸発してしまうようなことすら起こります．面倒でもケーブル先端に何らかの処理をして（テープで絶縁するなど），ケーブルがむき出しになる状態を防ぎ，短絡事故が発生しない状態を保つことが重要です．

　BMS基板の取り付けが終われば，バッテリの完成です．完成後のバッテリに対して充放電試験を行い，バッテリ全体の健全性を確認します．専用充電器がない場合は安定化電源で代用します．最近の電源はバッテリをそのまま接続しても特に問題は起こりません．しかし，バッテリから安定化電源へと電流が逆流しないよう，安全のために逆流防止用ダイオードを使用することを推奨します．バッテリを充放電する際には，バッテリ全体の電圧だけでなく，個別のセル電圧についても確認します．何らかの理由（劣化や不良品）でインピーダンスの高いセルや，スポット溶接不良のセルは，ほかの健全なセルとは異なる挙動を示すことが多々あります．バッテリ組み立てまえの開放電圧からでは，セルの内部インピーダンスの情報は得られません．それに対して，充放電試験でバッテリに電流を流すことで，内部インピーダンスやタブの接触抵抗における電圧降下の情報を得ることができ，より正確に健全性を判断することができます．

　試験終了後に実験系からケーブルを取り外す際には，可能な限りバッテリ側から外すようにします．電源型からケーブルを取り外しても，逆側は依然としてバッテリと繋がっているため，ケーブルは活線状態のままです．この活線状態のケーブルが周囲の導体と接触してしまうことで，短絡事故を引き起こします（学生実験の定番）[8]．とにかく注意すべきポイントは，バッテリと接続されたケーブルは常に活線状態にある，という点です．安定化電源とは違い，バッテリは常に電圧をもっておりOFFすることはできません．この点を意識するだけで，かなりの部分で事故を防止できるはずです．

思いがけないバッテリ短絡事故を防ぐ「絶縁工具」

バッテリ関連の作業中は，思いがけないところで短絡事故を招くことがあります．とくに大学の研究室などでは作業者(学生)が不慣れということもあり，高頻度で短絡事故が起こります．経験上，短絡事故を起こさない学生は皆無と言って過言ではありません．

最も典型的な事例が，スパナやドライバなどの工具での短絡事故です．**写真7-C**は，ボルト/ナット・タイプの端子をもつバッテリの作業風景です．非常に恐ろしい状態で，手を滑らせてスパナを落とした瞬間，一部のセルがスパナにより短絡されてしまいます．ドライバを用いて作業する際も同様の事故の可能性があります．この類の短絡事故を起こさないために，バッテリの作業を行う際には絶縁工具の使用が推奨されます．

衣服や装飾品などの金属部での短絡事故もよく耳にします．指輪や腕時計はもちろんのこと，普段着で作業する場合などは上着のジッパやカフス・ボタンでバッテリを短絡させてしまう可能性もあります．また，盲点となるのがIDケース(首から掛ける社員証ケース)の金属部による短絡です．バッテリ・メーカの技術者が首からぶら下げたIDケースでニカド・バッテリを短絡させてしまい，短絡電流による発熱でIDケースの金属部が赤く光った現場を目撃したことがあります．

[写真7-C] スパナを使ったバッテリ作業風景
手を滑らせた瞬間，工具でバッテリが短絡する

◆参考文献◆

(1) J. Zhang, H. Ge, Z. Li, and Z. Ding; "Internal heating of lithium-ion batteries using alternating current based on the heat generation model on frequency domain," J. Power Sources, vol. 273, pp. 1030-1037, Jan. 2015. W. Huang and J. A. A. Qahouq, "An online battery impedance measurement method using DC-DC power converter control," IEEE Power Electron., vol. 61, no. 11, pp. 5987-5995, Nov. 2014.

(2) H. Ruan, J. Jiang, B. Sun, W. Zhang, W. Gao, L. Y. Wang, and Z. Ma; "A rapid low-temperature internal heating strategy with optimal frequency based on constant polarization voltage for lithium-ion batteries," Appl. Energy, vol. 177, pp. 771-782, Sep. 2016.

(3) S. Guo, R. Xiong, K. Wang, and F. Sun; "A novel echelon internal heating strategy of cold batteries for all-climate electric vehicles application," Appl. Energy, vol. 219, pp. 256-263, Mar. 2018.

(4) M. Uno and K. Tanaka; "Influence of high-frequency charge-discharge cycling induced by cell voltage equalizers on the life performance of lithium-ion cells," IEEE Trans. Veh. Technol., vol. 60, no. 4, pp. 1505-1515, May 2011.

(5) L. W. Juang, P. J. Kollmeyer, A. E. Anders, T. M. Jahns, R. D. Lorenz, Dawei Gao; "Investigation of the influence of superimposed AC current on lithium-ion battery aging using statistical design of experiments," J. Energy Storage, vol. 11, pp. 93-103, Jun. 2017.

(6) 鵜野 将年；パワーエレクトロニクスにおけるコンバーターの基礎と設計法-小型化・高効率化の実現-, 科学情報出版株式会社, 2020年.

(7) 18650セルを使って実験用リチウム・イオンバッテリを自作, https://youtu.be/n-S198eGFxI

(8) 不注意によるリチウム・イオンバッテリの短絡事故の事例, https://youtu.be/0Att2pJdFfc

第**8**章

電池の直列/並列でついてまわる問題

セルのばらつき要因とバランスの必要性

　ここからは実践編として，リチウム・イオン電池セルを直列に接続して使用する際にさまざまな悪影響を及ぼす，セルの個体差に起因する「電圧ばらつき（アンバランス）」に焦点をあてて，その特性や対策手法を実験を交えてじっくりと解説していきます．

　電圧ばらつきの影響は，バッテリの規模やサイズが大きいほど顕著となります．適切に電圧ばらつきを解消するには「セル・バランス」を行う必要があります．

　本章では，セルのばらつきの要因や悪影響，バランスの必要性について解説します．

8-1	セルを直列接続することの問題点

● セルの直列接続

　リチウム・イオン電池1個あたり，すなわち単セルあたりの公称電圧は3.7 V程度です．スマートフォンなどの小電力機器であれば，このような低い電圧でも問題ありません．しかし，機器の要求電力が大きくなると電流もそれに比例して大きくなるため，ケーブルやコネクタなどでの損失が増大してしまいます．同じ電力あたりの電流を低減するためには，電圧を高くする必要があります．

　よって，機器が要求する電力や電圧に応じてセルを直列接続してバッテリ（組電池）を構成し，任意の高い電圧を作り出して使用します．例えば，ノート・パソコンや電動工具用のリチウム・イオン・バッテリでは3～5直列で電圧は10～20 V程度ですが，扱う電力の大きな電動車両では直列数も大きくなり，トヨタのプラグイン・ハイブリッド車では56直列（207 V），日産リーフでは96直列（355 V）にまで至ります．乾電池で駆動する身近な機器でも，複数個のセル（乾電池）を直列接続して使用しています．

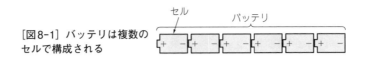

［図8-1］バッテリは複数の
セルで構成される

このように，あらゆる機器におけるバッテリでは，複数のセルが直列接続されて
います（図8-1）．複数セルの直列接続で構成されるバッテリは，単純に電圧の高い
セルとして扱われる場合が一般的です．理科の授業などでもそのように学びます．
バッテリを構成するすべてのセルの特性が理想的にそろっている場合，バッテリの
ことを電圧の高いセルとして扱って問題ありません．しかし，現実にはセルの特性
が完全にそろうことはなく，多かれ少なかれ個体差があり，セル電圧にばらつきが
生じます．この電圧ばらつきは，バッテリ全体の特性を損なう方向に働き，最悪の
場合は過充電や過放電などの危険な状態を引き起こす可能性があります．

複数セルの直列接続は，運動会の競技の1つ，「むかで競争」とよく似ています．
むかで競争では，紐で足を結ばれた複数の人たちのなかで最も足の遅い人がむかで
全体のスピードを決定します．むかでを速く走らせるためには，メンバ全員の足並
みをそろえる必要があります．バッテリもこれと同じイメージで，バッテリ全体の
特性を最大限に生かすためには，バッテリを構成するセルの特性をそろえる必要が
あります．

● 乾電池の直列接続

乾電池を直列に接続して使用する機器で，「古い電池と新しい電池を混ぜて使わ
ないでください」，「異なる種類の電池を混ぜて使わないでください」などの注意書
きをよく見かけます．これは，直列接続するセルの特性がばらついていると一部の
セルが過放電状態となり，液漏れや事故の危険性が生じるためです．

2種の異なる角形電池を直列接続し，電子負荷を用いて放電させた際の特性を
図8-2に示します．一般的に，乾電池などの1次電池は長時間かけて放電するよう
な使われ方をしますが，ここでは実験時間を短縮するために，1次電池にとっては
非常に大きな電流レートに相当する300 mAの定電流で放電させました．放電開始
直後に電圧が大きく落ち込んでいますが（特に電池A），これは内部インピーダンス
における電圧降下によるものです．

2つの電池の電圧は大きく異なっていることから，これらのインピーダンスが大
きく異なることが推測できます．8分あたりで電池Aの電圧は0 Vとなり，容量が
なくなっています．しかし，電池Bの電圧は依然として7.5 V程度あるため，バッ

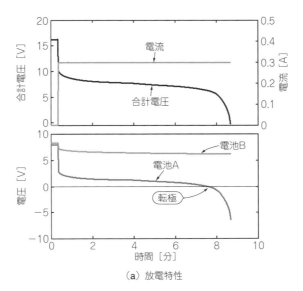

(a) 放電特性

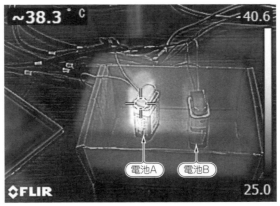

(b) 転極発生時のサーモグラフィ

[図8-2] 種類の異なる2つの角形電池を直列に接続して放電

テリ全体の電圧も7.5Vです．このままバッテリの放電を継続すると，電池Aの電圧が正から負へと反転しました．これを転極と呼びます．転極した電池はすでに過放電状態に陥っており，液漏れが生じやすい状態です．

　電池Aが転極した状態でバッテリ全体をさらに放電させると，電池Aの電圧はマイナス方向に大きくなっていき，最終的にバッテリ全体の電圧が0Vとなり，電子負荷で放電できなくなりました．

転極発生時における電池Aと電池Bのサーモグラフィを図8-2(b)に示します．
電池Aが急激に発熱しはじめ，表面温度は40℃を超えました．発熱の原因は不明
ですが，何らかの異常が発生している可能性が高いと考えられます．

ここでは，種類の異なる2つの角形電池を直列接続した場合の例を示しましたが，
円筒形電池などの場合でも同じです．また，古い電池と新しい電池を混ぜて直列接
続する場合も図8-2と類似の結果になります．とにかく，直列接続する電池の特性
がそろっていなければ，一部の電池が過放電状態に陥る可能性があります．

<table>
<tr><td>8-2</td><td>ばらつきによる悪影響</td></tr>
</table>

● 過充電と過放電の恐れ

図8-2は1次電池（充電ができない電池）の例であり，放電時における過放電が懸
念点となります．しかし，2次電池（充電式電池）であるリチウム・イオン電池を直
列に接続して使用する場合は，放電時の過放電だけでなく，充電時において過充電
状態になる恐れがあります．過充電と過放電に陥るイメージを図8-3に示します．
3セル直列で構成されるバッテリにて，各セルの充電状態（SOC；State Of Charge）
が60％，60％，80％とばらつきが生じていると仮定します（これを状態1とする）．
状態1から直列で充電を行うと，初期SOCの高いセルが先に100％のSOCに到達
してしまい，バッテリ全体としてこれ以上は充電できない状態となります（状態2）．
残り2セルを100％まで強引に充電を行おうとすると，一番下のセルが過充電状態
となります（状態3）．

今度は逆に，状態1から直列で放電を行うと，上2つのセルが先に0％に到達し，
バッテリ全体としてこれ以上は放電できなくなります（状態4）．一番下のセルを強
引に放電させようとすると，上2つのセルが過放電状態となってしまいます（状態5）．

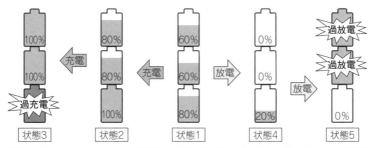

[図8-3] リチウム・イオン電池を直列に接続して使用する際における過充電
と過放電の恐れ

身近な電池にも実は複数セルの直列接続で構成されているタイプがある

　日常生活で使用する身近な電気製品では，非充電式のアルカリ乾電池がよく用いられます．一見すると1個の乾電池ですが，実は複数セルの直列接続で構成されるモジュール品が多くあります．

　例として，9Vの角形アルカリ電池（6LF22と6LR61）を分解してみました．**写真8-A(a)** のように，6LR61の中身は6直列の単6電池，6LF22は平型の積層電池です．いずれもセルあたり1.5Vの電池を6セル直列し，9Vのモジュールを構成しています（積層タイプと単6電池タイプは型番で判別できる）．

　同様に，6Vのアルカリ乾電池（L1325F）も分解してみると，**写真8-A(b)** のように，中身は4直列のアルカリ・ボタン電池です．

　アルカリ乾電池の電圧は単セルあたりで1.5Vであり，単セルでこれ以上の電圧を作り出すことはできません．1.5Vよりも高い6Vや9Vなどの電池は，内部で複数セルが直列接続されています．公称電圧を1.5Vで割った数字が直列数となります．

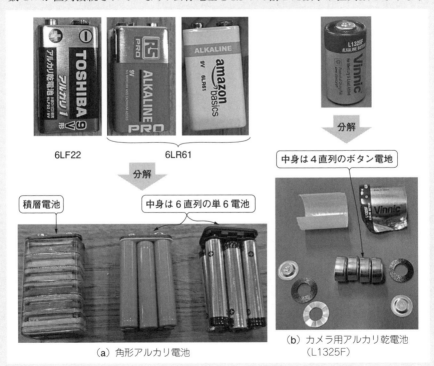

6LF22　　　　　6LR61

分解

積層電池　　　中身は6直列の単6電池

（a）角形アルカリ電池

分解

中身は4直列のボタン電地

（b）カメラ用アルカリ乾電池
　　（L1325F）

[写真8-A] 身近な電池モジュールとその中身

● バッテリ全体の充放電エネルギーが低下

　セルのSOCがばらついていると，一部のセルが過充電状態(状態3)もしくは過放電状態(状態5)に陥る危険性が生じます．バッテリを安全な範囲で使用するには，充電については状態2，放電については状態4でとどめる必要がありますが，セルのエネルギーを十分に活用できなくなります．

　具体的には，状態2では上2つのセルは80％までしか充電されず，状態4では一番下のセルは20％のSOCまでしか放電できません．このように，バッテリを構成するセルのSOCがばらついた状態だと，セルに充放電できるエネルギーが小さくなってしまいます．

　2セル直列のバッテリを充放電させた際のセル電圧変化のイメージを**図8-4**に示します．ここでは単純化して，充放電カーブを直線で描いています．

　図8-4(a)のばらつきがない場合，両方のセルは等しく充放電され，充電時は同時に上限電圧に達し，放電時も同時に下限電圧に到達します．それに対して，**図8-4(b)**のように電圧ばらつきが生じている場合，充電時は電圧の高いセル1が

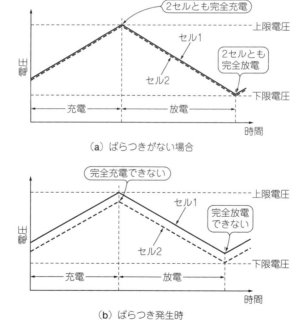

（a）ばらつきがない場合

（b）ばらつき発生時

[図8-4] 2セル直列バッテリを充放電させた際のセル電圧変化のイメージ

上限電圧に到達した時点でバッテリとしてはこれ以上の充電はできないため，セル2を完全充電することができません．放電時は逆で，電圧の低いセル2が先に下限電圧に到達するため，セル1を完全放電させることができなくなります．

　このように，電圧の高いセルがバッテリの充電エネルギーを，電圧の低いセルが

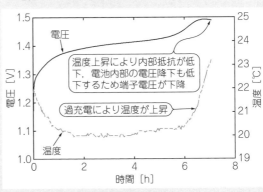

放電エネルギーをそれぞれ制限することになります.

　新品の市販品のリチウム・イオン・バッテリに対して充放電実験を行いました.
図8-5(a)のように, 外観は角形電池ですが, 中身は2直列のラミネート・セルと

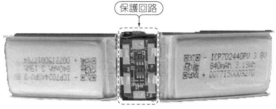

（a）2直列のラミネート・セルと保護回路より構成されるバッテリ

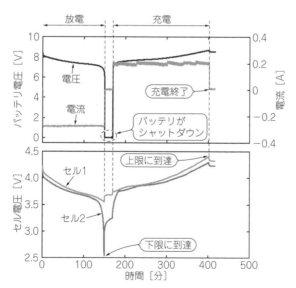

（b）充放電時におけるバッテリとセルの充放電特性

[図8-5] 2セル直列のリチウム・イオン・バッテリの充放電

保護回路で構成されています．取得した充放電カーブを**図8-5(b)**に示します．放電は電子負荷を用いた0.3 Aの定電流で行い，充電には専用充電器を用いました．セル電圧にはばらつきが生じており，放電時はセル2の電圧が先に下限に到達し，保護回路によりバッテリはシャットダウンされました．この時点でセル1は3.6 V程度であり，十分に放電しきれていないことがわかります．充電時はセル1の電圧が上限に達した時点で充電が終了しました（専用充電器は定電流充電のみで，定電圧充電を行わない仕様になっていると思われる）．セル1と比べてセル2の電圧は0.1 Vほど低く，2つのセルの間で充電エネルギーに差が生じていることが伺えます．

● バッテリ全体としての劣化が加速

　SOCのばらつきは，劣化の観点でも悪影響を及ぼします．第6章で，リチウム・イオン電池では電圧が高いほど劣化は速く進行すると解説しました．一般にSOCと電圧には相関性があり，SOCが高いほど電圧も高くなります．SOCがばらついた状態はセルの電圧がばらついた状態でもあるため，セルの劣化は不均一に進行することになります．

　ここでは例として，**図8-6**に示す2セル直列で構成されるバッテリを例に説明します．初期状態でセルの電圧やSOCはそろっているものとします．しかし，現実にはセルの特性は完全に一致せず，多少の個体差が存在します．個体差といってもさまざまで，容量，自己放電率，クーロン効率，インピーダンスなどの初期状態の特性ばらつきから，容量劣化率やインピーダンス増加率など劣化に伴うばらつきも含まれます．さらに，セルが置かれる温度環境のばらつきも，これらの個体差を大きくする要因になります．第6章で解説したように，例えば温度が高いほど容量劣化率やインピーダンス増加率は高く，自己放電も速く進むといった具合です．

　いずれにせよ，バッテリを構成するセルの特性が完全に一致することはなく，必ず個体差が生じます．そして，この個体差によって，時間経過に伴いセル電圧やSOCが徐々にばらつきます．上述したように，セル電圧が高いほど劣化は速く進行し，逆に電圧の低いセルは劣化速度が相対的に遅く，その結果，バッテリ内で劣化が不均一に進行します．劣化の速いセルでは容量が低下し，インピーダンスも高

[図8-6] 電圧ばらつきによりバッテリ全体としての劣化が早まる

電圧やSOCは同じだが個体差あり　時間経過　高電圧　劣化大　低電圧　劣化小

くなります．劣化の遅いセルはその逆です．

　劣化速度が不均一になることでセルの特性ばらつきが拡大され，拡大された特性ばらつきがさらに劣化速度の不均一化を加速させます．このような具合で，バッテリ全体としての劣化は加速されてしまいます．

● バッテリ内の温度分布は特に厄介

　ここまで説明してきたように，セルを直列接続して使用する場合，セルの個体差によって電圧が徐々にばらつくことでさまざまな問題を引き起こします．しかし逆に考えると，セルの特性が十分にそろっており個体差が小さければ，ここまで説明してきたような問題は深刻化しないと考えられます．実際，近年では電池の製造技術の向上もあり，正規品電池の個体差は小さく，一見すると特性も十分に良くそろっています．また，個体差を最小限に抑えるべく，特性のそろったセルを選別してバッテリを構成するような場合もあります．

　しかし，忘れてはいけないのがバッテリにおける温度分布の影響です．いくら電池メーカの製造技術が優れていてセル特性が十二分にそろっていたとしても，実際に使用する環境下においてバッテリ内で温度分布が生じると，バッテリを構成するセルの間で次第に個体差が生まれます．特に，バッテリを構成するセルの数が多く，バッテリの物理的なサイズが大きいほど温度分布は大きくなる傾向があります．

　温度分布発生のイメージを**図8-7**に示します．大型のバッテリ・システムでは単にセルを直列接続するのではなく，複数セルの直列（または並列）接続からなるモジュールをさらに直列（または並列）接続することでバッテリを構成します．**図8-7**は，3セル構成のモジュールを2直列したバッテリのイメージです．バッテリ全体と比較してモジュールのサイズは小さいため，モジュール内のセルの温度ばらつきは比較的小さく抑えられます．しかし，バッテリ全体の物理的なサイズは相対的に大きいため，システムにおける端と端のモジュール間では比較的大きな温度差が生じる傾向にあります．

　文献(1)では，ハイブリッド自動車における空冷式バッテリ・システムで5℃程度の温度ばらつきが生じることが報告されています．温度が10℃上昇するごとに

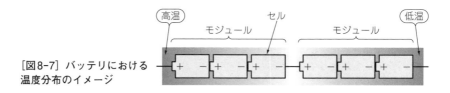

[図8-7] バッテリにおける
温度分布のイメージ

電池の劣化率が2倍となる「10℃2倍則」を考慮すると，5℃の温度ばらつきを無視することはできません（劣化率については第6章を参照）．文献(2)では，容量が2.3 Ahのリン酸鉄系リチウム・イオン電池を10直列したバッテリにおいて，温度ばらつきがバッテリ全体の劣化に及ぼす影響を解析しています．バッテリの平均温度が34℃もしくは60℃の状態において，バッテリ内で18℃の温度ばらつきが生じると，2000サイクル時の容量維持率が3〜7ポイント程度低くなることが報告されています．

　温度ばらつきの厄介な点は，インピーダンスや自己放電率などにも影響するという点です．たとえセルの初期特性がそろっていたとしても，温度ばらつきによってインピーダンスや自己放電率などの観点でセルに徐々に個体差が生じてしまいます．また，劣化率は温度に依存するため，温度ばらつきは最終的に容量ばらつきにも結び付きます．つまり，温度と各種の個体差は複雑かつ密接に絡み合っています．

　ここまで述べてきた温度ばらつきによる問題は，電池セル・メーカの技術うんぬんの話ではなく，バッテリの熱設計によるところが大きいです．よって，ばらつきによる悪影響を防止してバッテリの性能を生かすためには，セルの特性だけでなくバッテリ・システムの熱設計も重要であることがわかります．

● ばらつき要素の相関関係

　容量，自己放電率，クーロン効率，内部抵抗などの個体差に起因して，電池セルの電圧やSOCが徐々にばらつきます．そして，これらの個体差とバッテリ・システムにおける温度ばらつき，さらに劣化ばらつきまでもが複雑に絡み合っています．

　各要素の相関関係を簡単に表したものが図8-8です．容量，自己放電率，クーロン効率，内部抵抗は，セルの個体差に該当する要素です．容量，自己放電率，クーロン効率の個体差は，長期的にセル電圧やSOCのばらつきに結び付きます．電圧ばらつきは劣化ばらつきにつながり，最終的に容量や内部抵抗の個体差を拡大させる方向に働きます．

　また，バッテリ・システムにおける温度ばらつきは，電池セルのさまざまな個体差に影響を与えるのみならず，劣化ばらつきにも結び付きます．内部抵抗の個体差についてはセル電圧やSOCばらつきに直接関係するものではありませんが，充放電時においてセル内部での発熱に直結するため，温度ばらつきを生じさせる要因となります．

　複数の要素が複雑に絡み合うため，バッテリ全体の劣化に対してどの要素が支配的な影響を与えるかは一概にはいえませんが，いくつかの研究報告例があります．

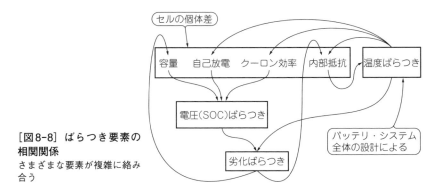

[図8-8] ばらつき要素の
相関関係
さまざまな要素が複雑に絡み
合う

例えば文献(3)では，70 Ahのリン酸鉄系リチウム・イオン電池を96セル直列した
バッテリにおいて，各個体差と温度ばらつきがバッテリ全体の劣化に与える影響を
解析しています．クーロン効率，自己放電率，温度ばらつきが特に大きな影響を及
ぼすと結論しており，バッテリ内の温度ばらつきを5℃以内に抑えることを推奨し
ています．

8-3 | セル・バランス

　バッテリを構成するセルの個体差や温度ばらつきによる悪影響を防止するために
は，「セル・バランス」が不可欠です．セル・バランスの具体的な方法については
次章以降で詳しく解説しますが，簡単にいうとバッテリを構成するすべてのセルの
電圧もしくはSOCを均等化することです．

● セル・バランスの方法

　セル・バランスのイメージを図8-9に示します．さまざまなセル・バランスの方
法がありますが，ここでは代表的な例として，セルの余分なエネルギーを消費させ
てバランスさせるパッシブ・セル・バランスと，エネルギーの過不足分をセル同士
で授受することでバランスするアクティブ・セル・バランスの2種類を示していま
す．

　セル・バランスを行うためには，**写真8-1**に示すようなバランス回路を用います．
各セルにバランス回路を接続し，バランス回路でセルのエネルギーを消費させる，
もしくはバランス回路を介してセル同士でエネルギー授受を行うことでセル・バラ
ンスを行います．

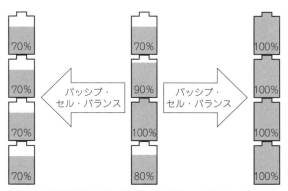
（a）セルの余剰エネルギーを消費させるパッシブ・セル・バランス

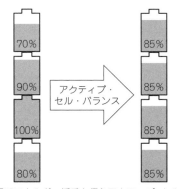
（b）セル間でエネルギー授受を行うアクティブ・セル・バランス

[図8-9] セル・バランスのイメージ

● パッシブ・セル・バランス

　余分なエネルギーを消費させるパッシブ・セル・バランスでは，SOCの高いセルのエネルギーを抵抗で熱として消費させてセル・バランスを行います．

　充電時において上限電圧（もしくは100％のSOC）でバランスさせる方法と，最低電圧や最低SOCに合わせてバランスさせる方法があります．いずれの方法でも抵抗とスイッチを用いたシンプルな回路でセル・バランスを行うことができますが，バランスの過程で幾分かのエネルギーが失われてしまいます．

● アクティブ・セル・バランス

　それに対して，セル同士でエネルギー授受を行うアクティブ・セル・バランスでは，DC-DCコンバータなどのパワー・エレクトロニクス回路を用いてセル間で電

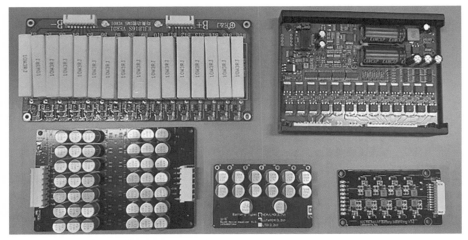

[写真8-1] さまざまな種類のバランス回路

力伝送させてセル・バランスを行います．比較的複雑な回路や制御が必要となりますが，エネルギー損失を低減できるため，電気自動車や再生エネルギー用途を中心に活発な研究が行われています．

　パッシブ・セル・バランスや，アクティブ・セル・バランスについては後の章で詳しく解説します．

8-4 　電気自動車のバッテリ・リユースでは最初からセル特性はばらついている

　電気自動車が急速に世界中で普及しつつあり，車載用リチウム・イオン・バッテリの需要が急激に増加しています．一方で，リチウムやコバルトなどの原材料不足やバッテリの廃棄問題に直面しています．このような背景を受けて，近年では電気自動車で役割を終えたバッテリのリユース(再利用)のニーズが高まり，その関連技術に注目が集まっています．

● 定置用のバッテリとして再活用
　移動体である電気自動車ではバッテリ容量が航続距離を決定するため，バッテリ容量は電気自動車の利便性に直結します．一般に，容量が80％程度まで下がると車載用途としては適さなくなり，バッテリは寿命を迎えます．

　しかし，車載用として役目を終えたバッテリであっても，定置用途としてはまだ

まだ十分な能力があります．車載用としての役目を終えたリチウム・イオン・バッテリを回収してそれを再構成することで，定置用のバッテリとして活用することができます．

このようなリユース・バッテリは新品よりも安価であることから，家庭用や再生エネルギー・システム，非常用電源用バッテリとして導入されています．ほかにも，バッテリを分解してレア・メタルを回収するリサイクル（再生利用）もありますが，リユースよりも高コストとなります．

● リユース・バッテリではセル・バランスの重要性が高くなる

車載用途で役割を終えたバッテリを回収してリユースする場合，異なる車両において異なる使用履歴を経たセルを組み合わせて新たなバッテリを構成して使用することになります．つまり，再構成されたリユース・バッテリでは，最初からセルに比較的大きな個体差が生じている状態です．

回収バッテリの特性評価を行い，個体差が小さくなるようにセルを選別したうえでリユース・バッテリを構成しますが，それでも新品のセルを使ってバッテリを構成する場合と比べると，どうしても個体差のばらつきの程度は大きくなります．よって，新品のセルを用いたバッテリと比べて，よりセル・バランスの重要性は高くなることが予想されます．

◆参考文献◆

(1) Matthew Zolot, Ahmad A. Pesaran and Mark Mihalic；Thermal Evaluation of Toyota Prius Battery Pack, SAE Tras., 2002-01-1962.

(2) K. C. Chiu, C. H. Lin, S. F. Yeh, Y. H. Lin, C. S. Huang, and K. C. Chen；"Cycle life analysis of series connected lithium-ion batteries with temperature difference," J. Power Sources, vol.263, no.1, pp.75-84, Oct. 2014.

(3) L. Zhou, Y Zheng, M. Ouyang, and L. Lu；"A study on parameter variation effects on battery packs for electric vehicles," J. Power Sources, vol.364, no.1, pp.242-252, Oct. 2017.

Column (C)

見落としがちな「周辺回路の配置や発熱による温度分布への影響」

バッテリ・マネジメント基板やバランス回路などは，バッテリ周辺の空きスペースに組み込まれます．しかし，組み込む回路の種類や場所によっては，バッテリの温度分布に影響を与えることがあります．

例えば，パッシブ・セル・バランスはセルのエネルギーを消費させてバランスを行う回路なので，動作時に発熱します．このような発熱する基板をバッテリの直近に配置すると，基板近傍のセルの温度は上昇し，バッテリ全体への温度分布に影響を及ぼします．

バランス回路は，常時動作する類の回路ではないため影響は限定的ですが，充放電回路や計測系などの常時動作する回路は永続的に温度分布に影響を与えます．このような周囲回路によるバッテリ温度分布への影響は，短期的には問題にはなりませんが，長期的にはバッテリの寿命を縮める要因になり得ます．

ある惑星探査機のバッテリにおいて，空きスペースに計測系回路をセルと接触する形で搭載したことがあります．探査機などでは最低でも3～5年以上の寿命が要求されるため，カレンダー劣化を抑制するために5±5℃の範囲でバッテリを運用していました．計測系回路と接触するセルの温度環境が異なるためか，ほかのセルと比べて電圧が低くなり，電圧ばらつきを発生させる要因となりました．

ばらつきを解消するためにパッシブ・セル・バランス回路を用いていたのですが，動作時の発熱によってシステムの温度が上限の10℃に達してしまい，バランス動作を停止せざるを得ない状態となりました．

バッテリを適切に運用するには，電気的な観点だけでなく，周辺回路の配置や発熱による温度分布への影響も十分に考慮する必要があります．

第9章

温度や抵抗のばらつきが与える影響
実測…直列の電圧ばらつき&
並列の電流ばらつき

　リチウム・イオン電池では一般的に，複数個のセルを直列/並列に接続してバッテリを構成します．セルの特性ばらつきにより，直列接続時はセル電圧が，並列接続時はセル電流がそれぞればらつきます．本章では主に，直列/並列接続されるセル間で温度差と抵抗ばらつきが生じた際の特性について，実験結果をもとに解説します．

9-1	直列接続のときの劣化

● 複数のセルを直列接続/並列接続する際の課題

　リチウム・イオン電池は単セルあたりの公称電圧は3.7 V程度しかないため，負荷の要求電圧に応じて複数のセルを直列接続し，電圧を高めて使用する必要があります．また，負荷が要求する電流や電力量を満足するために，必要に応じて複数のセルを並列接続して容量を増強して使用します．

　多数のセルを直列/並列接続してバッテリを構成するわけですが，セルの特性には必ず多少のばらつきがあります．セルの特性ばらつきによって，直列接続時においてはセルの電圧ばらつきを，並列接続時はセルの電流ばらつきをそれぞれ引き起こします．

● セルの直列接続

　図9-1(a)に示す直列回路では，すべてのセルの電流は必ず等しくなります．しかし，電圧については等しくなる保証はありません．前章で解説したように，容量や自己放電率，内部インピーダンスや劣化率などの観点で各セルには個体差があります．仮にすべてのセルの電圧が等しくそろっていたとしても，個体差によって時間の経過に伴いセルの電圧は徐々にばらつきます．

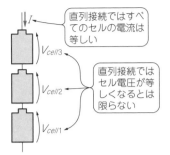

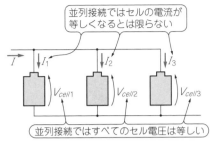

（a）直列接続ではすべてのセルの電流は等しく
なるが，電圧が等しくなるとは限らない

（b）並列接続ではすべてのセルの電圧は等しくなるが，
電流が等しくなるとは限らない

[図9-1] セルの直列接続と並列接続の課題

　セル電圧がばらついた状態でバッテリの充放電を行うと，一部のセルが過充電ならびに過放電状態に陥る危険性が生じます（直列接続時における電圧ばらつきについては第8章を参照）．

9-2	並列接続のときの劣化

● セルの並列接続

　図9-1(b)に示す並列回路では，すべてのセルの電圧が等しくなります．しかし，電流については等しくなるとは限りません．各セルのインピーダンスの逆数（アドミタンス）比に応じて各セルに分流します．理論的には，各セルのインピーダンスが等しければ電流は均等に分流されます．

　電子回路の参考書などでもなじみの内容ですが，外部回路（充電器や負荷）から見たときに，各セルの合成インピーダンス（セル本体のインピーダンスに加えて，ケーブル抵抗や接触抵抗を含む）が等しくなるよう，**図9-2**(a)のように接続することで理論的にはすべての並列セルに対して均等に分流することができます．セル同士を接続する際にはケーブルやニッケル・タブ，バス・バーなどを用います．

　図9-2におけるR_bはケーブルやバス・バーなどの抵抗，R_cはセルとケーブル類の接触抵抗をそれぞれ表しており，$V_{ocv1} \sim V_{ocv3}$はセルの開放電圧（OCV；Open Circuit Voltage）です．一方，**図9-2**(b)のように合成インピーダンスが不均一となるような接続状態では均等に分流されません（R_bの不均衡によりセル1の合成インピーダンスが最も低く，セル3が最も高い）．**図9-2**(b)においてセル1〜3の開放電圧$V_{ocv1} \sim V_{ocv3}$が等しいと仮定すると，$I_1 > I_2 > I_3$となります．

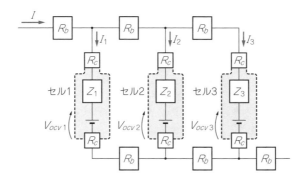

（a）外部回路から見たときに各セルの合成インピーダンスが
　　等しい

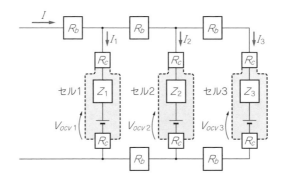

（b）外部回路から見たときに各セルの合成インピーダンスが
　　異なる

[図9-2] セルの並列接続を詳しく見てみる

● 並列接続セルでインピーダンスがばらつく要因

　図9-2（a）のように，外部回路から見たときに各セルの合成インピーダンスが等しくなるようにセル同士を接続することで，理論的にはすべてのセルに対して電流を均等に分流させることができます．しかし，実際にはセルのインピーダンスには個体差があります．さらに，電池のインピーダンスは温度に大きく影響を受けます（インピーダンスの温度依存性については第4章を参照）．つまり，並列接続されるセルの間で温度差が生じると，各セルのインピーダンスが不均一となり電流分担も不均一となります．電流分担が不均一化すると，電流の大きなセルが大きく発熱することになり，温度差の拡大や発熱による劣化加速などの悪影響を及ぼすことになります．

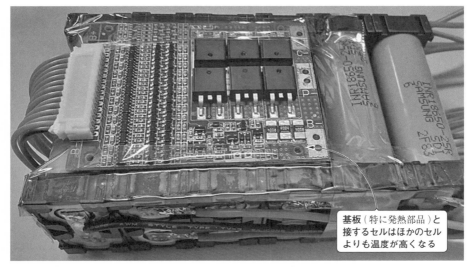

基板（特に発熱部品）と接するセルはほかのセルよりも温度が高くなる

[写真9-1] バッテリ側面に取り付けられたバッテリ・マネジメント基板
周辺基板などによってもセルの間で温度差が生じる

（a）ニッケル・タブでセル同士を接続

（b）バス・バーでセル同士を接続

[写真9-2] セルの接続方法

　実際のシステムでは，バッテリを配置する場所や周辺回路のレイアウトなどにより温度差が発生します．例えば**写真9-1**に示すように，バッテリ・マネジメント・システムの基板をバッテリ側面に取り付けてモジュール化する場合がよくありますが，基板と面したセルとそうでないセルの間には温度差が生じます．扱う電力の大きな基板は発熱も大きくなり，それによってセルの間に生じる温度差も大きくなる傾向があるため特に注意が必要です．

　また，セル同士を接続する際には，**写真9-2**に示すようにニッケル・タブやバス・バーなどを用いますが，これらには若干の抵抗成分が存在します．さらには，タブやバス・バーとセルの接点には接触抵抗が存在します．つまり，バッテリではセル

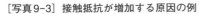

（a）テープの糊　　　　　　　　　　　　　　（b）スポット溶接不良

[写真9-3] 接触抵抗が増加する原因の例

本体のインピーダンスだけでなく，これらの抵抗成分も加えたものが合成インピーダンスを形成します．

　セルを短絡から保護するために端子表面をテープなどで保護することがよくありますが，端子表面に残留するテープの糊（糊残り）によって接触抵抗が増大する場合がよくあります[**写真9-3(a)**]．また，セルの端子やタブなどに付着した指紋などによる皮膜によっても接触抵抗は増加します．このような接触抵抗増大を防止するためには，セル同士を接続する前に接触面を洗浄して，糊や皮膜などを除去します．そのほか，タブのスポット溶接不良[**写真9-3(b)**]なども接触抵抗の増大を招く原因となります．

　内部インピーダンスの小さなセルを並列接続する場合は特に注意が必要です．ニッケル・タブの抵抗や接触抵抗が合成インピーダンスに占める割合が相対的に大きくなるため，抵抗ばらつきによる電流分担の不均一化が顕著になります．

9-3　　温度ばらつき発生時の特性を確認する充放電実験

● 温度ばらつきを模擬した実験系

　直列接続もしくは並列接続されたセルにおいて温度ばらつきが生じた際の特性を観察するため，3400 mAhの18650形セル（NCR18650B，パナソニック）を2つ用いて充放電実験を行いました．

　写真9-4に示すように，片方のセル（セル1）は室温状態とし，もう片方のセル（セル2）を50℃のホット・プレート上に設置することで，20℃程度の温度差を模擬しました．ホット・プレートと円筒形セルを熱的に結合させるために，熱伝導率の高

[写真9-4] ホット・プレート
を用いて2つのセルの間で温度
差を発生させて充放電実験

い銅箔テープでセル2をホット・プレート上に固定しました．両方のセルとホット・
プレート上の温度は熱電対で計測しました．

● 直列接続したセルの間で温度差が生じた場合

　温度差のある2つのセルを直列接続し，1.0 A-8.4 V（セルあたり4.2 V）で定電流-
定電圧（CC-CV；Constant Current-Constant Voltage）充電し，1.0 Aで放電させ
たときの実験結果を**図9-3**に示します．

　図9-3(a)に示す充電時では，温度の高いセル2の電圧V_{cell2}が低く推移している
ことがわかります．これは**図9-4**で表すイメージのように，温度が高いセル2の内
部インピーダンスZ_2はZ_1よりも低く，インピーダンスでの電圧降下IZ_2がIZ_1より
も小さくなるためです．直列接続ではセル電圧の和がバッテリ電圧V_{bat}であり，両
方のセルには同じ電流が流れるので以下の式が成立します．

$$V_{bat} = V_{cell1} + V_{cell2}$$
$$= (IZ_1 + V_{ocv1}) + (IZ_2 + V_{ocv2}) \quad\cdots\cdots\cdots\cdots\cdots\cdots\cdots\cdots\cdots\cdots\cdots (1)$$

　ここで，V_{ocv1}とV_{ocv2}はセル1とセル2の開放電圧（OCV）成分です．温度差によ
るインピーダンスばらつき$Z_1 > Z_2$により，$V_{cell1} > V_{cell2}$となることが式からもわか
ります．CV充電に移行した際に約42 mVの電圧ばらつきが生じており，このばら
つきによって温度の低いセル1は目標充電電圧の4.2 Vを上回ります．

　図9-3(b)の放電時については，温度の低いセル1の電圧V_{cell1}のほうが低くなっ
ています．これは，低温のセル1のほうが内部インピーダンスZ_1での電圧降下IZ_1
が大きいためです．放電開始後およそ3時間でV_{cell1}は3.0 Vまで低下したため，放
電を停止しました．そのときのV_{cell2}は3.3 Vであり，まだ10分以上は放電できる
だけのエネルギーが残存しています．つまり，バッテリ全体としてのエネルギーを
十分に利用することができず，放電エネルギーが低下してしまいます．

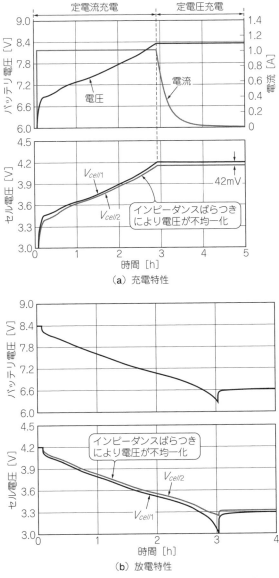

（a）充電特性

（b）放電特性

[図9-3] 直列接続した2つのセルの間に温度差を発生させた状態での充放電実験

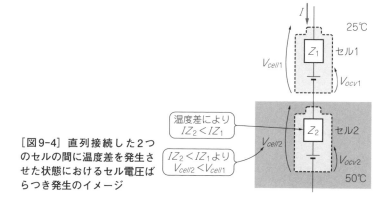

[図9-4] 直列接続した2つのセルの間に温度差を発生させた状態におけるセル電圧ばらつき発生のイメージ

温度差により
$IZ_2 < IZ_1$

$IZ_2 < IZ_1$より
$V_{cell2} < V_{cell1}$

　これらの結果より，直列接続されたセルの間で温度差が生じることでセル電圧がばらつき，バッテリ全体としての放電エネルギーが低下することがわかります．

　本実験では簡易的に充放電特性だけを取得しましたが，温度ばらつきはバッテリの劣化を加速させる原因にもなります．文献(1)では10セル直列のリン酸鉄系リチウム・イオン・バッテリにおいて，温度差が発生した場合の劣化率をシミュレーションで解析しています．バッテリ平均温度が34℃において，温度差がない場合の劣化率は19％であるのに対して，18℃の温度差が生じることで劣化率は22％に増加することが報告されています．平均温度が60℃の場合は，18℃の温度差が生じることで劣化率が38％から45％にまで増加します．

● 並列接続したセルの間で温度差が生じた場合

　温度差のある2つのセルを並列接続し，2.0 A-4.2 VでCC-CV充電し，2.0 Aで放電させて実験を行いました．

　充電特性を図9-5(a)に示します．充電開始後，しばらくは高温条件であるセル2の電流I_2のほうがI_1よりも大きくなっています．これは図9-6(a)に示すイメージのように，セル2の内部インピーダンスZ_2がZ_1よりも低くなることで，電流分担が不均一化したためです[図9-5(a)の時刻T_1]．並列接続ではセル電圧が等しくなるので($V_{cell1} = V_{cell2}$)，以下の式が成立します．

$$I_1 Z_1 + V_{ocv1} = I_2 Z_2 + V_{ocv2} \cdots\cdots\cdots\cdots\cdots\cdots\cdots\cdots\cdots\cdots\cdots\cdots\cdots\cdots\cdots (2)$$

　充電開始後において$V_{ocv1} = V_{ocv2}$であるとすると，温度差によるインピーダンスばらつき$Z_1 > Z_2$により$I_1 < I_2$となります．

　大きな充電電流が流れることでセル2の充電が先行し，V_{ocv2}がV_{ocv1}よりも速く

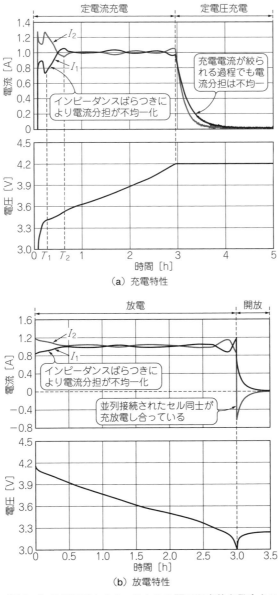

定電流充電 定電圧充電

I_2

I_1

インピーダンスばらつきに
より電流分担が不均一化

充電電流が絞ら
れる過程でも電
流分担は不均一

0 T_1 T_2 1 2 3 4 5
時間 [h]

(a) 充電特性

放電 開放

I_2

I_1

インピーダンスばらつきに
より電流分担が不均一化

並列接続されたセル同士が
充放電し合っている

0 0.5 1.0 1.5 2.0 2.5 3.0 3.5
時間 [h]

(b) 放電特性

[図9-5] 並列接続した2つのセルの間に温度差を発生させ
た状態での充放電実験

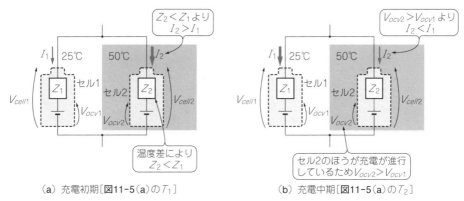

[図9-6] 並列接続した2つのセルの間に温度差を発生させた状態における電流分担不均一のイメージ

　上昇することになります．これにより，**図9-6**(b)のイメージのようにセル1とセル2で電流の大きさが一時的に逆転しています[**図9-5**(a)の時刻T_2]．式(2)において，$V_{ocv2}>V_{ocv1}$となることで$I_1>I_2$になることに相当します．セル電圧が4.2 VになるとCV充電に移行し，両方のセルの充電電流は絞られて最終的に0 Aとなります．しかし，電流が絞られる過程においても電流は不均一となっています．

　放電特性を**図9-5**(b)に示します．充電時と同様，放電開始後しばらくは，高温条件でインピーダンスの低いセル2に大きな電流が流れています．放電実験の途中（特に末期）で電流の大小関係が逆転していますが，これは電流分担不均一により2つのセルのOCV成分に差が生じたためです（充電特性と同様）．

　並列接続ではセルの端子電圧は等しくなるため，両方のセルを3.0 Vまで放電させることができます．つまり，直列接続の場合とは異なり，並列接続時は温度差が生じた条件下においても両方のセルの放電エネルギーを十分に利用することができます．3.0 Vに到達後，つまり負荷を開放状態にしたあとも，両方のセルに電流が流れ続けています．これは，並列接続されたセル同士が充放電し合っている状態です．並列接続では両方のセル電圧が等しくなる半面，温度差により内部インピーダンスに大きな差が生じているので，負荷を開放状態にした直後でもOCVに差が発生している状態です．式(2)において$V_{ocv1}>V_{ocv2}$の状態であり，OCVの差によってセルの間で電流が流れます．よって，両方のセルのOCVが等しくなるまで，OCVの高いセルから低いセルへと電流が流れます．

　以上のように，並列接続時は充放電の過程で電流分担が不均一となることで，直列接続時よりも平均電流レートが高くなります．一般的に電流レートが高いほどセ

ルへのストレスは大きく，劣化は速く進行します．さらに，電流分担が不均一になることでセル内部での発熱が大きくなり，結果として劣化を加速させることになります．

文献(2)では，2つのリン酸鉄系リチウム・イオン電池セル(容量2250 mAh)を並列接続し，温度差を発生させた状態で充放電サイクル試験による寿命評価を行っています．平均温度が0℃と25℃の場合で評価を行っており，2セルに8℃の温度差が生じることで劣化率は約1.5倍に，12℃の温度差で劣化率が約2倍になることが報告されています．

9-4 　並列接続で抵抗ばらつき発生時の特性を確認する充放電実験

● 抵抗ばらつきを模擬した実験系

並列接続された2つのセル(NCR18650B，パナソニック)において，ニッケル・タブや接触抵抗による抵抗ばらつきが生じた際の特性を観察するため充放電実験を行いました．

図9-7(a)に示すように，片方のセル(セル1)のみに直列に30 mΩのセメント抵抗R_bを挿入することで抵抗ばらつきを模擬しました．参考に，実験で用いたセルのナイキスト・プロット(交流インピーダンス特性)を図9-7(b)に示します(第4章，図4-4の再掲)．電解液抵抗は充電状態(SOC)に依存し，およそ20 m〜30 mΩの範囲で変化します．並列接続したセルに対して，2.0 A-4.2 VでCC-CV充電し，1.0 Aで放電させて充放電特性を取得しました．

● 充放電特性

実験より取得した充電特性を図9-8(a)に示します．おおまかな傾向は，図9-5で示した温度ばらつき模擬時と類似しています．充電開始後の時刻T_1における電流分担のイメージを図9-9(a)に示します．セル1側の合成インピーダンス($Z_1 + R_b$)がセル2側よりも大きいため，セル2の電流I_2がセル1の電流I_1よりも大きくなっています．I_2のほうが大きくセル2の充電が先行するため，開放電圧成分は$V_{ocv2} > V_{ocv1}$となります．これにより，途中からは電流の大小関係が逆転します．時刻T_2での電流分担のイメージを図9-9(b)に示します．

以上のように，抵抗ばらつきにより充電時における電流分担が不均一化するわけですが，この現象は式(2)と同じ理屈です．式(2)はセルの内部インピーダンスのみを考慮したものでしたが，実際のバッテリでは電池外部の抵抗成分も含めて合成イ

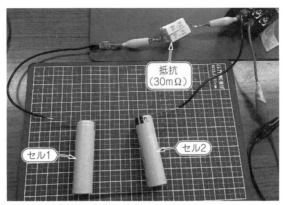

（a）2並列のうち片方のセルにのみ抵抗を直列に挿入

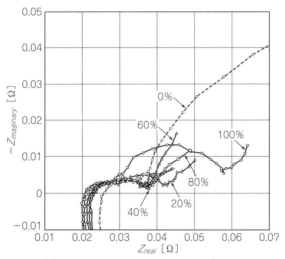

（b）実験に用いたセルのナイキスト・プロット

[図9-7] 抵抗ばらつきの模擬実験

ンピーダンスを形成します．つまり，抵抗ばらつきを模擬するために挿入した30 mΩの抵抗がセル1のインピーダンスZ_1に加わることで，式(2)に従い電流分担が不均一化します．図9-8(b)に示す放電特性も同様です．

本実験では2並列のセルの間で抵抗値を極端にばらつかせた状態での充放電特性を取得しましたが，文献(3)では抵抗をばらつかせた際における寿命評価を実施しています．2並列のリン酸鉄リチウム・イオン電池において，20％の抵抗ばらつき

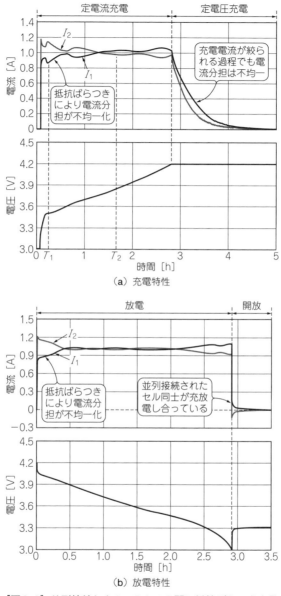

（a）充電特性

（b）放電特性

[図9-8] 並列接続した2つのセルの間に抵抗ばらつきを発生させた状態での充放電実験

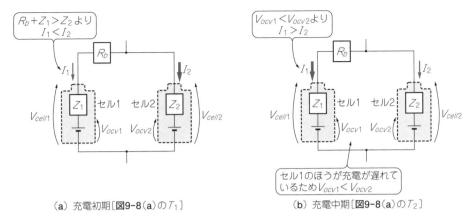

（a）充電初期［**図9-8（a）**のT_1］　　　　　　　（b）充電中期［**図9-8（a）**のT_2］

[**図9-9**] 並列接続した2つのセルの間に抵抗ばらつきを発生させた状態における電流分担不均一のイメージ

によって劣化が40％も加速することが報告されています．抵抗がばらつくことで電流分担が不均一化し，内部発熱が大きくなることが劣化加速の原因です．リン酸鉄系リチウム・イオン電池などのフラットな充放電特性（充放電に伴う電圧変動が小さい）を示す電池ほど，抵抗ばらつきの悪影響は大きくなります．

◆参考文献◆

(1) K. C. Chiu, C. H. Lin, S. F. Yeh, Y. H. Lin, C. S. Huang, and K. C. Chen；"Cycle life analysis of series connected lithium-ion batteries with temperature difference," Journal of. Power Sources, vol.263, no.1, pp.75-84, Oct. 2014.

(2) N. Yang, X. Zhang, B. Shang, and G. Li；"Unbalanced discharging and aging due to temperature differences among the cells in a lithium-ion battery pack with parallel combination," Journal of. Power Sources, vol.306, no.29, pp.733-741, Feb. 2016.

(3) R. Gogoana, M. B. Pinson, M. Z. Bazant, S. E. Sarma；"Internal resistance matching for parallel-connected lithium-ion cells and impacts on battery pack cycle life," Journal of. Power Sources, vol.252, no.15, pp.8-13, Apr. 2014.

第10章

セルの電圧もしくはSOCを均一化する

セル・バランスの基本と主な回路方式

　リチウム・イオン電池や電気2重層キャパシタなどの蓄電セルを直列に接続して使用する場合，セルの個体差によってセル電圧が徐々にばらつくことで，さまざまな問題を引き起こします．ばらつきを防止/解消するためにはセル・バランス回路が不可欠です．セル・バランス回路にはいろいろあり，主な方式を表10-1に示します．

　本章では，セル・バランス回路の種類とバランス概念について解説します．個別の具体的な回路構成や動作原理などについては，次章以降で解説します．

[表10-1] セル・バランス回路の方式はいろいろある

分　類	方　式	長　所	短　所
パッシブ・バランス	抵抗をセルと並列接続	極めて簡素な回路	損失が常時発生
	抵抗とスイッチをセルと並列接続	簡素な回路	バランス時に損失発生
アクティブ・バランス	隣接セル間バランス	良好な拡張性	コンバータ数が多い．直列数が多いと累積損失が増大
	パック-セル間バランス（単入力-多出力コンバータ）	コンバータ数が少ない	乏しい拡張性．回路設計が難しい
	パック-セル間バランス（複数の絶縁型コンバータ）	良好な拡張性	コンバータ数が多い
	任意セル間バランス回路	セル間での効率的なエネルギー授受	コンバータ数が多い．回路素子の電圧ストレスが高い
	セル選択式（パック-セル間）	コンバータ数が少ない	スイッチ数が多い
	セル選択式（エネルギー貯蔵デバイス）	コンバータ数が少ない．非絶縁コンバータを採用できる	スイッチ数が多い．2段階の電力変換
	バランス充電器	変圧器とバランス回路の一体化	低い充電効率．回路素子に大きな電流定格が必要

10-1	セル・バランスの基礎知識

● ばらつきによる問題とセル・バランスの必要性

　複数個のリチウム・イオン電池セルを直列に接続して使用する場合，セルの個体差(容量，自己放電率，クーロン効率，内部インピーダンス)によってセルの電圧や充電状態SOC(State of Charge)が徐々にばらつきます．セル電圧がばらついた状態のバッテリでは，一部のセルが過充電もしくは過放電状態に陥る危険性が生じるのみならず，バッテリの加速的劣化や利用可能エネルギーの低下などの問題を引き起こします．仮に，セルの個体差がなくなるようスクリーニングを行い，セルを選定してバッテリを構成したとしても，バッテリ内で生じる温度分布によりセルは異なる温度環境下に置かれることになります．自己放電率やインピーダンス，セルの劣化率などは温度に依存するため，時間経過とともにセルの個体差が生じ，電圧やSOCは次第にばらつきます．

　このように，セル電圧やSOCのばらつきにより各種の悪影響を及ぼすため，リチウム・イオン電池や電気2重層キャパシタなどの蓄電セルを用いた蓄電システム(バッテリ)では，セル・バランスが必要不可欠です．セル・バランスとは，バランス回路と呼ばれる補助回路を用いて，バッテリを構成するセルの電圧もしくはSOCを均一にそろえることを意味します．セル・バランス回路は，バッテリを構成するセルのエネルギーを熱として消費させてバランスさせる，もしくはセル同士の間でエネルギー授受を仲介することでバランスをとります．エネルギー授受の方法やセル・バランス回路の種類に応じて，いくつかの方式に大別されます．

● バランスさせたいのは電圧より「充電状態SOC」

　各種バランス回路について解説するまえに，まずは電圧バランスとSOCバランスの違いについて説明します．電圧をバランスさせることとSOCをバランスさせることは同じであると思われがちですが，厳密には異なります．電圧が均一であってもSOCは大きくばらついている，という状態が現実にありえます．逆に，SOCが均一でも，電圧は不均一であるというケースもありえます．それでは一体，電圧とSOCのどちらをバランスさせればよいのでしょうか．

　一般的にバランスさせたいのはSOCです．SOCは充電状態であり，セルの残容量の割合を表します．セルのSOCがバランスしていれば，バッテリの放電時においてすべてのセルを理想的には0％のSOCまで放電することができ，バッテリの

エネルギーを最大限まで引き出せます. しかし, セルのSOCがばらついていると(たとえ電圧は均一であっても), 一部のセルが早く0％の状態に到達してしまい, バッテリ全体としての放電が不可能となります. 充電に関しても同じ理屈です. 詳しくは第8章を参考にしてください.

● SOCバランスの問題…計測できない

　バッテリを構成するセルのSOCをバランスさせればよいわけですが, ここで1つの大きな問題に直面します. SOCは直接計測できる物理量ではなく, 推定する必要があります. バッテリに流れる電流を積分してSOCを推定するクーロン・カウンティングなど, さまざまな推定手法があります. しかし, バッテリ全体のSOCを推定するのと, 全セルのSOCを個別に推定するのは訳が違います. 例えば, バッテリ全体のSOCをクーロン・カウンティングに基づき推定する場合, バッテリ全体の電流情報のみに基づき推定することができます. 一方, 全セルのSOCを個別に推定するためにはセルと同数の電流センサが必要であり, 推定のための計算負荷が膨大となってしまいます. 電流センサを用いずにセルの開放電圧情報に基づいてSOCを推定する方法もありますが, リチウム・イオン電池の正確な開放電圧を取得するには電流を遮断したあとに数十分待機する必要があるため, 利用できる場面が限定されます. よって, セル・バランスを行う際には, 各セルのSOC情報は利用できないと考えたほうが無難です.

　各セルのSOC情報を利用するのは難しいので, 結局はセル電圧の情報に基づいてセル・バランスを行うことになります. しかし, 繰り返しになりますが, バランスさせたいのはSOCです. それでは, どのようにしてセル電圧の情報のみからSOCをバランスさせればよいのでしょうか. 方針としては, 「セル電圧をバランスさせることがSOCバランスとなるような領域でバランスを行う」ということになります.

● 2セルのバランス動作を考えてみる

　ここでは簡単な例として, 2つのリチウム・イオン電池セル(セルAとセルB)をバランスさせることを考えます. 何らかの理由により, **図10-1(a)**のように2つのセルの電圧-SOC特性に若干のずれが生じているとします. バランス回路を用いて, これら2セルの電圧をバランスさせます.

　まず, SOCが中程度の領域1でセル電圧をバランスさせる場合を考えます. 領域1での電圧-SOC特性はフラットであり, SOCに対するセル電圧の変化はわずかで

す．セルAとセルBの電圧がV_1でバランスすると，これらのセルのSOCはΔSOC_1だけばらつくことになります．

　次に，満充電に近い領域2でバランスさせる場合を考えます．領域2ではわずかなSOC変化でもセル電圧が大きく変化します．この領域で電圧をV_2でそろえると，SOCのばらつきはΔSOC_2となります．領域2で電圧バランスさせたほうが，領域1と比べてはるかにSOCのばらつきが小さくなります．領域1で電圧バランスを行うと，SOCはバランス前よりもばらついてしまう恐れがあります．以上より，充電末期の領域でセル電圧をバランスさせることで，SOCをおおむねバランスできます．

　電池の電圧-SOC特性は電池の種類によって大きく異なります．**図10-1(a)**はフラットな電圧領域を有した電圧-SOC特性であり，リン酸鉄系リチウム・イオン電

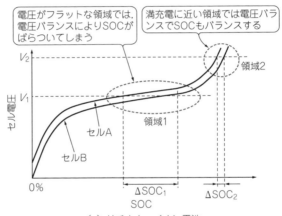

(a) リチウム・イオン電池

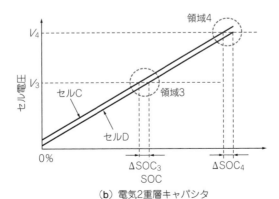

(b) 電気2重層キャパシタ

[図10-1] 電圧バランスとSOCバランスの関係

池などではとくにこの傾向が強くなります．**図10-1(a)** の特性の場合は，充電末期の領域（領域2）でバランスを行うのが効果的ですが，電圧-SOC特性に応じてバランスの方針も変わります．

SOC変化に伴い電圧が大きく変動する代表的なデバイスとして，電気2重層キャパシタの特性を**図10-1(b)** に示します．ここでも同様に，何らかの理由によって2つのセル（セルCとセルD）の特性にずれが生じたものと仮定しています．SOCが中程度の領域3と満充電付近の領域4のいずれにおいても，SOCの変化とともに電圧は大きく変化します．領域3と領域4で電圧バランスを行った場合のSOCのばらつきは，それぞれΔSOC_3とΔSOC_4です．どちらの領域で電圧バランスを行ってもSOCのばらつきはわずかであり，十分にSOCをバランスさせることができます．つまり，電気2重層キャパシタのようにSOC変化に伴い電圧が大きく変動するデバイスでは，どの領域でも電圧バランスによりSOCをバランスさせることができます．

図10-1 の傾向をまとめると，SOCの変化とともに電圧が大きく変化する領域で電圧バランスを行うことで，SOCバランスを達成できます．

● 注意…バランスさせるのは端子電圧ではなくて「開放電圧」

図10-1 で示した「セル電圧」とは，正確にはセルの開放電圧V_{ocv}のことであり，端子電圧とは異なります．蓄電セルには内部インピーダンスZがあるため，セルに電流Iが流れるとインピーダンスでの電圧降下分（IZ）が生じ，**図10-2** と次式で示すように，端子電圧V_{cell}は開放電圧V_{ocv}からずれることになります．

$$V_{cell} = V_{ocv} - IZ \cdots\cdots\cdots\cdots\cdots\cdots\cdots\cdots\cdots\cdots\cdots\cdots\cdots\cdots (1)$$

電気2重層キャパシタのインピーダンスは低いため電圧降下は無視することもできますが，リチウム・イオン電池のインピーダンスにおける電圧降下は大きく，無視することはできません．

各種バランス方式の節で後述しますが，セル・バランス時には電流が流れるセルと開放状態のセルが混在する，もしくは各セルに異なる大きさの電流が流れます．

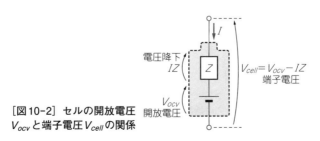

[図10-2] セルの開放電圧
V_{ocv}と端子電圧V_{cell}の関係

つまり，各セルで発生する電圧降下の大きさに差が生じるため，端子電圧 V_{cell} の情報だけでは SOC の大小を判断することができません．よって，セル・バランスを行う際には電圧降下 IZ を補正する，I が十分に小さいときに V_{cell} を計測する，もしくは一時的に $I=0$ とすることで V_{ocv} を計測する，などの工夫が必要です．以降では単純化のため，セルの内部インピーダンスにおける電圧降下の影響は無視して話を進めます．

10-2	一番基本…パッシブ・セル・バランス方式

● **セルと並列に抵抗を接続**

セル・バランス回路として最も簡素な方法は，セルと並列に抵抗を接続してバランスさせる手法です．**図10-3**のように高抵抗をセルと並列接続し，等価的にセルの漏れ電流や自己放電を大きくします．セルの電圧が高いほど抵抗に流れる電流が大きくなり，ほかのセルと比べて相対的に電圧や SOC は低下します．逆に，セルの電圧が低いと抵抗の電流は小さくなります．セル電圧に応じて抵抗に流れる電流は決定され，電流の差によって次第にセルの電圧は均一になります．

しかし，抵抗に電流が常時流れて損失となるため，この方法は小容量の用途に限定されます．バランスに要する時間は，抵抗値と容量の時定数が目安となります．抵抗値が小さいほど時定数は小さいため，速くバランスさせることができます．た

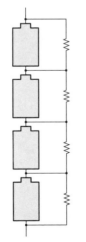

[図10-3] セルと並列に抵抗
を接続したバランス回路

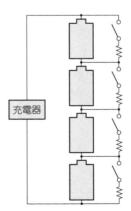

[図10-4] 一般的なパッシブ・セル・バランス回路

だし，セルと抵抗は常に並列接続されるため，抵抗値を小さくするほど損失は大きくなってしまいます．セルの漏れ電流の10倍程度の電流が抵抗側に流れるように，抵抗値を決定する場合が多いようです．

● 抵抗とスイッチを用いたパッシブ・セル・バランス

　図10-4に示すように，抵抗と直列にスイッチを挿入することで，抵抗における無駄な損失をなくすことができます．バランスさせたいときだけスイッチをONして，セルのエネルギーを抵抗で消費させます．この回路では抵抗での損失が常時発生するわけではないので，図10-3と比較して抵抗値を下げてバランス速度を高めることができます．

　スイッチと抵抗を用いた図10-4のバランス回路のことを，一般的にパッシブ・セル・バランス回路と呼びます．パッシブ・セル・バランス回路は最も汎用的な方式であり，市販のバッテリ・マネジメントICにはこのバランス回路（抵抗を除く）を内蔵しているものが多くあります．しかし，セル・バランスの過程でセルのエネルギーを抵抗で熱として消費させるため，後述するエネルギー授受によりバランスを行う方式（アクティブ・セル・バランス）と比べて損失は大きくなります．また，用途やバッテリ容量によっては熱の処理が課題となります．

　基本的な動作原理はツェナー・ダイオードと似ています．バッテリ充電時において，ある規定電圧にまで達したセルのスイッチをONし，充電電流の一部もしくはすべてを抵抗側に迂回させます．充電電流のすべてを迂回できる場合は理想ツェナー・ダイオードと似た特性となりますが，一部しか迂回できない場合は一時的に規定値を超えた電圧までセルは充電されます．抵抗の電力定格や消費電力の観点から，一部の電流のみ迂回させるように設計するのが一般的です．以降では話を簡単にするため，充電電流のすべてをバランス回路側に迂回できるものとして説明を行います．

　初期のSOCが80～100％の範囲で極端にばらついた4セル・バッテリを，充電器を用いて充電を行いつつバランスさせる動作について考えます．図10-5に示すように，SOCが100％のセルを除き，充電器から供給される充電電流により各セルは充電されます．一方で，SOCが100％のセルに対する充電電流は抵抗側に迂回されるため，充電は行われせん．すなわち，このセルはSOCが100％の状態を維持し続けます．バッテリの充電が進行するとほかのセルの電圧とSOCは増加し，100％の状態に到達します．100％に到達したセルのバランス回路が順次作動し，充電電流は迂回されます．このような動作を経て，最終的にすべてのセルが100％の状態

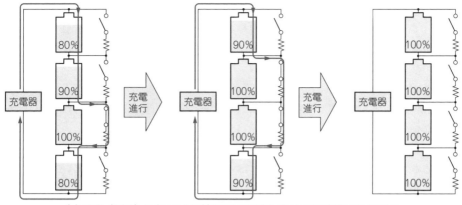

（a）電圧（SOC）の高いセルに対する充電電流をバランス回路側に迂回させる

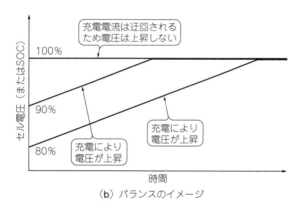

（b）バランスのイメージ

[図10-5] パッシブ・セル・バランス回路の動作例

まで充電され，バランスは完了します．図10-5(b)に示すように，セルのSOCを
100％でバランスする動作になります．

　パッシブ・セル・バランス回路は，動作時において損失が必ず発生します．バラ
ンス回路は常にセルと並列に接続されているため，電圧は4V前後です．そして，
充電電流を迂回させると，電流×電圧の損失が発生します．例えば，4.2Vの電圧
で1.0Aの充電電流を迂回させると，4.2Wの損失が生じます．損失は電流に比例
するため，大きな電流を迂回させると損失や発熱が大きくなるため実用的ではあり
ません．よって，実用上は充電電流の一部の電流のみを迂回させるような設計が行
われます．

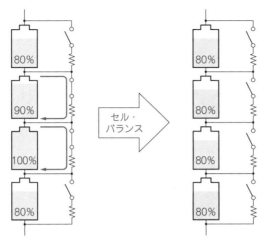

（a）電圧（SOC）の高いセルに対してのみ抵抗でエネルギーを消費させる

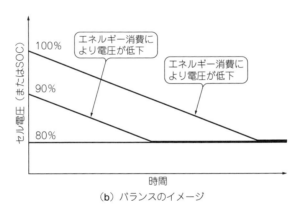

（b）バランスのイメージ

[図10-6] パッシブ・セル・バランス回路を用いて，最もSOCの低いセルに合わせてセル・バランスする

● 最もSOCの低いセルに合わせるバランスも可

　上述のパッシブ・セル・バランスは，「セルのSOCを100％でそろえる」というものでした．つまり，すべてのセルのSOCを上限値(100％)でそろえる，という考え方です．上限でそろえる代わりに，最もSOCの低いセルに合わせてバランスさせることも可能です．

　例として**図10-6**(a)のように，SOCが80〜100％の状態で極端にばらついた状態からセル・バランスを行う場合を考えます．バッテリ全体としての充放電電流は流れておらず，開放状態であるものと仮定します．SOCが90％と100％のセルに対

するスイッチをONにして，これらのセルのエネルギーを抵抗で消費させます．抵抗でのエネルギー消費によりこれら2セルのSOCは低下し，80％まで低下したらスイッチをOFFにします．これにより，最終的にすべてのセルは80％の状態でバランスされます．

　ここではバッテリは開放状態(無負荷)であるものとして説明しましたが，セル・バランスは長い時間をかけてゆっくりと行うため，バランスの途中でバッテリが充放電されることもあります．その場合は図10-6ほどシンプルな電圧プロファイルとはなりません．

10-3 アクティブ・セル・バランス方式の代表格…隣接セル間バランス回路

　以上では，バランス時に損失が発生するパッシブ・セル・バランス方式について述べてきました．ここからは，理想的には損失の発生しないアクティブ・セル・バランス方式について解説します．

● 隣接セル間バランス

　損失の発生しないアクティブ・セル・バランス回路として最も代表的なのが，図10-7に示す隣接セル間バランス回路です．バランス回路の具体的な中身は，双方向PWMチョッパやスイッチト・キャパシタ・コンバータなどの非絶縁双方向コ

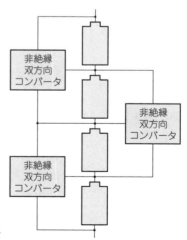

[図10-7] 隣接セル間バランス回路

ンバータです．いずれもパワー・エレクトロニクス回路であり，回路中の
MOSFET を高周波で駆動することで動作します．

　バランス回路（双方向コンバータ）を介して隣り合うセルの間で，電圧（もしくは
SOC）の高いセルから低いセルへとエネルギーを受け渡すように，これらの回路は
動作します．隣接するセルの間でエネルギーの授受を行うことでセル・バランスを
行うのですが，これはバケツ・リレーとよく似ています．バケツ・リレーでは隣り
合う人と人の間でバケツを用いて水の輸送を行います．隣接セル間バランス回路で
は，隣り合うセルとセルの間でバランス回路を用いてエネルギーの輸送を行います．
回路の詳細については，第12章で解説します．

　隣接セル間バランスで用いる非絶縁双方向コンバータでは，スイッチング動作に
伴い多少の損失が発生します（バランス回路で用いられるコンバータの効率は80～
90 %）．しかし，セルのエネルギーを積極的に熱に変換するのではなく，あくまで
セル間でエネルギーの授受を行う過程で副次的に発生する損失です．よって，抵抗
を用いたパッシブ・セル・バランス方式と比べると，損失を大幅に低減することが
できます．

● 隣接セル間バランスによるセル・バランス

　隣接セル間バランス回路を用いて，初期のSOCがばらついた状態からセル・バ
ランスを行う際の動作イメージを図10-8に示します．ここでは話を簡単にするた

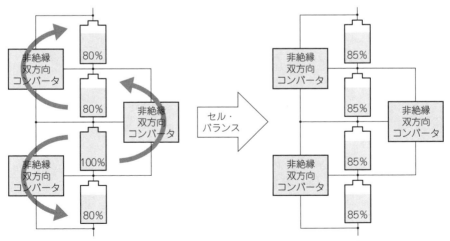

[図10-8] 隣接セル間バランス回路を用いたセル・バランスの動作イメージ
隣り合うセル間で電圧（SOC）の高いセルから低いセルにエネルギーを伝送

め，バランス回路（双方向コンバータ）の効率は100％とします．初期の電圧（もしくはSOC）が最も高いセルからバランス回路（双方向コンバータ）を経由して，隣のセルへと電力を伝送します．電力伝送の方向は，隣り合うセルの電圧（SOC）の大小関係で決定されます．

電力を伝送する側のセル電圧は低下し，逆に電力を受け取る側のセル電圧は上昇します．バランス回路を介したエネルギーの再分配により，時間の経過とともにバランスは進行し，最終的にすべてのセルの電圧（SOC）は均一になります．

● 隣接セル間バランスの課題

隣接するセルの間でバランス回路（非絶縁双方向コンバータ）を介してエネルギーを授受することでセル・バランスを行うわけですが，実際には双方向コンバータの効率は100％ではありません．双方向コンバータで電力変換を行う過程で損失が発生します．セル・バランスにおいて双方向コンバータの入力ならびに出力電圧はセル電圧に相当するため，4V前後です．このような低い電圧における双方向コンバータの電力変換効率は80〜90％です．つまり，授受されるエネルギーのうち，10〜20％は熱として失われます．

さらに，**図10-8**からわかるように，あるセルからのエネルギーは複数の双方向コンバータを経由して別のセルへと伝送されます．例えば，**図10-8**の下から2番目のセル（初期SOCは100％）から最上部のセル（初期SOCは80％）に向けて，2つの双方向コンバータを経由してエネルギーが伝送されます．つまり，2段階で電力変換が行われます．双方向コンバータの電力変換効率を90％とすると，2段階の電力変換では90％×90％となるため効率は81％にまで下がります．これは4セル直列バッテリにおける例ですが，セルの直列数が増えるほどコンバータを経由する回数が多くなるため，損失は累積的に増大します．

また，隣接セル間バランス方式では，セルの直列数に比例した複数個の双方向コンバータが必要となります．セルの直列接続数をnとすると，$n-1$個の双方向コンバータが必要です．直列数が少ない場合は問題とはなりませんが，直列数の大きなバッテリ・システムでは多数の双方向コンバータが必要となるため，バランス回路システムは複雑化してしまいます．

そこで，バッテリ・パック全体とセルの間でエネルギー授受を行う方式も考えられています．詳しくは次節で説明します．

● **直列数の大きなバッテリ・パック向き**

図10-7の隣接セル間バランス回路は，文字どおり隣り合うセル間でのエネルギー授受によりセル・バランスを行うものでした．隣り合うセルの間でしかエネルギー授受を行うことができないため，直列数の大きなバッテリでは損失が累積的に増大するという課題を抱えています．

それに対して，図10-9に示すパック-セル間バランス方式は，バッテリ・パック全体とセルの間でエネルギー授受を行いバランスさせます．バッテリ・パックとセルの間で直接エネルギー授受を行えるため，隣接セル間方式のような累積損失は生じません．

パック-セル間バランス方式でもコンバータを用いますが，コンバータの出力端子の数に応じて大きく2つに分類できます．

● **方式その①…単入力-多出力コンバータを用いる**

図10-9(a)は，単入力-多出力コンバータを用いたパック-セル間バランス回路です．単入力-多出力コンバータの左側の端子を入力，右側の端子を出力と定義します．入力端子数が1つ(単入力)であるのに対し，出力端子は複数(図10-9では4つ)あります．

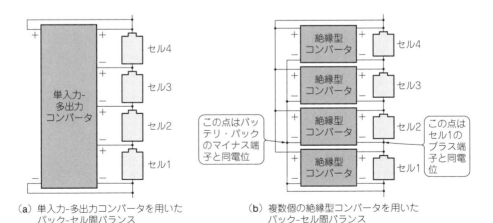

(a) 単入力-多出力コンバータを用いた
パック-セル間バランス

(b) 複数個の絶縁型コンバータを用いた
パック-セル間バランス

[図10-9] パック-セル間バランス回路

セルの直列数に関係なくコンバータの数は1つだけなので、システムを簡素化できます。しかし、セルの直列数に変更が生じた際には単入力-多出力コンバータを再設計して出力端子数を変更する必要があります。

コンバータとしては、非絶縁方式や絶縁方式のいずれの方式も採用できます。双方向のコンバータを用いることもできますが、単方向コンバータを用いる場合がほとんどです。回路の詳細については、第13章で解説します。

● 方式その②…絶縁型コンバータを複数用いる

図10-9(b)は、複数の絶縁型コンバータを用いたパック-セル間バランス回路です。一見すると図10-9(a)のシステムとは大きく異なるため、同じパック-セル間バランスに分類されるようには見えません。しかし、各絶縁型コンバータが接続される箇所を見ると、この方式もパック-セル間バランスに分類されることがわかります。

具体的には、絶縁型コンバータの左側の端子はすべてバッテリ・パック全体に接続されています。それに対して、右側の端子はおのおののセルと接続されています。よって、これらの絶縁型コンバータはバッテリ・パック全体と各セルの間に接続されるため、パック-セル間バランス回路に分類されます。

セルごとに絶縁型コンバータを用いる必要があるため、コンバータの数が多くシステムは複雑になります。しかし、セルの直列数に変更が生じた際は、絶縁型コンバータを追加することで設計変更に柔軟に対応できます。

図10-9(b)のシステムでは、コンバータの入力と出力の電位が異なるため、非絶縁ではなく絶縁型コンバータが必要となります。例として、下から2番目のコンバータに着目します。左側の入力端子はバッテリ・パック全体と接続されるため、マイナス側端子の電位はバッテリ・パックのマイナス端子（グラウンド）と同電位です。それに対して、右側の出力端子は下から2番目のセルと接続されているので、マイナス側端子は一番下のセルの電圧ぶんだけ電位が浮いた状態です。このように、入力端子と出力端子の電位が異なるため、絶縁型コンバータが必要となります。

● パック-セル間バランス回路の動作イメージ

例として、図10-9(a)の単入力-多出力コンバータのパック-セル間バランス回路を用いてセル・バランスを行う際のイメージを図10-10に示します。このシステムでは、バッテリ・パック全体から電圧の最も低いセルに対してエネルギーを再分配することで、セル・バランスを行います。

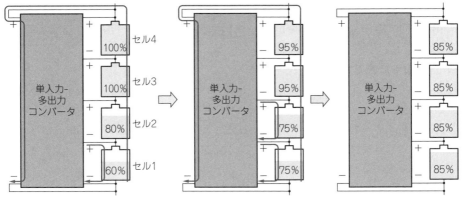

(a) バッテリ・パック全体から電圧(SOC)の低いセルにエネルギーを伝送

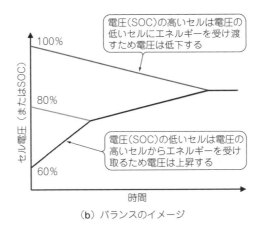

(b) バランスのイメージ

[図10-10] パック-セル間バランス回路を用いたセル・バランス

　初期状態ではセル1の電圧(もしくはSOC:State of Charge)が最も低いため，バッテリ・パック全体から単入力-多出力コンバータを経由してセル1にエネルギーを分配します．このエネルギー再分配により，セル1の電圧は上昇し，そのほかのセル電圧は低下します．そして，セル1の電圧がセル2の電圧に追いつくと，今度はバッテリ・パック全体からセル1とセル2の両方にエネルギーが再分配されるようになります．

　このように，各時間において電圧が最も低いセルへとコンバータを介してバッテリ・パックのエネルギーを再分配することで，最終的にすべてのセルの電圧を均一化します．

● 任意のセル間でエネルギー授受を行う

ここまで説明してきたアクティブ・セル・バランス回路では，エネルギー授受の経路は隣接するセル間，もしくはバッテリ・パックとセルの間に限定されるものでした．エネルギー授受の経路が限定されることで，バランス動作に本来は寄与する必要のないセルまでもがエネルギー授受の経路に含まれてしまいます．つまり，エネルギー授受の経路の観点では最適な方式ではありません．

任意セル間バランス回路方式は，任意のセル間でダイレクトにエネルギー授受を行うことができます．エネルギー授受の経路が限定されず，バランス動作に寄与すべきセルの間でエネルギー授受を直接行うことができるため，より速く高効率でバランスさせることができます．

任意セル間バランス回路方式では，共通バスを介して任意のセル間でエネルギー授受を行います．共通バスの種類に応じて，DCバス方式とACバス方式に分類することができます．

● DCバス方式

DCバス方式の概念図を図10-11(a)に示します．セルごとにDC-DCコンバータを設けつつ，セルと反対側の端子をDCバスに接続します．DCバスに接続するコンデンサはバス電圧を一定に保持するためのものです．すべてのコンバータは共通のDCバスに接続されるため，基本的には絶縁型DC-DCコンバータが必要となります．ただし，フライング・キャパシタを用いた方式などではトランスが不要な非絶縁方式をとることができます．詳しくは第14章で解説します．

● ACバス方式

交流の共通バスを採用した方式です．図10-11(b)に示すように，各セルにDC-AC変換回路を設けて，AC側を共通バスとした構成をとります．DCバス方式と同様，ACバス方式でもすべての変換回路は共通バスに接続されるので，基本的には絶縁型DC-AC変換回路が必要です．ただし，スイッチト・キャパシタ方式はトランスを必要とせず，非絶縁方式をとることができます．

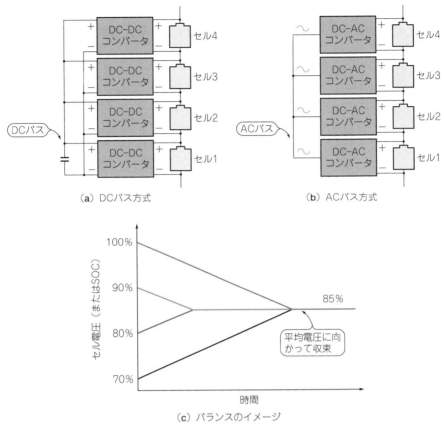

（a）DCバス方式　　　　　　　　　　　　（b）ACバス方式

（c）バランスのイメージ

[図10-11] 離れた任意のセル間で電力授受するバランス回路

● 任意のセル間でのバランス・イメージ

　基本的にはすべてのコンバータを無制御で動作させ，自動的にセル・バランスが
行われます．動作時におけるバランスのイメージを図10-11（c）に示します．DCバ
ス方式とACバス方式のいずれも，平均電圧を基準に，電圧の高いセルから低いセ
ルへと共通バスを経由して電力伝送が行われます．すべてのセル電圧は平均値に向
かって収束し，最終的にすべてのセル電圧は均一化されます．

10-6 アクティブ・セル・バランス方式の1つ…セル選択式バランス回路

● 大型のバッテリ・システム向き

　ここまで説明してきたセル・バランス回路は，セルに比例する数のコンバータ，もしくは多出力コンバータが必要となります．大型のバッテリ・システムではセルの直列数が多くなるため，これらのバランス回路ではコンバータの数が増えたり，多出力コンバータの設計難化に陥ったりします．

　それに対して，**図10-12**に示すセル選択スイッチを用いたバランス回路は，コン

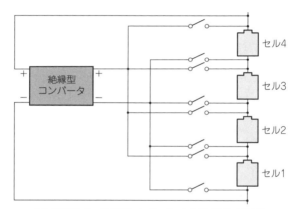

（a）選択スイッチを用いたパック-セル間バランス回路

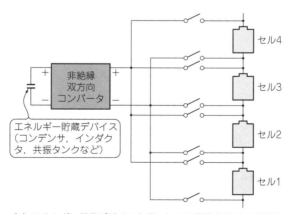

（b）エネルギー貯蔵デバイスを用いたセル選択式バランス回路

[図10-12] セル選択式バランス回路

バータの数の増加を招かず，さらには多出力コンバータも不要です．セルごとに選択スイッチが必要にはなりますが，セルの直列数に関係なくコンバータの数は理想的には1つで済むため，直列数が大きくなる大型バッテリ・システムに適したバランス回路方式です．

セル選択式バランス回路は大きく分けて，**図10-12**(a)に示すパック‐セル間バランス回路と，**図10-12**(b)に示すエネルギー貯蔵デバイスを用いたバランス回路があります．

● 選択スイッチを用いたパック‐セル間バランス回路

図10-12(a)の回路では，絶縁型コンバータがパック‐セル間バランス回路として動作します．**図10-9**(b)のパック‐セル間バランス回路との大きな違いは，絶縁型コンバータの数です．**図10-9**(b)ではすべてのセルに対して絶縁型コンバータが個別に接続されますが，**図10-12**(a)では選択スイッチを用いて絶縁型コンバータと接続するセルを選択します．

図10-9(b)ではおのおののセルが絶縁型コンバータを所有していたのに対して，**図10-12**(a)では複数のセルで絶縁型コンバータをシェアリングするようなイメージです．絶縁型コンバータの使用権は選択スイッチで決定します．**図10-9**(b)のシステムと同様，**図10-12**(a)においてもエネルギーの授受はバッテリとセルの間で直接行われます．

● 選択スイッチを用いたバランスの動作イメージ

図10-13に示すように，4つのセルのSOCがばらついており，セル1が最も低くセル4が最も高い状態での動作を考えてみます．これら4つのセルのなかでターゲットとなるのは，セル1とセル4です．

図10-13(a)の例では，バッテリ・パック全体から最もSOCの低いセル1へとエネルギーを伝送します．セル1に対応する選択スイッチのみをONすることで，絶縁型コンバータの右側の端子とセル1を接続します．これで，バッテリ・パックからセル1に向かってエネルギーを伝送できます．一方，**図10-13**(b)の例ではセル4に対応する選択スイッチのみをONさせ，セル4からバッテリ・パック全体へとエネルギーを伝送します．

このように，セル全部のなかからSOCが最も高い/低いセルを選択し，そのセルとバッテリ・パックの間でエネルギーの授受を行うことでバランスさせます．

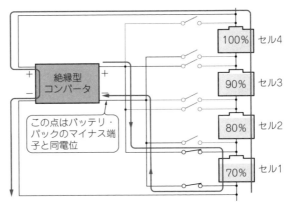

（a）バッテリ・パックからセルへとエネルギー伝送

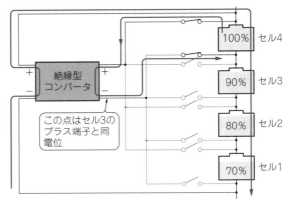

（b）セルからバッテリ・パックへとエネルギー伝送

[図10-13] 選択スイッチを用いたパック-セル間バランス
回路の動作例

● エネルギー貯蔵デバイスを用いたセル選択式バランス回路

　図10-12（b）に示す回路では，エネルギー貯蔵デバイスを経由してセルとセルの
間で間接的にエネルギーの授受を行います．エネルギー貯蔵デバイスとしては，大
容量コンデンサやインダクタ，または共振タンクなどを用いることができます．

　この回路では，コンバータを介してセルとセルが直に接続されることはないため，
非絶縁双方向コンバータが使えます．一般的に，非絶縁型コンバータは絶縁用のト
ランスが不要なため，コンバータ単体で比較すると非絶縁型コンバータのほうが小
型化と低コスト化に有利です．ただし，エネルギー貯蔵デバイスによって，システ

ム全体としてのコストやサイズは増加する可能性があります.

● **エネルギー貯蔵デバイスを用いたセル選択式バランス回路の動作イメージ**
　図10-14は,エネルギー貯蔵デバイスを用いたバランス回路の動作例です.4つのセルのSOCはばらついている状態です.これら4つのセルでターゲットとなるのは,セル1とセル4です.SOCが最も高いセル4からSOCが最も低いセル1へとエネルギーを伝送することでセル・バランスを行います.
　まず,セル4に対応する選択スイッチをONし,非絶縁双方向コンバータ経由でセ

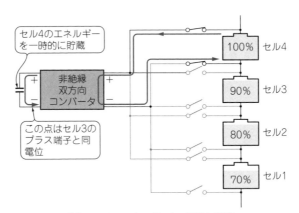

（a）セル4のエネルギーを一時的に貯蔵

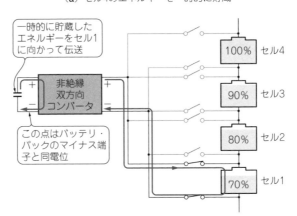

（b）一時的に貯蔵したセル4のエネルギーをセル1に向かって伝送

[図10-14] エネルギー貯蔵デバイスを用いたセル選択式バランス回路の動作例

ル4のエネルギーをエネルギー貯蔵デバイスに一時的に貯蔵します[**図10-14(a)**].
このとき,エネルギー貯蔵デバイスのマイナス側端子とセル3のプラス端子(セル4
のマイナス端子)は同電位となり,エネルギー貯蔵デバイスの電位は浮いた状態と
なります.

次に,貯蔵デバイスに一時的に蓄積したエネルギーを非絶縁型コンバータ経由で
セル1へと伝送します[**図10-14(b)**].セル1に対応する選択スイッチをONすると,
エネルギー貯蔵デバイスのマイナス側端子の電位はバッテリ・パックのマイナス端
子(グラウンド)と同電位となります.

図10-14(a)と(b)の動作を繰り返すことでセル4からセル1へとエネルギーを伝
送し,セル・バランスを行います.

ここではセル4からセル1へとエネルギーを伝送するケースについてのみ説明し
ましたが,ほかのセルとセルの間でエネルギー授受を行う場合についても考え方は
同様です.

● **2種類の選択スイッチ方式におけるエネルギー授受の違い**

図10-13で説明したパック-セル間バランス回路と,**図10-14**のエネルギー貯蔵
デバイスを用いた回路でのエネルギー授受には,大きく2つの違いがあります.

1つ目の違いは,コンバータによる直接のエネルギー授受があるかどうかという
点です.パック-セル間バランス回路では,絶縁型コンバータを介してバッテリ・
パックとセルがエネルギーの授受を直接行います.異なる電位に位置するセルとバ
ッテリ・パックの間でエネルギー授受を行うので,コンバータは絶縁方式でなけれ
ばなりません.それに対して,エネルギー貯蔵デバイスを用いた回路では,セル同
士でエネルギー授受を行うわけではありません.エネルギー貯蔵デバイスを一旦経
由することで間接的にセル間でエネルギー授受を行うため,非絶縁型のコンバータ
を採用できます.

一般的に,絶縁方式と比べて非絶縁方式のコンバータはトランスを含まないぶん,
高効率であり低コストです.しかし,エネルギー貯蔵デバイスを用いたバランス回
路では,セル間での間接的なエネルギー授受の過程で電力変換が2回生じます.
図10-14の例では,セル4から貯蔵デバイスに向けてのエネルギー伝送で1回目,
そして貯蔵デバイスからセル1に向かってのエネルギー伝送で2回目の電力変換と
なります.

2つ目の違いは,バランス対象のセル(ターゲット・セル)以外もエネルギー授受
に関与するかどうかという点です.**図10-13**のパック-セル間バランス回路では,

絶縁型コンバータの片方の端子はバッテリ・パックと接続されるため，バッテリ・パック中のすべてのセルがエネルギー授受に関与することになります．エネルギー授受を行わなくてもよいセルにまで電流が流れてしまうため，セル・バランス時における損失を増大させてしまう可能性があります．

　それに対して，**図10-14**のエネルギー貯蔵方式では，ターゲット・セル(セル1とセル4)以外のセルはエネルギー授受に関与していません．つまり，ターゲット・セル以外には電流が流れないため，無用な損失(ターゲット・セル以外での損失)を生じることなくセル・バランスを行うことができます．

10-7	セルごとに充電を行うバランス充電器

　ここまで述べてきたアクティブ・バランス回路では，バッテリを構成するセルとセルの間，もしくはバッテリ・パック全体とセルの間でエネルギーのやりとりを行いバランスさせています．一方で，パッシブ・セル・バランス方式のように，充電時にセルの電圧やSOCが均一となるように充電することによってもバランスを取ることができます．しかし，パッシブ・セル・バランス方式は，動作時に大きな損失が生じてしまうことが課題です．

　パッシブ・セル・バランス方式と同じく充電時にセルの電圧やSOCを均等にそ

Column (A)

セル・バランスは本当に必要か？

　衛星用バッテリの開発を行っていたときに，バッテリ寿命評価担当の方から「寿命試験で特性ばらつきは見られないのでセル・バランスは不要」との声を聞くことがありました．しかし，恒温槽内の理想的な温度環境下で行ったデータに基づいてバランス不要と考察している場合がほとんどでした．また，寿命試験では容量測定を定期的に行うのですが，その際にセルを個別に100%まで充電して試験を行っている例もありました．つまり，容量測定のたびにばらつきを人為的に解消してしまっていたわけです．

　バッテリ内の不均一な温度分布などによってばらつきは徐々に生まれ，寿命末期にかけて加速度的にばらつきは拡大します．ばらつきの影響を加味した試験を行う際は，意図せず理想的な環境を作り出していないかどうかに注意する必要があります．

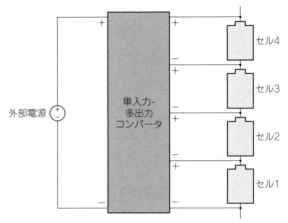

（a）単入力-多出力コンバータを用いたバランス充電器

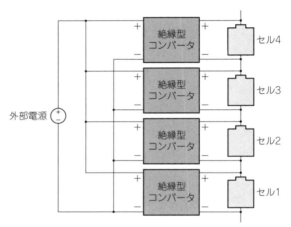

（b）複数個の絶縁型コンバータを用いたバランス充電器

[図10-15] バランス充電器

ろえつつ，さらに損失を大幅に抑えることができるのがバランス充電器です．充電器は非絶縁型コンバータや絶縁型コンバータなどの電力変換器をベースとしたものなので，充電電流バイパス方式と比べて損失を大幅に抑えられます．

● バランス充電器の回路はパック-セル間バランス回路と同じ

　図10-15にバランス充電器の構成を示します．これらは，図10-9に示したパック-セル間バランス回路と非常によく似ています．

パック-セル間バランス回路における単入力-多出力コンバータや絶縁型コンバータの入力端子はバッテリ・パックと接続されており，バッテリ・パックからセルに向かってエネルギーを伝送します．

それに対して，バランス充電器の入力端子は外部電源と接続され，外部電源から各セルに向かってエネルギーを伝送します．つまり，パック-セル間バランス回路とバランス充電器のおもな違いは，エネルギーの供給源がバッテリ・パックであるか外部電源であるかという点です．

そのほかの違いとして，バランス充電器には充電制御機能が必要となります．リチウム・イオン・バッテリの充電では，充電電流と充電電圧の両方を制御する定電流-定電圧（CC-CV；Constant Current-Constant Voltage）充電制御が必要です．よって，各セルの電圧や充電電流を計測して制御を行う必要があります．それに対して，バランス回路は各セルの電圧を均一化させることが目的なので，電圧や電流の計測は必ずしも必要ではありません．

● バランス充電器のメリット，デメリット

バランス充電器は1つの回路で充電とセル・バランスの両方を同時に行えるため，バッテリ・システムにおける回路の数を減らす（充電器とバランス回路を一体化する）ことでシステムを簡素化できます．しかし，通常のバッテリ充電器と比べると，効率は劣ります．

一般的に，充電器（コンバータ）は出力電圧が低いと電力変換効率が低下する傾向があります．通常のバッテリ充電器ではバッテリ・パック全体に対して充電を行うので，充電器の出力電圧はバッテリ・パック全体の電圧と等しくなります．それに対して，バランス充電器ではセルに対して個別に充電を行うので，出力電圧はセル電圧に相当します．つまり，バランス充電器の出力電圧は4V程度と非常に低い電圧となるため，通常の充電器と比べて効率は低下します．

そのほか，バランス充電器では回路素子に比較的大きな電流定格が必要とされるという点も課題です．バランス充電器は各セルを個別に充電するため，回路素子には充電電流に耐えられるだけの電流定格が求められます．一方，図10-9などのセル・バランス回路は扱う電流が非常に小さいため，電流定格の小さな素子を用いることができます．

効率や電流定格の傾向を考慮すると，システムの規模が大きく大容量になればなるほどバランス充電器のメリット（充電機能とバランス機能の一体化）は失われます．よって，バランス充電器の応用は小規模/小容量のバッテリに限定されます．

● バランス充電器によるセル・バランス

　単入力-多出力コンバータを用いたバランス充電器で，セルを均等な電圧まで充電を行う場合のイメージを**図10-16**に示します．単入力-多出力コンバータの出力は各セルと接続されますが，このなかで電圧の最も低いセルに対してのみ充電電流を供給するように動作します．

　充電状態が60〜90％の範囲でばらついた状態から充電を行うケースについて考えます［**図10-16(a)**］．充電状態が最も低いセル1に対してのみ充電電流が供給され，このセルの電圧は上昇します．セル1の電圧がセル2(初期の充電状態75％)に追いつくと，セル1とセル2の両方が最低電圧のセルということになります．よって，バランス充電器はセル1とセル2の両方に対して充電を行います．このように，最低電圧のセルに対して充電することですべてのセルの電圧やSOCは均一化され，

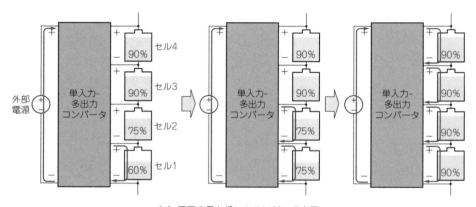

（a）電圧の最も低いセルに対して充電

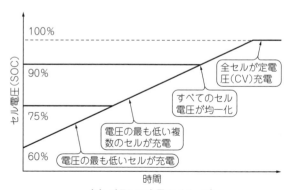

（b）バランス充電のイメージ

[**図10-16**] バランス充電器を用いたセル・バランス

最終的にすべてのセルは定電圧（CV）充電されます[**図10-16(b)**].

<table>
<tr><td>**10-8**</td><td>一長一短！ 各セル・バランス方式の比較</td></tr>
</table>

　ここまで解説してきたように，セル・バランス回路には多種多様の方式があり，それぞれ一長一短です．各種方式の長所と短所について簡単にまとめたものが**表10-1**です．

　抵抗を用いたパッシブ・セル・バランス方式は，アクティブ・バランス方式と比べると回路構成は簡素です．しかし，バランスを実行する際には損失が発生し放熱も課題となるため，大きな電流を扱うことはできません．よって，相対的に小容量のバッテリに適した方式となります．**図10-4**に示したパッシブ・セル・バランス回路は最も汎用的なバランス回路であり，小規模バッテリからEV用バッテリまで幅広い用途で用いられています．半導体メーカ各社から供給されているバッテリ・マネジメントICには，このパッシブ・セル・バランス回路の機能を含んだ製品が数多くあります．

　アクティブ・バランス回路はセル同士やセルとバッテリの間でエネルギー授受を行うことでバランスを実行する方式であるため，効率が高く発熱が抑えられます．高効率，低発熱であるため大きな電流を扱うことが可能となり，相対的には大容量

[**表10-2**] **各種セル・バランス回路の長所と短所**（表10-1再掲）

分　類	方　　式	長　所	短　所
パッシブ・バランス	抵抗をセルと並列接続	極めて簡素な回路	損失が常時発生
	抵抗とスイッチをセルと並列接続	簡素な回路	バランス時に損失発生
アクティブ・バランス	隣接セル間バランス	良好な拡張性	コンバータ数が多い．直列数が多いと累積損失が増大
	パック-セル間バランス（単入力-多出力コンバータ）	コンバータ数が少ない	乏しい拡張性．回路設計が難しい
	パック-セル間バランス（複数の絶縁型コンバータ）	良好な拡張性	コンバータ数が多い
	任意セル間バランス回路	セル間での効率的なエネルギー授受	コンバータ数が多い．回路素子の電圧ストレスが高い
	セル選択式（パック-セル間）	コンバータ数が少ない	スイッチ数が多い
	セル選択式（エネルギー貯蔵デバイス）	コンバータ数が少ない．非絶縁コンバータを採用できる	スイッチ数が多い．2段階の電力変換
	バランス充電器	変圧器とバランス回路の一体化	低い充電効率．回路素子に大きな電流定格が必要

のバッテリに適します．しかし，パッシブ・セル・バランス方式と比べて回路が複雑で高コスト化する傾向にあるため製品の数は多くはありません．ただし，昨今ではセルの大容量化が進んでおり，バッテリ・エネルギーの有効活用への要求が高まっていることから採用例は増えつつあります．

　隣接セル間方式やパック-セル間（単入力-多出力コンバータ）方式は，セルの直列数が比較的少ないバッテリに適します．直列数が多いバッテリでは，隣接セル間方式はコンバータ数が増え，バケツ・リレー方式のエネルギー伝送に伴う累積損失が増加します．単入力-多出力コンバータを用いたパック-セル間方式ではコンバータ数を少なく（理想的には1つに）できますが，直列数の変更に柔軟に対応できず（乏しい拡張性），また直列数が多いと回路設計自体が難しくなります（詳細は第13章で解説）．

　アクティブ・セル・バランス方式のなかで，最も盛んに研究が行われているのがセル選択式バランス回路です．セル数に比例した数のスイッチが必要になりますが，ほかのアクティブ・バランス回路と比べてコンバータの数を劇的に減らせます．

　コンバータ数の削減効果は，直列数の多いバッテリにおいて特に顕著です．電気自動車などでは直列接続数が100近くにもなりますが，このような直列数の多いバッテリで隣接セル間方式やパック-セル間方式（複数の絶縁型コンバータ）を採用すると100個程度のコンバータが必要となり，コストやサイズが増大してしまいます．一方で，セル選択式バランス回路では，セルの直列数と同数のコンバータを準備する必要がないため，システムのコストとサイズを大幅に低減できます．

10-9　大規模システムに適するモジュール方式について

　前節で述べたように，各種のアクティブ・バランス回路は一長一短であり，特に直列数が多く規模の大きなバッテリに適用する場合には，いずれのバランス方式も課題に直面します．

　隣接セル間バランス回路（図10-7）であれば，コンバータ数と累積損失が大きくなります．パック-セル間バランス回路（図10-9）は，各コンバータの入力端子にバッテリ・パック全体の電圧がかかるため，回路素子の電圧ストレスが高くなります．セル選択式バランス回路（図10-12）においても，直列数が多くなるほど選択スイッチの電圧ストレスが高くなります．

　セルの直列接続数が多くなる大規模バッテリでは，モジュール構成を取るのが一般的です．複数のセルを直列（もしくは並列）に接続してモジュールを構成し，さら

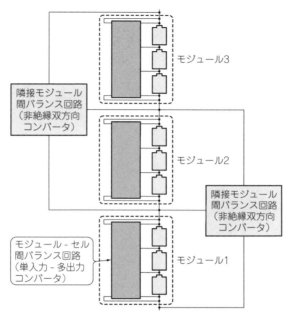

[図10-17] バッテリとバランス回路のモジュール化

にモジュールを直列接続することでバッテリ・パックを構成します．このようなモ
ジュール構成のバッテリでは，モジュール内でのセル・バランスを行うバランス回
路と，モジュール同士をバランスさせるモジュール・バランス回路を併用すること
で，前述の課題に対処できます．

　ここでは，3セル直列で構成されるモジュールを3台用い，合計9セル直列のバ
ッテリ・システムを構成する例について考えてみます．各モジュールではセル・バ
ランス回路としてモジュール-セル間バランス回路（単入力-多出力コンバータ）を，
モジュール用バランス回路として隣接モジュール間バランス回路をそれぞれ用いた
システムを図10-17に示します．モジュール-セル間バランス回路で各モジュール
内のセル・バランスを行うわけですが，この回路の入力端子にかかる電圧はモジュ
ールの電圧（3セル直列の電圧）です．隣り合うモジュール同士でバランスさせる隣
接モジュール間バランス回路の入出力電圧も，モジュール電圧相当です．このよう
に，モジュール内とモジュール間とで個別にセル・バランス回路を用いることで，
各回路に対する電圧ストレスを低く抑えられます．

セル・バランス回路に大きな電流容量は不要

　各種のバランス回路は，セルからエネルギーを奪う，セル同士でエネルギー授受を行う，セルとバッテリ・パックの間でエネルギーの授受を行う，などの方法でセル・バランスを行いますが，いずれの方法もセル・バランスの過程でバランス回路に電流が流れます．

　バランス電流の定義は回路方式によって若干異なりますが，セルから抵抗に向かって流れる電流や，コンバータからセルに向かって流れる電流などはバランス電流のわかりやすい例です．バランス電流が大きいほどセル・バランスのスピードは速くなり，短時間でセル電圧やSOCを均一化できます．しかし，大きなバランス電流を扱うためには，大きな電流容量の回路素子を用いる必要があるため，回路の大型化や高コスト化を招きます．

　通常の新品バッテリは，粗悪品でない限りはセルの特性はおおむねそろっており，電圧やSOCもおおむね均一化されていると考えられます．よほど悪い環境にバッテリを置かない限りは，電圧ばらつきはゆっくりと時間をかけて発生します．つま

Column(B)

バッテリだけじゃない…太陽電池のバランス回路

　リチウム・イオン・バッテリにおいてセル・アンバランスが問題となる根本的理由は「複数のセルを直列接続して使用する」という点にあります．このポイントを考慮すると，他種のデバイスを直列接続する場合にも類似の問題が発生し得るということが推測できます．

　例えば，汎用的な太陽電池パネルは2〜3個のサブストリング（複数セルの直列接続で構成される集合）の直列接続で構成されます．パネル上に部分的に影が発生した場合など，各サブストリングの特性が不均一化し，発電量が大幅に低下することが知られています(30%程度)．

　バランス回路を用いて，太陽電池パネルにおけるサブストリングの特性を均一化できます．特性均一化により，部分的な影が発生した場合の発電量低下を回避することができ，年間で5%程度の発電量向上を見込めることが報告されています[2]．ただし，蓄電デバイスであるバッテリとは違い，太陽電池は発電デバイスであるため，太陽電池には適さないバランス回路方式も多くあるので注意が必要です．

り，短時間でセル・バランスを行う必要性は高くなく，バランス回路は大きなバランス電流を扱えなくても問題は生じません．

　バランス回路はどの程度のバランス電流を目安に設計すればよいのでしょうか．文献[1]によると，実用的なバランス電流はバッテリ充放電電流の1/100～1/1000程度と言われています．この程度の電流を扱えるバランス回路を用いるだけで，実用時に徐々に生じるばらつきに対処できます．数十～数百Aで充放電が行われるバッテリであっても，バランス電流は数百mA～数Aで十分なのです．

　学術論文などではバッテリの充放電電流に対して，非常に大きなバランス電流を扱えるようバランス回路の設計を行っているケースが多数あります．しかし，これはバランス電流を大きくすることでバランス実験の時間短縮を狙ったものであり，実用的な電流値ではないことに注意する必要があります．

　ただし，充放電電流に対して1/100～1/1000程度のバランス電流というのは，あくまで通常の健全なバッテリを前提にしたものであり，粗悪品のバッテリについてはこの限りではありません．また，電気自動車などで使用済みとなったバッテリをリユースして大型定置用バッテリを再構築する用途などでは，そもそも「セルの特性がおおむねそろっている」という前提自体が成立しない可能性があります．このような場合は，ここで述べた値よりも大きなバランス電流を扱えるバランス回路が必要になると考えられます．

◆参考文献◆

(1) D. Andrea, Battery Management Systems for Large Lithium-Ion Battery Packs, Boston: Artech House, 2010, ch.3.2.3.3.
(2) C. Olalla, C. Deline, D. Clement, Y. Levron, M. Rodriguez, and D. Maksimovic, "Performance of power limited differential power processing architectures in mismatched PV systems," IEEE Trans. Ind. Electron., vol. 30, no. 2, pp. 618-631, Feb. 2015.

第11章

余剰エネルギーを消費させるシンプル方式

王道「パッシブ・バランス」回路

　リチウム・イオン電池セルを直列に接続して構成するリチウム・イオン・バッテリでは，セルの個体差によってセル電圧が徐々にばらつきます．

　セル電圧がばらつくと，一部のセルに過充電や過放電の恐れが生じるだけでなく，充放電エネルギーの低下やバッテリの加速的劣化など，さまざまな問題を引き起こします．これらの問題を回避するためには，セル電圧のばらつきを解消する「セル・バランス」が必要となります．

　前章ではさまざまなセル・バランスの方法について紹介しました．セル・バランスを実行するためにセル・バランス回路を用いますが，バランスの方法によって回路の中身は大きく異なります．

　多種多様な方法があるなかで，最も簡素で汎用的に用いられているのが，抵抗を用いてセルの余剰エネルギーを消費させるパッシブ・バランスです．

　パッシブ・セル・バランス回路は，モバイル機器や電動工具，さらには電気自動車用バッテリにまで採用されている王道的なバランス回路方式であり，多くのバッテリ・マネジメントICに標準的に採用されています．本章では，パッシブ・バランス方式の概念や回路構成，動作原理などについて解説します．

11-1　パッシブ・バランス回路の基本動作

● セルと抵抗を並列接続

　パッシブ・バランス手法には，大きく分けて2種類あります．図11-1のように単に抵抗とセルを並列接続しただけのものと，図11-2のように抵抗とスイッチのペアをセルと並列接続したものです．

　図11-1の回路の概念は抵抗分圧と同じです．直列接続したコンデンサの電圧分担を等しくしたい場合などに抵抗分圧を用いますが，それを電池に応用したもので

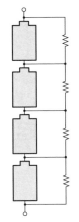

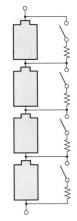

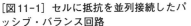

[図11-1] セルに抵抗を並列接続したパッシブ・バランス回路

[図11-2] セルに抵抗とスイッチを並列接続したパッシブ・バランス回路

す．電圧の高いセルほど抵抗に対して流す電流が相対的に大きくなり，電圧の低いセルは抵抗への電流が相対的に小さくなります．電圧に比例した電流が抵抗に流れ，次第にすべてのセルの電圧は等しくなる方向に変化します．分圧回路では，並列抵抗に流れる電流がセルの漏れ電流の10倍程度となるように抵抗値を決定します．

　非常に簡素な回路ですが，抵抗では常に損失が発生します．この損失を小さく抑えるためには高抵抗にせざるをえません．しかし，抵抗値に比例して時定数(抵抗値とセル容量の積)も大きくなるため，セル・バランスに要する時間が長くなります．また，バッテリ・パック全体が定電圧充電状態(電圧を一定に維持する充電)であれば，セルから並列抵抗への放電ぶんのエネルギーは充電器から補充されるので問題ありません．しかし，充電器から切り離された状態でバッテリを長期間放置すると，抵抗によってセルが0Vまで放電してしまう恐れがあります．

　電気2重層キャパシタ(EDLC；Electric Double Layer Capacitor)は0Vまで放電しても問題のないデバイスですが，リチウム・イオン電池は0Vまで放電すると過放電状態となってしまいます．以上のことを踏まえ，並列抵抗方式は小容量のEDLCモジュールなどに適した方法です．

● 抵抗とスイッチを用いて電圧の高いセルのエネルギーを消費させる

　図11-1の回路ではセルと抵抗が常に並列接続された状態なので，常に損失が生じるだけでなく，抵抗値を下げてバランス速度を速めることができません．

　そこで図11-2のように抵抗と直列にスイッチを挿入することで，これらの問題

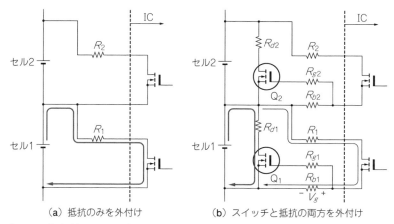

（a）抵抗のみを外付け　　　（b）スイッチと抵抗の両方を外付け

[図11-3] 抵抗バランス機能を備えたバッテリ・マネジメント IC によるセル・バランスのイメージ

を解決することができます．

　バランスが必要なときに，バランス対象のセルに対してのみスイッチを ON して抵抗でエネルギーを消費させます．平時ではセルと抵抗はスイッチで切り離された状態なので，バランス動作時以外で損失は生じません．また，抵抗値を下げてバランス電流（抵抗側に流れる電流）を大きくすることで，バランス速度を速めることができます．

　このパッシブ・バランス回路ではセルと同数のスイッチが必要になりますが，アクティブ・バランス回路と比較すると依然として回路構成はシンプルです．

　図11-2の回路は操作が簡単であり，かつ IC との相性の良さもあり，このパッシブ・バランス方式の機能を備えたバッテリ・マネジメント IC が多数販売されています．例として，16セル用バッテリ監視IC（bq76PL455A，テキサス・インスツルメンツ），3～6直列セル用バッテリ監視IC（bq76PL536A，テキサス・インスツルメンツ），12チャネル・マルチセル・バッテリ・スタック・モニタ（LTC6802-1，アナログ・デバイセズ）などがあります．

　ただし図11-3に示すように，多くの場合において抵抗は外付けする必要があります．図11-3（a）では R_1 と R_2，図11-3（b）では R_{d1} と R_{d2} がバランス用抵抗であり，ここではセル1のエネルギーを消費させる例を描いています．バランス電流が小さい場合は図11-3（a）のように抵抗のみを外付けし，IC内部のスイッチに電流を流します．ICの許容値よりも大きなバランス電流を流す必要がある場合は，図11-3（b）のようにスイッチと抵抗の両方を外付けします．

● パッシブ・バランス回路の理想特性はツェナー・ダイオード

図11-2のパッシブ・バランス回路にはさまざまな制御方法がありますが、最も一般的なのはバランス電圧とセル電圧の比較に基づいてスイッチを操作する方法です.

パッシブ・バランス回路の概念構成として、2セル直列バッテリ用のパッシブ・バランス回路を図11-4に示します. 充電電流I_{cha}でバッテリを充電する際において、あらかじめ決められた閾値V_{eq}(バランス電圧)をセル電圧が上回った際にスイッチをONします. ここでは、R_aとR_bで分圧した値を基準電圧V_{ref}と比較してスイッチを操作するので、$V_{eq} = (R_a + R_b)V_{ref}/R_a$です. 電流制限抵抗($R_1$および$R_2$)にはバランス電流$I_{eq}$が流れるため、セルの電流$I_{cell}$は$I_{cha}$よりも小さくなります.

セル電圧がV_{eq}を上回る間は$I_{cell} = I_{cha} - I_{eq}$でセルの充電が継続されるため、$V_{eq}$を上回る電圧までセルは充電されます. パッシブ・バランス回路動作時におけるバッテリ全体のふるまいは、充電器の定電流-定電圧(CC-CV；Constant Current-Constant Voltage)充電特性も寄与する複雑なものとなります.

話を簡単にするために、バランス回路が$I_{eq} = I_{cha}$で動作できるものとして、原理について解説します. 充電器からの充電電流I_{cha}を完全にバランス回路側に迂回させ、セル電圧がV_{eq}を上回らないようトランジスタが線形領域で動作します. これは、バランス回路が等価的に理想ツェナー・ダイオードとしてふるまうことを意味します(図11-5). このように充電電流をバランス回路側に完全に迂回できるものを、充電電流バイパス回路と呼ぶこととします.

充電電流バイパス回路を用いたセル・バランスのイメージを図11-6に示します.

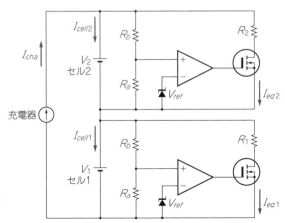

[図11-4] 2セル直列バッテリ用
パッシブ・バランス回路の構成

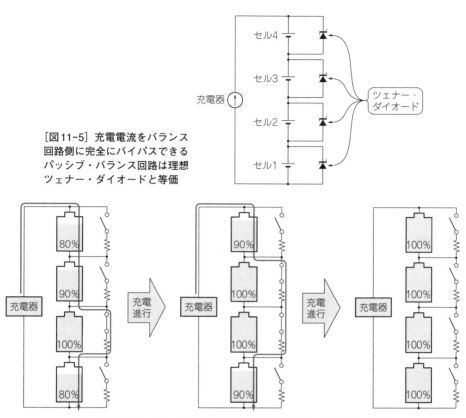

[図11-5] 充電電流をバランス
回路側に完全にバイパスできる
パッシブ・バランス回路は理想
ツェナー・ダイオードと等価

セル4
セル3
セル2
セル1

充電器

ツェナー・
ダイオード

80%
90%
100%
80%

充電器

充電
進行

90%
100%
100%
90%

充電器

充電
進行

100%
100%
100%
100%

充電器

（a）電圧（SOC）の高いセルに対する充電電流をバイパス回路に迂回させる

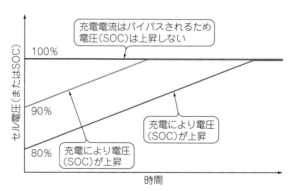

充電電流はバイパスされるため
電圧（SOC）は上昇しない

100%

90%

80%

充電により電圧
（SOC）が上昇

充電により電圧
（SOC）が上昇

セル電圧（またはSOC）

時間

（b）セル・バランスのイメージ

[図11-6] 充電電流バイパス方式を用いたセル・バランス
SOC；State of Charge

セルの初期電圧がばらついた状態からバッテリを充電する場合のイメージを表しています．電圧がV_{eq}に達したセルについては，充電器からの充電電流はバランス回路側に流れるため，電圧はV_{eq}で一定となります．一方で，電圧がV_{eq}以下のセルに対しては充電電流が流れるため，セル電圧は上昇します．つまり，電圧がV_{eq}以下のセルに対してのみ充電が行われます．最終的に，すべてのセル電圧がV_{eq}に達することで，すべてのセルがバランスします．

11-2　最小構成で実験確認

● 充電電流バイパス方式の実際

図11-6では，パッシブ・バランス回路は等価的にはツェナー・ダイオードであり，充電電流をバランス回路側に完全に迂回（バイパス）できるものとして説明しました．しかし，実際には迂回できる電流には限度があります．

例として，図11-4にてセル1に対する充電電流を完全に迂回（$I_{eq1}=I_{cha}$）するときの動作について考えます．単純化のため，トランジスタの電圧降下はゼロと仮定します．このとき，電流制限抵抗はセル1と並列接続された状態なので，抵抗では$V_1 \times I_{cha}$の大きな発熱となります．よって，通常は充電電流を完全に迂回させることはできません．

前章で解説しましたが，一般的にバランス電流はバッテリ充放電電流の$1/100$～$1/1000$程度に設定されます．つまり，実際のパッシブ・バランス回路におけるI_{eq}はI_{cha}の$1/100$～$1/1000$程度ということになります．充電電流を完全に迂回できないので，一時的にV_{eq}を上回る電圧までセルは充電されます．

● 2セル直列バッテリを用いたパッシブ・バランス回路の実験

図11-4と同じく，2セル直列のリチウム・イオン電池に対してパッシブ・バランス回路を用いて充電実験を行いました．容量が2000 mAhの電池に対して，$I_{cha}=$ 200 mA（0.1C相当），充電電圧$V_{cha}=7.94$ V（セル当たり3.97 V）の条件で，初期電圧をばらつかせた状態からCC-CV充電を行いました．パッシブ・バランス回路のバランス電圧V_{eq}は3.975 V，バランス電流I_{eq}は最大100 mA（I_{cha}の半分）となるようにスイッチを線形領域で動作させました．

実験結果を図11-7に示します．システム全体の動作は，大きく4つの期間A～Dに分けて考えることができます．各期間中の代表的な時間（T_A～T_D）における動作を図11-8に示します．

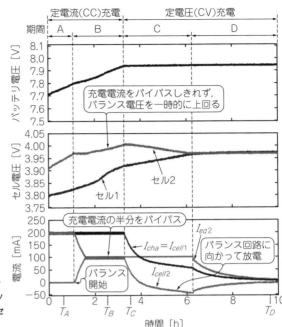

定電流(CC)充電　　　定電圧(CV)充電

期間　A　B　C　D

充電電流をバイパスしきれず，
バランス電圧を一時的に上回る

セル2

セル1

充電電流の半分をバイパス

I_{eq2}

$I_{cha} = I_{cell1}$

バランス回路に
向かって放電

バランス
開始

I_{cell2}

T_A　　T_B T_C　　　　　　　　T_D

時間 [h]

[図11-7] 2直列のリチウム・
イオン電池セルに対する，パッ
シブ・バランス回路を用いたセ
ル・バランス実験結果

▶期間A[図11-8(a)]

両方のセル電圧がV_{eq}よりも低い状態です．2セルとも200 mAでCC充電され（I_{cell1} = I_{cell2} = 200 mA），セル電圧が上昇します．セル2の電圧V_2がV_{eq} = 3.975 Vに到達すると，期間Bに移行します．

▶期間B[図11-8(b)]

V_2がV_{eq}を上回った状態です．セル2に対するバランス電流I_{eq2}が流れます．I_{cha} = 200 mAのうち100 mAがバランス回路側に流れるため，I_{cell2}は100 mAまで低下します．これによりV_2の上昇スピードは緩やかになりますが，V_{eq}を上回る電圧まで充電されます．この実験では，V_2は最大で4.01 Vまで上昇しています．I_{cell1}については200 mAのままです．

▶期間C[図11-8(c)]

バッテリ全体の電圧が7.94 Vに到達し，充電器がCV充電に移行した状態です．CV充電ではI_{cha}が徐々に絞られます．一方，V_2は依然としてV_{eq}（= 3.975 V）よりも高い状態なので，I_{eq2} = 100 mAが流れ続けます．

I_{cha} = I_{cell2} + I_{eq2}より，I_{cha}が絞られるとI_{cell2}が低下します．I_{cha}が100 mAを下回るとI_{cell2}は負の値となり，セル2は放電状態となります．つまり，期間Cの途中か

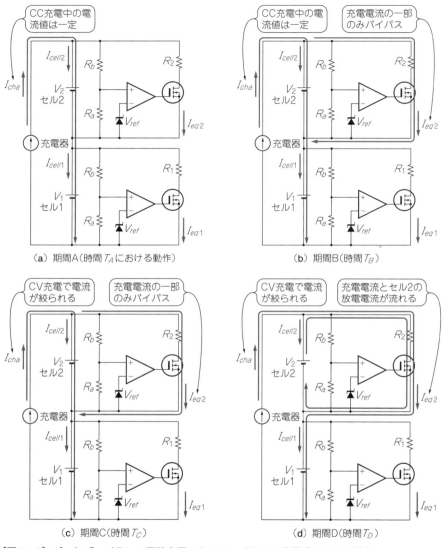

(a) 期間A（時間 T_A における動作）　　　　（b）期間B（時間 T_B）

(c) 期間C（時間 T_C）　　　　（d）期間D（時間 T_D）

[図11-8] パッシブ・バランス回路を用いたセル・バランス実験時における動作

らセル2は放電することになります.

▶期間D[図11-8(d)]

V_2 が V_{eq} まで低下した状態です. I_{eq2} は低下していき，最終的に0に漸近します．期間Cから引き続き充電器はCV充電状態なので，I_{cha} も最終的に0にまで絞られま

す．$I_{cha} = I_{cell2} + I_{eq2}$ より，バランス回路側にはI_{cha}とセルの放電電流の和が流れます．

　以上の一連の動作により，セル2は最終的にV_{eq}の電圧で落ち着きますが，途中過程(期間BとC)で一時的にV_{eq}を上回って充電されます．場合によってはセルが一時的に過充電状態になる可能性があります．

　この実験ではセルの初期電圧を極端にばらつかせた状態から充電を行ったため，V_2がV_{eq}を一時的に大きく上回る結果となりました(セルあたりのCV充電電圧3.97 Vに対し，期間Bの末期に最大で4.01 Vまで充電)．しかし，実際のバッテリではここまで大きな電圧ばらつきは生じないので，V_{eq}を大きく上回る可能性は高くないと考えられます．

11-3 ┃ 市販されているパッシブ・バランス付きバッテリ・マネジメント基板

● 汎用BMS(バッテリ・マネジメント・システム)のパッシブ・セル・バランス回路

　単セル用BMSではセル・バランス機能は不要ですが，直列セル用ではパッシブ・セル・バランス機能を有する製品が多く販売されています．高機能のBMSは外部通信機能なども有します．

　過電圧保護と過電流保護，パッシブ・セル・バランス機能のみをもつBMS構成の一例を図11-9に示します．図11-4では，セル・バランス時はV_{eq}となるようスイッチを操作するものとして説明しましたが，実際のBMSではヒステリシスを設けてスイッチを駆動します．

● バッテリ・マネジメント・システム基板の実物

　パッシブ・セル・バランス機能を有するBMSの製品例を写真11-1に示します．

　写真11-1(a)は13セル直列用で，最大電流が35 AのBMSです．セルごとに保護用ICとバランス用ICが用いられています．基板表面に2組のMOSFETがドレイン端子を共通に逆直列されているのがわかります．保護用IC(DW01，Fortune Semiconductor)でセル電圧を監視し，過電圧が検出された際に保護スイッチを遮断します．DW01の過充電保護電圧は4.3 V(4.1 Vでリセット)，過放電保護電圧は2.4 V(3.0 Vでリセット)です．基板裏面には2並列のチップ抵抗(合成抵抗100Ω)，MOSFET，バランス用IC(HY221，HYCON Technology)で構成されるパッシブ・バランス回路が実装されています．

　HY2213-BB3Aではセル電圧が4.2±0.025 Vを上回るとMOSFETをONしてバランスを行い，4.19±0.035 Vを下回るとMOSFETをOFFします．バランス回路の抵

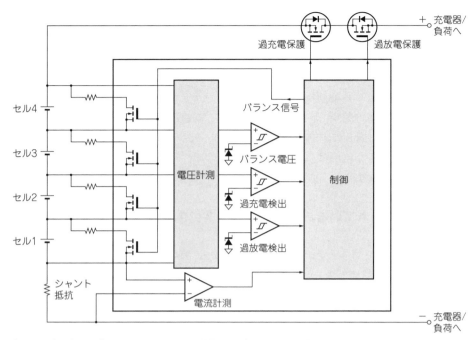

[図11-9] パッシブ・セル・バランス，過電圧保護，過電流保護機能をもつBMS構成の一例

抗値は100Ωなので，バランス電流は42 mA程度です．

写真11-1(b) は6セル直列用BMSです．このBMSで用いられているバッテリ監視IC（CW1073, CellWise Microelectronics）は過電圧保護，過電流保護，パッシブ・バランス機能を備えています．ただし，バランス回路部のスイッチと抵抗は外付け部品を用いています．

● **バランス実験**

写真11-1(a) のBMSのパッシブ・セル・バランス回路を用いて，13セル直列のリチウム・イオン・バッテリ（容量2000 mAh）に対してバランス実験を行いました．満充電状態のバッテリにおいてセル電圧を意図的にばらつかせ，外部充電器を用いて充電電圧 $V_{cha} = 54.6$ V（セルあたり4.2 V）でCV充電を行いながらセル電圧を観察しました．

結果を**図11-10(a)** に示します．期間1では，一部のセルがバランス電圧（$V_{eq} \fallingdotseq$ 4.2 V）を上回っていますが，バランス回路によってゆっくりとバランスされていく

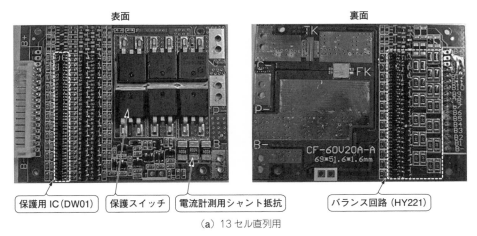

保護用 IC（DW01）　保護スイッチ　電流計測用シャント抵抗　　　バランス回路（HY221）

（a）13 セル直列用

電流計測用シャント抵抗　　保護スイッチ　　バッテリ監視 IC　　　バランス回路
　　　　　　　　　　　　　　　　　　　　　（CW1073）　　　（抵抗とスイッチ）

（b）6 セル直列用

[写真 11-1] パッシブ・バランス回路を含むバッテリ・マネジメント・システム製品の例

ようすが確認できます．図 11-10（b）はバランス回路動作時のサーモグラフィです．
V_{eq} を上回るセルに対するバランス回路部分が発熱しているようすが確認でき，温
度は70 ℃を超えました．期間2ですべてのセル電圧は一定となりましたが，40 mV
程度のばらつきが残留しています．期間3で外部充電器をOFF（バッテリは開放状
態）すると，バランス回路により電圧ばらつきは20 mV程度まで減少しました．

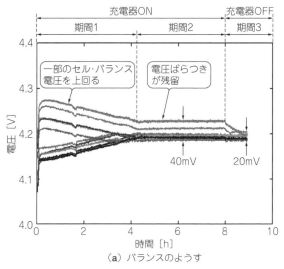

（a）バランスのようす

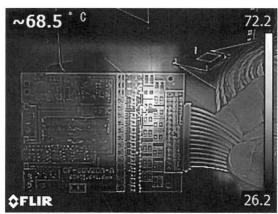

（b）バランス回路のサーモグラフィ

[図11-10] パッシブ・バランス回路を含んだBMSによるセル・バランス実験

● パッシブ・セル・バランス回路でバランスさせるための条件

期間2で比較的大きなばらつきが残留した理由は，セル電圧がV_{eq}ではなくV_{cha}で決定されたためです．理想的にバランスされる場合，$V_{cha}=54.6$ Vをセル数13で割ったもの，つまり4.2 Vが各セルの電圧となり，これがバランス電圧V_{eq}と等しくなります．しかし，実験で用いたBMSは$V_{eq}≒4.2$ Vであり誤差を含みます（実際

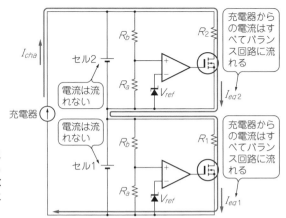

[図11-11] パッシブ・バランス回路でセル電圧をバランスさせるには充電器からの電流I_{cha}がすべてバランス回路側に流れるようにする

図中ラベル:
充電器からの電流はすべてバランス回路に流れる
電流は流れない
I_{cha}
R_b
R_2
セル2
R_a
V_{ref}
I_{eq2}
充電器
充電器からの電流はすべてバランス回路に流れる
電流は流れない
R_b
R_1
セル1
R_a
V_{ref}
I_{eq1}

の平均値はV_{eq}（<4.2 V）．よって，次の式が成立します．

$$\frac{V_{cha}}{n} = V_{ave} > V_{eq} \quad\cdots\cdots\cdots\cdots\cdots\cdots\cdots\cdots\cdots\cdots\cdots\cdots (1)$$

ここで，nはセル数，V_{ave}はセルの平均電圧です．この式は，最低でも1つ以上のセルがV_{eq}よりも高い電圧になることを意味します．

図11-10(a)では，主に初期電圧の高いセル電圧が期間2においてV_{eq}よりも高い電圧となっています．期間3で充電器をOFFすると，これらのセル電圧はV_{eq}まで低下します．つまり，期間3では，V_{eq}によってセル電圧が決定されています．

この結果より，充電電圧V_{cha}ではなくバランス電圧V_{eq}でセル電圧が決定されるようにすれば，電圧ばらつきを解消できることがわかります．**図11-10**(a)では，V_{ave}がV_{eq}を上回る条件で一旦充電した後に充電器をOFFすることでセル・バランスを行いました．要はすべてのセルのバランス回路が動作し，かつ，充電器からの電流がセルに流れない状態を作り出すことができれば，V_{eq}の電圧でセルをバランスさせることができます．言い換えると，**図11-11**のように充電器からの電流I_{cha}をすべてバランス回路側に流す，つまり$I_{cha} = I_{eq}$となるよう充電を行えばよいわけです．

I_{eq}の最大値I_{eqmax}は電流制限抵抗とV_{eq}で決定されるため，セル・バランスを行う場合は次の式で表されるようにI_{cha}をI_{eqmax}よりも小さな値に設定しつつ，充電器がCV充電とならないようV_{cha}を設定します．

$$I_{eqmax} > I_{cha} \quad\cdots\cdots\cdots\cdots\cdots\cdots\cdots\cdots\cdots\cdots\cdots\cdots\cdots\cdots\cdots (2)$$

$$V_{cha} > nV_{eq} \quad\cdots\cdots\cdots\cdots\cdots\cdots\cdots\cdots\cdots\cdots\cdots\cdots\cdots\cdots\cdots (3)$$

図11-10(a)の実験における$I_{eq\max}$は42 mA($V_{eq}=4.2$ V, 電流制限抵抗100Ω)なので, I_{cha}を42 mA以下に設定すればよいということになります. ただし, これらの条件はあくまでセル・バランスを行う場合(V_{eq}でセル電圧が決定される)の条件です. 通常のCC-CV充電を行う場合はV_{cha}でセル電圧が決定されるよう, $V_{cha}\leqq nV_{eq}$とします.

● さらに…電気2重層キャパシタに対するパッシブ・セル・バランス

パッシブ・セル・バランス回路は, 電気2重層キャパシタ(EDLC)用のバランス回路としても広く用いられています. 写真11-2のEDLCモジュールは, 6セル直列構成($n=6$)で, パッシブ・バランス回路($V_{eq}\fallingdotseq2.53$ V, $I_{eq\max}\fallingdotseq1.5$ A)を内蔵しています. このモジュールに対して, 初めに, セル・バランスしない条件[$V_{cha}=15.0$ V, $I_{cha}=2.0$ A, 式(2)と式(3)を満足しない]で充電し, 最終的にバランスを達成可能な条件[$V_{cha}=15.3$ V, $I_{cha}=0.5$ A, 式(2)と式(3)を満足する]に変更して実験を行いました.

充電実験の結果を図11-12に示します. 期間a～cでの充電器の条件は$V_{cha}=15.0$ V, $I_{cha}=2.0$ Aです. 期間aでは, 初期電圧がばらついた状態からすべてのセルが2.0 Aで充電され, セル電圧は上昇しました[図11-8(a)に相当]. 期間bは, 一部のセル電圧が$V_{eq}=2.53$ Vを上回っている状態です. 電圧がV_{eq}を上回るセルに対するバランス回路が作動し始めますが, $I_{cha}>I_{eq}$のためセルに電流が流れ続け

上面にバランス回路が取り付けられている

[写真11-2] パッシブ・バランス回路を内蔵した電気2重層キャパシタ・モジュール(パワーシステム)

ます[図11-8(b)に相当]．これにより，一部のセルはV_{eq}を上回る電圧まで充電されます．

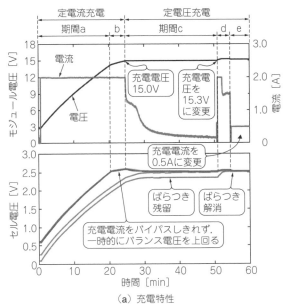

（a）充電特性

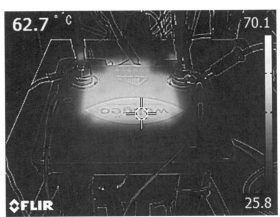

（b）モジュール表面のサーモグラフィ
（バランス回路動作中，期間b）

[図11-12] 電気2重層キャパシタ・モジュールに対する充電電流バイパス回路を用いたパッシブ・セル・バランス実験結果

モジュール全体の電圧が15.0 Vに到達する期間cでは，充電器がCV充電に移行し，I_{cha}が絞られます．電圧がV_{eq}を上回っていたセルはバランス回路に放電することで電圧が低下し[図11-8(c)に相当]，最終的にV_{eq}と同じ2.53 Vで落ち着きます．$V_{eq} = 2.53$ Vに対して$V_{cha} = 15.0$ Vなので，期間cでは次の式が成立します．

$$\frac{V_{cha}}{n} = V_{ave} < V_{eq} \cdots\cdots\cdots\cdots\cdots\cdots\cdots\cdots\cdots\cdots\cdots\cdots\cdots\cdots\cdots\cdots\cdots\cdots\cdots\cdots (4)$$

セルの平均電圧V_{ave}がV_{eq}よりも小さく，最低でも1つ以上のセルがV_{eq}よりも低い電圧までしか充電されないことを意味します．実際，図11-12(a)より，一部のセルは2.5 Vよりも低い電圧までしか充電されていないことが確認できます．

次に，期間dでは$V_{cha} = 15.3$ Vに増加させ，式(3)が成立する条件に変更しました．期間cよりもばらつきは小さくなりましたが，依然としてばらつきが残留しています．図11-10のところでも述べましたが，式(3)が成立する場合は，1つ以上のセルがV_{eq}よりも高い電圧まで充電されてしまうためです．

期間dにおけるモジュール表面のサーモグラフィを図11-12(b)に示します．モジュールに内蔵されているバランス回路のヒートシンクが発熱しているようすがわかります．

最後に，期間eで$I_{cha} = 0.5$ Aとし，式(2)が成立するよう充電条件を変更しました．すべてのセルに対してバランス回路側のみに電流が流れている状態です（図11-11に相当）．すべてのセル電圧はおよそ2.53 Vとなり，電圧ばらつきは十分に解消されました．

11-4 | 最低電圧セルに合わせたパッシブ・バランス

● 「下」に合わせたセル・バランス

ここまで説明してきたパッシブ・セル・バランスは，充電時において電圧がバランス電圧V_{eq}に到達したセルのエネルギーを消費させてセル・バランスを行うものでした．パッシブ・セル・バランス回路は，充電時以外においても電圧の高いセルのエネルギーを消費させてバランスさせることができます．

バッテリ・パックが開放状態において，パッシブ・セル・バランス回路でバランスさせた場合のイメージを図11-13に示します．

電圧（もしくはSOC）の高いセルに対してスイッチをONして，エネルギーを消費させて低いセルに合わせてセル・バランスを行います．図11-6(b)は上の電圧（V_{eq}）に合わせたセル・バランスであるのに対し，図11-13(b)は下に合わせたセル・バ

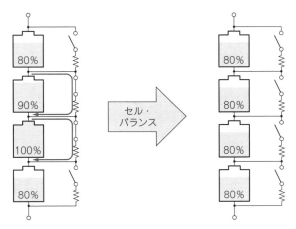

(a) 電圧(SOC)の高いセルのエネルギーを抵抗で消費させる

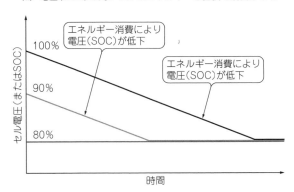

(b) 電圧(SOC)の低いセルに合わせてセル・バランス

[図11-13] 抵抗とスイッチを用いたバランス回路の動作イメージ

ランスです.

● **内部インピーダンスでの電圧降下の影響**

図11-13(b)は,セルの内部インピーダンスを無視した理想的なバランス特性を描いたものです.しかし,実際の電池では放電時においてインピーダンスによる電圧降下が生じます.

電圧の高いセルを放電させてセル・バランスを行うわけですが,図11-13(a)からもわかるようにセル・バランス中は開放状態のセルと放電中のセルが混在した状態

となります．つまり電圧降下によって，本来の電圧が高いセルの端子電圧が開放状態のセル電圧を下回る状況が発生します（**図11-14**参照）．よって，セル電圧の単純な比較に基づいたスイッチ操作では，うまくセル・バランスを行うことができません．

開放状態のバッテリ・パックでパッシブ・セル・バランスを行うためには，電圧降下の影響を受けない開放状態で電圧比較を行う，もしくは電圧降下を補正したうえで電圧を比較してスイッチを操作する必要があります．

前者ではバランス対象のセル（エネルギーを消費させるセル）を定期的に開放状態にすることで，すべてのセルの開放電圧を比較したうえでスイッチを操作します．比較的簡単な制御でセル・バランスを行うことができますが，定期的にセルの放電

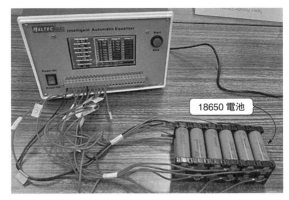

（a）実験のようす

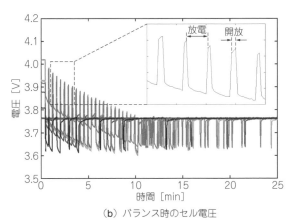

（b）バランス時のセル電圧

［図11-14］2500 mAhの18650電池を用いたセル・バランス実験

を停止して開放状態にしなければいけないため，バランスの速度は遅くなります．

　それに対して，後者の方法（電圧降下を補正）はセルの放電を停止する必要がないため，バランス速度を高めることができます．しかし，電圧降下を補正するためにはセルの内部インピーダンスを何らかの手段により知る必要があります．内部インピーダンスは温度やSOC，さらには劣化によって大きく変化するため，内部インピーダンスをリアルタイムで測定もしくは推定する必要があります．

● バランス装置を用いた実験結果

　パッシブ・セル・バランス回路の製品例（Heltec BMS）を**写真11-3**に示します．

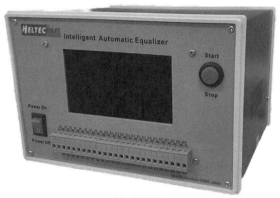

（a）装置外観

（b）内部（セメント抵抗とリレーがセルごとに設けられている）

[**写真11-3**] **24セル直列用パッシブ・セル・バランス回路の製品**（Heltec BMS）

2～24セル直列用の装置で，セルごとにセメント抵抗とリレーが取り付けられています．電圧の高いセルのエネルギーをセメント抵抗で消費させてセル・バランスを行います．この装置は，定期的にセルを開放状態にしてセル電圧を比較し，リレーを操作してセル・バランスを行うタイプのものです．

　容量が2500 mAhの18650電池を用いた12セル直列のバッテリに対し，この装置を用いてセル・バランスを行った結果を**図11-14**に示します．電圧の高いセルが周期的に放電状態と開放状態を繰り返していることがわかります．ただし，放電状態から開放状態に切り替えても拡散の影響によりセル電圧はすぐには落ち着かず，時間をかけてゆっくりと変化します（数分程度）．

　図11-14(b)では，実験開始後10分過ぎにはセル電圧は概ねバランスされていますが，その後も散発的に放電が繰り返されているのが確認できます．これは，開放状態でセル電圧がゆっくりと回復するので，ある程度の時間が経過しないと電圧ばらつきが拡大しないためです．

第12章

アクティブ方式で最も汎用的
小規模向け「隣接セル間バランス」回路

前章で解説したパッシブ・セル・バランス回路は，リチウム・イオン電池セルの余剰エネルギーを抵抗で消費させてセル・バランスを行うものでした．しかし損失と発熱が大きく，エネルギー有効利用の観点で最適な方法とは言えません．近年ではセルの大容量化やバッテリ・パックの大型化が進むとともに，低損失なアクティブ・バランス回路が開発されています．

本章では，アクティブ・バランス回路として最も汎用的な方式である「隣接セル間バランス回路」について解説を行います．

12-1 隣り合うセル同士でエネルギー授受を行う隣接セル間バランス回路

● 非損失セル・バランスの代表的な方法「隣接セル間バランス」

パッシブ・バランス方式では回路動作時に損失が発生するため，バッテリ・エネルギーの有効利用の観点で改善の余地があります．また，動作時に比較的大きな発熱を伴うため，これを適切に処理する必要があります．とくに，大容量/大規模のバッテリ・パックでは損失や発熱の問題は顕著となります．一方で，セルとセルの間でエネルギー授受を行うことでセルをバランスさせるアクティブ・バランス回路は，バッテリ・エネルギーの有効利用や発熱量低減の観点で優位です．

第10章で解説したように，アクティブ・バランス回路といってもさまざまな方式があります．そのなかで最も代表的なのが，**図12-1**(a)に示す隣接セル間バランス方式です．隣り合うセルとセルの間に非絶縁型双方向コンバータを設け，隣り合うセルの間でエネルギー授受を行います．**図12-1**(b)のように，電圧もしくは充電状態(SOC；State of Charge)の高いセルから低いセルへとエネルギーが受け渡されることで，最終的にすべてのセル電圧やSOCは均一となります．

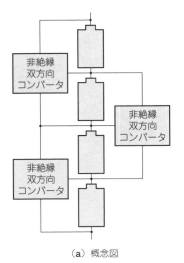

（a）概念図

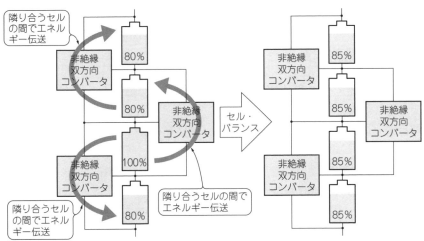

（b）隣り合うセルとセルの間でエネルギー授受を行うことでセル・バランス

［図12-1］ **小規模バッテリに向く構成…隣接セル間バランス回路**

● 隣接セル間バランス回路の長所…回路単体の簡素性と良好な拡張性

　ほかの種類のアクティブ・バランス回路と比較した際の隣接セル間バランス回路
の長所は，何といっても回路単体の簡素性です．後述しますが，隣接セル間バラン
ス方式では，動作原理や回路構成が簡素な非絶縁双方向コンバータを用います．回
路単体としてはパワー・エレクトロニクスの教科書にも載っているようなシンプル

なコンバータであり，設計も比較的容易です．

　隣接セル間バランス方式は拡張性にも優れます．**図12-1**は4セル直列で構成されるバッテリの例でしたが，バッテリの仕様変更などによって直列接続数に変更が生じた場合，セル数に合わせて双方向コンバータの数を調節することで柔軟に対応することができます．例として，4セル直列のバッテリから3セル直列や5セル直列構成に変更する際のイメージを**図12-2**に示します．3セル直列へとセル数が減少する場合にはコンバータを1つ取り除くことで対応できます．5セル直列へとセル数が増加する場合はコンバータを1つ追加します．いずれのケースでもコンバータ自体の設計に変更はなく，同じ回路構成です．つまり，コンバータ単体の設計は固定化しつつ，セル直列数に変更が生じた際にはコンバータの個数を変更することで，直列数の異なるバッテリにも柔軟に対応することができます．

● 隣接セル間バランス回路の短所…コンバータの個数と累積損失
▶セル数に比例するコンバータの個数が必要
　図12-1や**図12-2**から明らかなように，隣接セル間バランス方式ではセル数に比例した複数個の非絶縁双方向コンバータが必要となります．**図12-2**より，例えば3セル直列の場合はコンバータは2個，4セル直列では3個，5セル直列になると4個といった具合に，セル数に比例してコンバータの数も増えます．バッテリにおけるセル直列数が少ない場合はコンバータの数も少ないため，特に問題にはなりません．しかし，直列数が増えるほどコンバータの数が増えるため，それに伴い回路のサイズやコストも増加してしまいます．
▶バケツ・リレーによるエネルギー伝達の累積損失
　隣接セル間バランス方式は，隣り合うセルとセルの間でエネルギー授受を行う方式なので，バケツ・リレーに例えることができます．セルが人，水がエネルギーです．バケツ・リレーでは隣り合う人と人の間で水の受け渡しを行うわけですが，受け渡しの際には多少の水がこぼれてしまいます．これは，コンバータにおける電力変換損失に相当します．

　バケツ・リレーで経由する人の数が増えれば増えるほど，こぼれる水の量は増えます．隣接セル間バランス方式でも同様に，エネルギー授受の過程でコンバータを経由する回数が増えれば増えるほど合計損失（累積損失）は増えます．エネルギーが経由するコンバータの数は，セルの直列数に比例します．例えば，**図12-1**(a)の4直列の例では，一番下のセルから一番上のセルへとエネルギーを伝送する場合，コンバータを3回経由します．

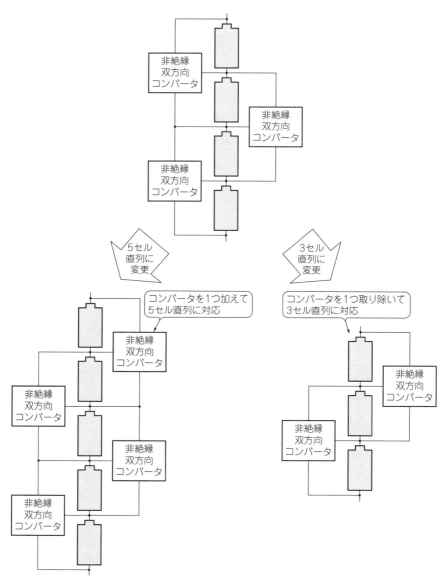

［図12-2］ 4セル直列から3セル直列や5セル直列に変更する際のイメージ

　隣接セル間バランス方式で用いられる非絶縁双方向コンバータ単体の電力変換効率は80～90 %程度です．よって，コンバータを3回経由すると，総合的な効率は

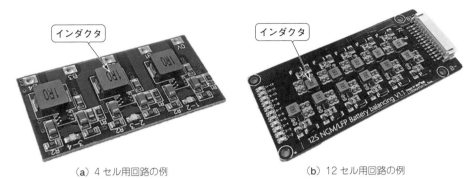

(a) 4セル用回路の例　　　　　　　　　　　(b) 12セル用回路の例

[写真12-1] 隣接セル間バランス回路(昇降圧チョッパ方式)はセル数が多くなるほど部品点数が多くなる難点がある

51～73 ％にまで低下してしまいます．直列数が増えれば増えるほど総合的な効率は低下してしまうため，直列数の多いバッテリには最適な方式ではありません．

　隣接セル間バランス回路の製品例(minmetals社)を**写真12-1**に示します．これらのバランス回路は，後述する昇降圧チョッパを双方向コンバータとして用いた回路です．**写真12-1**は，4セル用と12セル用のバランス回路です．それぞれ3個と10個のインダクタが回路に実装されています．セル数が増えるほど部品点数は多くなり，回路が大型化するであろうことがわかります．

12-2 隣接セル間バランスに求められる極性反転式の非絶縁双方向コンバータ回路

● 方式①…昇降圧チョッパ回路

　隣接セル間バランス方式では非絶縁型の双方向コンバータを用いますが，双方向コンバータであれば何でもよいというわけではありません．直列接続されたセルとセルの間で双方向コンバータを経由してエネルギー授受を行うためには，双方向コンバータの入出力電圧の極性を反転させる必要があります．

　パワー・エレクトロニクスで最も一般的な非絶縁型コンバータとして，降圧チョッパ，昇圧チョッパ，昇降圧チョッパ，の3つの回路が知られています．このうち，降圧チョッパと昇圧チョッパは入力電圧と出力電圧の極性は反転しないので，隣接セル間バランス回路として用いることができません．それに対して，昇降圧チョッパは入出力電圧の極性が反転する極性反転式のコンバータなので，隣接セル間バランス回路として採用することができます．

　電圧がそれぞれV_1とV_2である2つのセルの間に双方向昇降圧チョッパを設けた

例を図12-3(a)に示します．Lはインダクタ，C_1とC_2は平滑コンデンサです．Q_HとQ_LのMOSFETと並列接続されるダイオードはボディ・ダイオードを表しています．V_1のプラス側とV_2のマイナス側が接続されているので，これら2つのセルは直列接続された状態です．V_2側を入力，V_1側を出力と仮定すると，図12-3(a)の回路の入力電圧と出力電圧は極性が逆なので，極性反転型コンバータが必要となることがわかります．

　インダクタを用いた非絶縁の極性反転型コンバータとして，図12-3(b)に示すCuk(チューク)コンバータを用いることもできます．しかし，昇降圧チョッパと比べて部品点数が多くなるため，セル・バランス回路に採用されることは稀です．

● 方式②…スイッチト・キャパシタ・コンバータ回路

　図12-3(c)のスイッチト・キャパシタ・コンバータ(SCC；Switched Capacitor Converter)は，昇降圧チョッパと並んで隣接セル間バランス方式で頻繁に用いられる回路方式です．昇降圧チョッパと比べるとスイッチの数が増えますが，インダクタが不要になるため回路の小型化に適します(一般に，インダクタよりもコンデンサのほうが同じエネルギーあたりのサイズは小さい)．図12-3(d)に示すように，SCCにおけるコンデンサと直列にインダクタを追加して共振動作を取り入れた共振型SCCを用いることもできます．回路中の電流が正弦波状となるため，ソフト・スイッチングによりスイッチング損失を低減することができます．しかし，バランス回路の入出力電圧はせいぜい4V程度(セル電圧相当)なので，スイッチング周波数をよほど高周波化しない限りはソフト・スイッチングによる損失低減効果は限定的です．

　図12-3で示した回路以外にも，極性反転式の非絶縁双方向コンバータであれば隣接セル間バランス回路として用いることができます．しかし，コストやサイズなどの観点から総合的に判断すると，図12-3(a)の昇降圧チョッパと図12-3(c)のSCCの2択となります(ただし，セル単位ではなくモジュール単位でバランスを行う目的の場合などは入出力電圧が高くなるため，ほかの回路方式の優位性が高まる)．よって，以降では昇降圧チョッパならびにSCCを用いた隣接セル間バランス回路の動作について解説します．

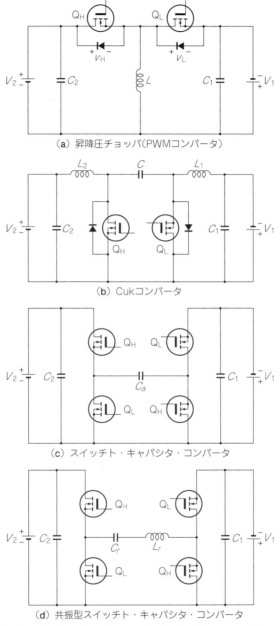

（a）昇降圧チョッパ（PWMコンバータ）

（b）Cukコンバータ

（c）スイッチト・キャパシタ・コンバータ

（d）共振型スイッチト・キャパシタ・コンバータ

[図12-3] 入出力電圧の極性が反転する非絶縁型双方向コンバータの例

● 4セル直列バッテリ用の回路構成

4セル直列で構成されるバッテリに対して，昇降圧チョッパ方式のバランス回路を設けた例を**図12-4**に示します．ここでは図を簡略化するため，平滑コンデンサ（**図12-3**におけるC_1とC_2）は省略しています（実際には各セルと平滑コンデンサが並列接続される）．4つのセルに対して3つの昇降圧チョッパを用います．

3つの昇降圧チョッパの動作原理は同じなので，図中の破線で囲った部位に着目して解説します．ここでは，4つのセル電圧の関係は$V_1 < V_2 < V_3 < V_4$であるものとします．

● 昇降圧チョッパの動作原理

昇降圧チョッパの動作波形を**図12-5**に，動作時の電流経路を**図12-6**にそれぞれ示します．回路は3つのモード（Mode 1〜Mode 3）を経て動作します．v_{gs}はMOSFETのゲート-ソース電圧，i_{L1}はインダクタL_1の電流，v_Lはインダクタ電圧，v_Hとv_LはQ_HとQ_Lのドレイン-ソース電圧です．

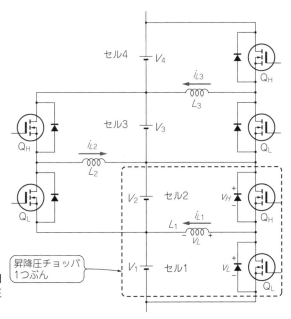

[図12-4] 4セル直列バッテリ用
隣接セル間バランス回路（昇降圧
チョッパ方式）

Mode 1とMode 3はそれぞれQ_HとQ_LがONとなる期間です．Mode 2は両方のスイッチがOFF状態となるデッド・タイム期間です．Q_HがONとなるMode 1の時間比率をデューティdで定義します．1周期をT_sとすると，Mode 1の長さはdT_s，Q_HがOFF状態となるMode 2と3の合計の長さは$(1-d)T_s$となります．

▶Mode 1［図12-6(a)］

Q_Hにゲート-ソース電圧v_{gsH}が与えられることでQ_HがONします．このとき，セル2とL_1はQ_Hを介して接続されるため，$v_L = V_2$です．$v_L = L \times di_{L1}/dt$より，$i_{L1}$は$V_2/L$の傾きをもって直線で上昇します．$i_{L1}$が上昇するということは，$L_1$が蓄積するエネルギーが増えるということを意味します．

つまり，セル2によりL_1にエネルギーが蓄積されている状態です．Q_LはOFF状態であり，セル1とセル2の合計電圧がかかるため$v_L = V_1 + V_2$です．v_{gsH}を立ち下げると動作はMode 2へと移ります．

▶Mode 2［図12-6(b)］

両方のスイッチがともにOFFとなるデッド・タイム期間です．Mode 1でL_1には右から左向きに電流が流れていましたが，Q_HがOFFするとi_{L1}はQ_Lのボディ・ダイオードに転流します．このとき，L_1はQ_Lのボディ・ダイオードを介してセル1と接続された状態となるため，$v_L = -V_1$です．v_Lは負の値となるため，i_{L1}は

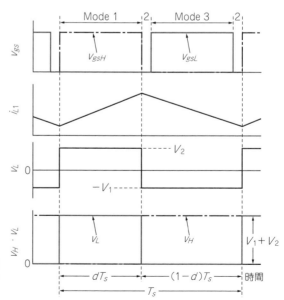

［図12-5］隣接セル間バランス回路の動作波形（昇降圧チョッパ方式）

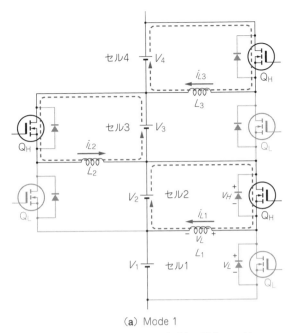

（a）Mode 1

[図12-6] 隣接セル間バランス回路（昇降圧チョッパ方式）の動作モード──────

$-V_1/L$ の傾きで低下します．i_{L1} の低下に伴い，L_1 のエネルギーも低下します．電流経路からわかるように，L_1 のエネルギー低下ぶんはセル1へと伝送されます．

つまり，L_1 はセル1に向かってエネルギーを放出します．一方，OFF状態の Q_H にはセル1と2の合計電圧 V_1+V_2 がかかります．

▶Mode 3［図12-6（c）］

Q_L にゲート-ソース電圧 v_{gsL} を与えることで Q_L がONします．しかし，i_{L1} の向きや v_L はMode 2のときと同じです．Mode 2とMode 3の違いは，i_{L1} の流れる経路がボディ・ダイオードであるかMOSFETのチャネルであるかという点であり，L から見るとMode 2とMode 3は実質的には同じです．Mode 3でも引き続き，L_1 はセル1に向かってエネルギーを放出している状態です．

v_{gsL} を立ち下げると動作は再びMode 2に移行します．そして，v_{gsH} を与えることで動作はMode 1に戻ります．これで昇降圧チョッパの動作モードは一巡します．このような動作を繰り返すことで，セル2からセル1へと L_1 を経由してエネルギーが伝送されます．

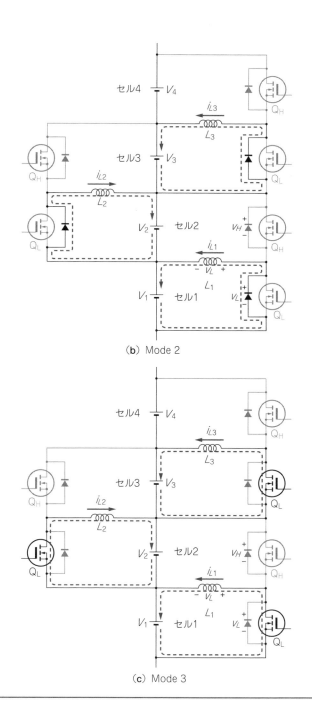

（b）Mode 2

（c）Mode 3

昇降圧チョッパの入出力電圧変換比(V_1/V_2)は，L_1における電圧・時間積より導くことができます．定常状態においてインダクタの平均電圧は必ずゼロとなります（平均電圧がゼロでなければ，インダクタ電流は無限大に発散する）．電圧・時間積から平均電圧ゼロの関係式を導くと，次式となります．

$$V_2 \, d \, T_s - V_1(1-d) \, T_s = 0 \cdots\cdots\cdots\cdots\cdots\cdots\cdots\cdots\cdots\cdots\cdots\cdots\cdots (1)$$

左辺第1項はMode 1における電圧・時間積，左辺第2項はMode 2とMode 3における電圧・時間積です．この式を整理することで，入出力電圧変換比(V_1/V_2)を求めることができます．

$$\frac{V_1}{V_2} = \frac{d}{1-d_2} \cdots\cdots\cdots\cdots\cdots\cdots\cdots\cdots\cdots\cdots\cdots\cdots\cdots\cdots (2)$$

　この式より，$d = 0.5$で動作させることで$V_1 = V_2$となり，つまりは隣り合うセルの電圧を均一化できるということがわかります．実際にはQ_HとQ_Lを同じdで駆動しつつデッド・タイムを挿入する必要があるので，0.5よりも若干小さなdでQ_HとQ_Lを駆動します．

　ここではMode 1～Mode 3の間にi_{L1}の極性が変化しない場合について解説しましたが，V_1とV_2の大きさ，ならびにdやL_1の値によって，1周期中に発生するモードは多少異なります．また，実際のバランス回路ではdの値を0.5よりも十分に小さく設定し，電流不連続モードと呼ばれる動作モードで動作させるケースもあります[電流不連続モードの説明は割愛，文献(1)を参照]．昇降圧チョッパは，汎用の回路シミュレータで簡単に解析することができるので，詳細について興味があれば解析してみることをお勧めします．

● 昇降圧チョッパを用いた隣接セル間バランス

　シミュレーション解析により，昇降圧チョッパを用いたセル・バランスを行いました．ここでは，静電容量が10 Fのコンデンサを用いて，初期電圧のばらついたリチウム・イオン電池セルを模擬しました．インダクタンスは$100\,\mu\mathrm{H}$，スイッチング周波数は50 kHz（$T_s = 20\,\mu\mathrm{s}$）とし，Q_HとQ_Lは同一の$d = 0.45$で駆動しました．

　解析結果を図12-7に示します．I_{L1}～I_{L3}はL_1～L_3の平均電流です．隣り合うセルの間に位置するインダクタに電流が流れることで，徐々にセル・バランスが進行するようすがわかります．最終的にすべてのセル電圧は等しくなり，インダクタの平均電流も0となりました．

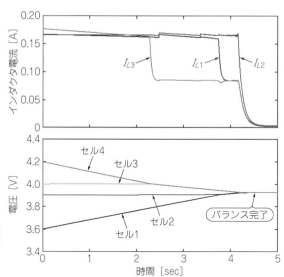

[図12-7] 昇降圧チョッパ方式
の隣接セル間バランス回路によ
るセル・バランス（シミュレー
ション解析）

昇降圧チョッパ回路の電圧源特性と電流源特性

　昇降圧チョッパは動作条件によって，電圧源と電流源のいずれかの特性を示します．本文の図12-5で電流i_Lは連続した三角波（連続モード）であり，チョッパの入出力の関係は本文の式(2)に従います．デューティで決まる電圧比となるため，チョッパは電圧源特性を示します．それに対し，i_Lが周期的にゼロまで落ち込む動作モード（不連続モード[(1)]）での入出力の関係は，電圧ではなく電流で表されます．つまり，不連続モードでは電流源特性を示します．

　電圧源であるバッテリに対して電圧源特性のチョッパを用いると，セル電圧が大きくばらついている場合に過大電流が流れる恐れがあります．制御で電流制限を行うこともできますが，本文の図12-4のようなシステムで全チョッパに対して制御を行うのはコスト的に好ましくありません．一方，チョッパが電流源特性であれば過大電流は生じません．このような理由から，バランス回路では電流不連続モードが多用されます．

12-4 | スイッチト・キャパシタを用いた隣接セル間バランス（SCC方式）

● **例題回路**（4セル直列バッテリ）**の構成**

　スイッチト・キャパシタ・コンバータ（以下，SCC）方式の隣接セル間バランス回路を，4セル直列バッテリに適用した構成を**図12-8**に示します．各セルと並列接続される C_1〜C_4 は平滑コンデンサです．隣接セル間でのエネルギー輸送を担うのは，C_a〜C_c のコンデンサです．C_1〜C_4 と並列接続されるハイ・サイド・スイッチ Q_H とロー・サイド・スイッチ Q_L を50％のデューティで交互に駆動することで，電圧の高いセルから低いセルへと自動的にエネルギー輸送が行われます．

　C_a〜C_c の3つのコンデンサでエネルギー輸送が行われますが，いずれのコンデンサによるエネルギー輸送も原理は同じです．以降では，C_a によるセル2からセル1へのエネルギー輸送に着目し，**図12-8**におけるアミカケ部に焦点を絞って，動作原理について解説します．4つのセル電圧の関係は，$V_1 < V_2 < V_3 < V_4$ とします．

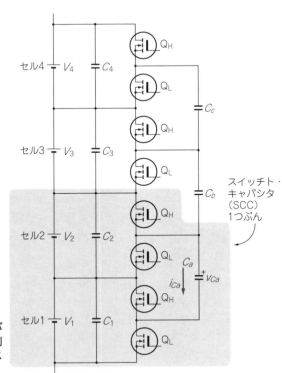

[図12-8] スイッチド・キャパシタ（SCC）を用いた4セル直列バッテリ用隣接セル間バランス回路

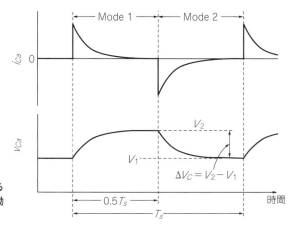

Mode 1 — Mode 2

i_{Ca} 0

V_2

v_{Ca}

V_1

$\Delta V_C = V_2 - V_1$

$0.5T_s$

T_s

時間

［図12-9］SCC方式による
隣接セル間バランス回路の動
作波形

● 動作原理

　SCCの動作波形を図12-9に，動作時の電流経路を図12-10に示します．本来は
デッド・タイム期間を挿入しつつQ_HとQ_Lを交互にスイッチングさせますが，ここ
では単純化のため，デッド・タイム期間は十分に短く無視できるものとして話を進
めます．

▶ハイ・サイドがON/ロー・サイドがOFF（Mode 1）

　図12-10(a)はQ_HがONの状態です．セル2とC_aは，Q_Hを介して並列接続され
ます．C_aはセル2によって充電されるため，C_aの電圧v_{Ca}は上昇し，最終的には
v_{Ca}はV_2に到達します（$v_{Ca} = V_2$）．ただし，Mode 1の長さはC_aの時定数よりも十
分に長いと仮定しています．このとき，C_aのi_{Ca}とv_{Ca}は典型的な時定数応答を示
します．

▶ロー・サイドがON/ハイ・サイドがOFF（Mode 2）

　図12-10(b)はQ_LがONの状態です．Mode 1で$v_{Ca} = V_2$まで充電されたC_aは，
今度はQ_Lを経由してセル1と並列接続されます．$V_2 > V_1$であるため，C_aはセル1
に向かって放電します．放電に伴いv_{Ca}は低下し，最終的に$v_{Ca} = V_1$となります．
このとき，i_{Ca}とv_{Ca}はともに時定数応答を示します．

　以上の動作を簡単にまとめると，隣り合うセル1とセル2はC_aを介して間接的に
並列接続されます．スイッチングの状態に応じてC_aはセル1とセル2と交互に並列
接続され，その過程で電圧の高いセル2から電圧の低いセル1へとエネルギーを輸
送します．ここで，C_aを経由して輸送される電荷量について考えてみます．1スイ
ッチング周期（T_s）におけるv_{Ca}の変化幅ΔV_Cは，図12-9より$V_2 - V_1$です．コンデ

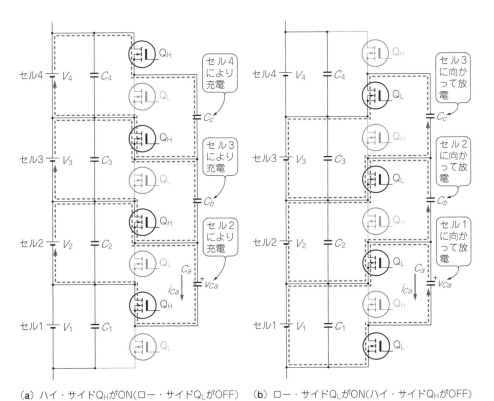

（a）ハイ・サイドQ_HがON（ロー・サイドQ_LがOFF）
…Mode 1

（b）ロー・サイドQ_LがON（ハイ・サイドQ_HがOFF）
…Mode 2

[図12-10] SCC方式による隣接セル間バランス回路の基本動作

ンサの電荷量Q，静電容量C，電圧Vの関係は$Q = CV$です．この式にΔV_Cを当てはめると，次式を得ることができます．

$$\Delta Q = C_a \, \Delta V_C = I_{Ca} \, T_s \cdots\cdots\cdots\cdots\cdots\cdots\cdots\cdots\cdots\cdots\cdots\cdots\cdots\cdots\cdots (3)$$

ここで，ΔQはC_aによって輸送される電荷量です．右辺のI_{Ca}は，ΔQを1周期で換算した電流に相当します．$\Delta V_C = V_2 - V_1$，$T_s = 1/f_s$を踏まえて式(3)を変形すると，次式のようになります．

$$V_2 - V_1 = \frac{I_{Ca}}{C_a \, f_s} = I_{Ca} \, R_{eq.a} \cdots\cdots\cdots\cdots\cdots\cdots\cdots\cdots\cdots\cdots\cdots\cdots\cdots (4)$$

式(4)は電圧に関する式なので，$1/C_a f_s$は抵抗の単位を有することがわかります．よって，$1/C_a f_s$は等価抵抗$R_{eq.a}$で置き換えることができます．

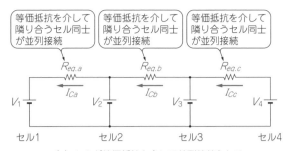

（a）セルが等価抵抗を介して並列接続される

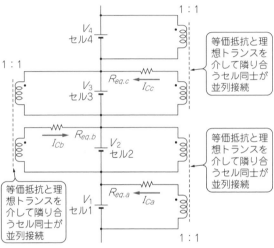

（b）理想トランスを使えば等価抵抗を介して直列セルを
並列接続することもできる

[図12-11] SCC方式による隣接セル間バランス回路の等価回路

● 等価回路

　式(4)に基づいて，SCCの等価回路を導くことができます．この式は，電圧がそれぞれV_1とV_2のセルの間に等価抵抗$R_{eq.a}$が挟まれており，その電流がI_{Ca}になることを意味しています．

　式(4)より導かれる等価回路を**図12-11**(a)に示します．ここではセル1とセル2以外についても描いており，$R_{eq.b}$と$R_{eq.c}$はC_bとC_cによる等価抵抗を表しています．この等価回路では，すべてのセルは等価抵抗を介して並列に接続されるため，時間がたつとすべてのセルの電圧が等しくなることがわかります．等価抵抗の値が小さ

いほど，セル間に流れる電流（I_{Ca}〜I_{Cc}）は大きくなるため，バランスの速度は速くなります．

式(4)によると等価抵抗は静電容量（C_a〜C_c）に反比例するため，コンデンサを大容量化することでセル・バランスの速度を高めることができます．また，スイッチング周波数f_sを高めることでも等価抵抗値を理論的には下げることができますが，実際には回路中の抵抗成分の影響により，ある周波数以上になると等価抵抗が下がらなくなります．等価抵抗の詳細については，文献(2)，(3)を参考にしてください．

図12-11(a)の等価回路は等価抵抗を介してセルを並列接続した形式で表されていますが，**図12-11**(b)のように等価回路に理想トランスを導入することで直列接続セルに対して等価抵抗を用いることができます．理想トランスは直流電流を伝送することができるので，隣り合うセルは理想トランスと各等価抵抗を介して並列接続された状態となります．

図12-11(b)の等価回路は，バッテリ全体の電圧を維持したままSCC方式の隣接セル間バランス回路の特性を模擬できるため，シミュレーション解析などでバッテリ全体の充放電を行いながらバランスのようすを観察する際などに役立ちます．

● 参考：電気2重層キャパシタの隣接セル間バランスについて

SCCを用いたバランス回路では，コンデンサを用いた電荷輸送によりセル・バランスを行います．コンデンサによる電荷輸送でセル・バランスを行うことができれば，コンデンサの代わりに電気2重層キャパシタ（EDLC；Electric Double Layer Capacitor）を用いることもできるということになります．いわゆる通常のコンデンサとは異なり，EDLCは一般的にはエネルギー貯蔵を目的として使用されますが，EDLCをSCCに適用することでエネルギー貯蔵に加えてセル・バランス用コンデンサの機能を担わせることができます．

EDLCをセル・バランスに利用したEDLCモジュール（日本蓄電器工業）を**図12-12**に示します．鉄道防災設備等における通信用無停電電源装置として，9年以上にわたり運用されている製品です．モジュールとしては3直列で，合計9セルより構成されます．左右の列のセル（セル1, 2, 8, 9）がSCCにおけるC_a〜C_c（**図12-8**）の役割を担います．EDLCは大容量なので，数Hz〜数百Hz程度の低いスイッチング周波数でも十分なセル・バランスを行うことができます．

EDLCをリチウム・イオン電池に置き換えてリチウム・イオン・バッテリ・モジュールとして使用することもできますが，EDLCと比較してリチウム・イオン電池の内部インピーダンスは大きいため，スイッチング時にセル電圧ならびにモジュー

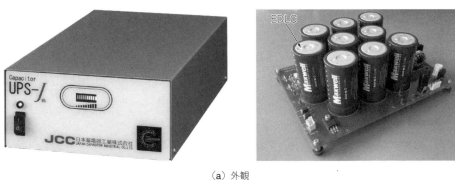

(a) 外観

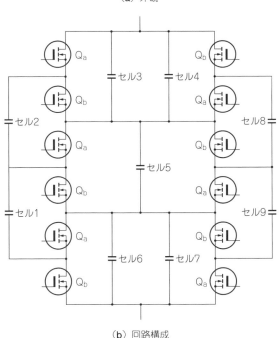

(b) 回路構成

[図12-12] コンデンサの替わりに電気2重層キャパシタ・セルをセル・バランスに利用した
EDLCモジュール

ル電圧に比較的大きな電圧変動が生じます.

　また，スイッチングに伴ってセルの間で充放電が行われるため，電池反応が生じ
ます．一般的に，kHzオーダ以上の高周波の電流成分に対しては電池反応は生じま
せんが(電池反応が追いつかないため)，それ以下の低周波の交流電流に対しては充

放電反応が生じます．つまり，低周波のスイッチングに伴う充放電によりリチウム・イオン電池の劣化を引き起こす恐れがあります．高周波で動作させれば電池の劣化を防ぐことはできますが，高周波でも電池インピーダンスが高いため，電荷輸送には使いものになりません．以上のことから，リチウム・イオン電池に対しては**図**12-12の方式を用いないほうが無難です．

◆参考文献◆

(1) パワーエレクトロニクス研究室；PWMコンバータの電流不連続モード，https://youtu.be/NXW25XQ -60E
(2) パワーエレクトロニクス研究室；スイッチトキャパシタコンバータの基礎．https://youtu.be/ J4dVXlUgGpE
(3) M. Uno and A. Kukita；"PWM switched capacitor converter with switched-capacitor-inductor cell for adjustable high step-down voltage conversion," IEEE Trans. Power Electron., vol.34, no.1, pp. 425-437, Jan. 2019.

第13章

大規模でもムダなく簡素に
大規模向け代表格
「パック-セル間バランス」回路

| 13-1 | 大型・高電圧向けなパック-セル間バランス回路 |

● 小規模向け隣接セル間バランス回路

　前章で解説した隣接セル間バランス方式は，その名のとおり隣接するセルとセルの間でエネルギー授受を行うことで，セル電圧や充電状態（SOC：State of Charge）をバランスする回路です．エネルギーのやりとりを仲介するのは非絶縁型の双方向コンバータであり，チョッパ回路やスイッチト・キャパシタ・コンバータなどの比較的簡素なコンバータを用いることができます．

　しかし，セルの直列数が多くなるバッテリ・パックでは，本質的に隣接セル間バランス方式は適しません．その理由としては，エネルギー授受が隣り合うセル間に限定されること，必要となるコンバータの数がセルの直列接続数に比例すること，が挙げられます．直列数の多いバッテリ・パックで隣接セル間バランス回路を用いると，コンバータを介したエネルギーの受け渡しの回数が多くなるので，損失が累積的に大きくなってしまいます．また，コンバータの個数が多くなることで，コスト増加や回路の複雑化を招きます．

　隣接セル間バランス回路におけるこれらの課題を解決できる手法として，バッテリ・パックとセルの間でエネルギー授受を行う「パック-セル間バランス回路」が挙げられます．バッテリ・パックとセルの間でエネルギー授受を直接行うことで，バケツ・リレーのような複数回にわたるエネルギーの受け渡しを行う必要がなくなるため，累積的な損失を低減することができます．また，パック-セル間バランス回路の具体的な回路方式にもよりますが，1つの回路で多数のセルに対応することができるため，隣接セル間バランス方式と比べて回路の簡素化や低コスト化を達成することも可能です．

● 2つの主なシステム

　パック-セル間バランスには，概念的には大きく分けて2種類のシステムが存在します．図13-1（a）に示す複数の絶縁型コンバータを用いたシステムと，図13-1（b）の単入力-多出力コンバータを用いたシステムです．いずれのシステムにおいても，コンバータの入力（左側の端子）はバッテリ・パック全体と接続され，出力（右側の端子）はセルと接続されています．絶縁型コンバータや単入力-多出力コンバータを介してバッテリ・パックとセルの間でエネルギー授受を行うことでセルをバランスさせます．

　両方のシステムともに，バッテリ・パック全体とセルの間でエネルギー授受を行うという点は共通していますが，長所や短所は大きく異なります．

● ①複数の絶縁型コンバータを用いたシステム…複雑になるが拡張性がある

　図13-1（a）のシステムにおける絶縁型コンバータは，単入力-単出力コンバータ（入力端子と出力端子の数がともに1つのみ）です．各絶縁型コンバータの入力端子（左側端子）はバッテリ・パック全体と，コンバータ右側の出力端子は各セルと，それぞれ並列接続された状態です．

　図13-1（a）のシステムにおけるコンバータでは入力端子と出力端子の電位が異なるため，各コンバータは絶縁型でなければいけません．例えば，下から2番目のコンバータでは入力端子のマイナス側はバッテリ・パック全体のグラウンド側と接続される一方で，出力端子のマイナス側はセル1のぶんだけ電位は浮いています．こ

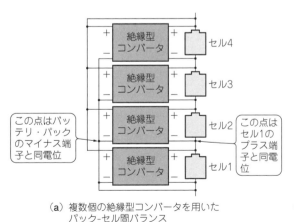

（a）複数個の絶縁型コンバータを用いた
パック-セル間バランス

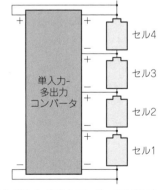

（b）単入力-多出力コンバータを用いた
パック-セル間バランス

[図13-1] パック-セル間バランス回路の概念

のように，各コンバータの入出力端子の電位は異なるため，絶縁型コンバータが必要になります．

　このシステムではセルと同数の絶縁型コンバータが必要となるため，システムは複雑化してしまいます．また，おのおのの絶縁型コンバータではトランスが必要なので，サイズも大型化する傾向にあります（一般的に，トランスはコンバータのなかで最も大きな部品）．その代わり，回路の拡張性に優れます．セル数に合わせて絶縁型コンバータを追加することで，バッテリ・パックの設計変更にも柔軟に対応することができます．また，絶縁型コンバータを双方向化させれば，バッテリ・パックからセルの方向だけでなく，セルからバッテリ・パックへのエネルギー伝送を行うこともできます．

● ②単入力–多出力コンバータを用いたシステム…シンプルだが拡張性がない

　図13-1（b）のコンバータの入力端子（左側の端子）は1つのみであり，バッテリ・パック全体と接続されます．一方，出力端子（右側の端子）は4つあり，それぞれのセルと接続されています．つまり，1入力-4出力のコンバータです．セル数に合わせてコンバータを設計します．したがって，セルの直列接続数に変更が生じた場合，コンバータの設計変更を行う必要があります．つまり，バッテリ・パックの設計変更に柔軟に対応することが難しく，拡張性には優れません．

　一方で，このシステムの長所は，コンバータの数が少ないことと，コンバータの回路構成自体が簡素であることです．図13-1（b）からわかるように，1つの単入力-多出力コンバータで複数個のセルに対応することができます．隣接セル間バランス方式や図13-1（a）のシステムのように，コンバータ数がセル数に比例することがないため，直列接続数の多いバッテリ・パックにおいては，とくにシステムの簡素化の観点で優位な方式となります．

13-2 絶縁型コンバータで代表的なフライバック・コンバータについて

● バランス回路で求められる絶縁型コンバータ

　小電力容量で簡素なものから大容量に適したものまで，絶縁型コンバータにはさまざまな回路方式があります．第10章で解説しましたが，バランス回路が扱う電流は相対的に小さく，バッテリ・パックの充放電電流の$1/100 \sim 1/1000$程度の値です．つまり，セル・バランス回路には大容量の絶縁型コンバータを用いる必要はなく，バッテリ充電器など大きな電力を扱う回路と比べると電力変換効率も重視され

ません.

バランス回路で一般的に採用されるのは,絶縁型コンバータのなかで最も回路構成が簡素な方式であるフライバック・コンバータです.

● 双方向フライバック・コンバータ

パワー・エレクトロニクスの教科書などに載っているフライバック・コンバータは,トランスの2次側回路にダイオードを用いる単方向タイプですが,**図13-2**にはダイオードをスイッチに置き換えた双方向フライバック・コンバータを示しています.ここでは,電源V_a側を1次側,電源V_b側を2次側と定義します.Q_bを常時OFFの状態でQ_aをスイッチングすることで,1次側から2次側へと電力を伝送します.逆に,Q_aを常時OFFとし,Q_bをスイッチングさせれば,電力伝送の方向は2次側から1次側の向きになります.

$L_{kg.a}$と$L_{kg.b}$は1次巻き線と2次巻き線の漏れインダクタンス,L_{mg}は励磁インダクタンスです.R_{sn},C_{sn},D_{sn}はRCDスナバ回路であり,漏れインダクタンスにより発生するスパイク電圧からスイッチを保護するための回路です.以降では単純化のため,漏れインダクタンスとスナバ回路を無視して話を進めます.スナバ回路を含めた動作原理については文献(1)を参考にしてください.

● 電流不連続モードの解析

セル・バランス回路ではバッテリ・パックとセルの間でエネルギーの授受を行います.**図13-2**の双方向フライバック・コンバータを**図13-1**(a)のシステムに適用

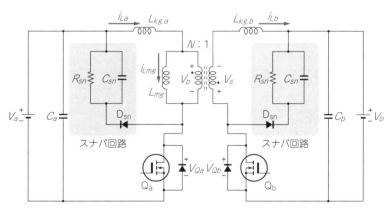

[図13-2] 双方向フライバック・コンバータ

する場合，V_aはバッテリ・パックの電圧，V_bはセル電圧となります．バッテリやセルはともに電圧源であるため，フライバック・コンバータの入力電圧と出力電圧はバッテリやセルによって決定されることになります．

　入出力がともに電圧源であるため，入力電流もしくは出力電流を何らかの方法で制限する必要があります．電流センサを用いてフィードバック制御で電流を一定値に制限することもできますが，コンバータごとにセンサやフィードバック回路を準備すると大きなコスト増を招いてしまいます[図13-1(a)のパック-セル間バランス回路では，セルと同数のコンバータが必要]．

　電流センサやフィードバック制御を用いずに電流制限を行うためには，電流不連続モード（DCM；Discontinuous Conduction Mode）でフライバック・コンバータを動作させます．DCMで動作させた際の動作波形と動作モードを図13-3と図13-4にそれぞれ示します．ここではQ_bは常時OFFとし，Q_aをデューティdでスイッチングすることで，1次側から2次側へと電力伝送を行う場合についてのみ解説します．誌面の都合上，2次側から1次側へと伝送する場合については割愛しますが，原理はまったく同じです．

　DCMでは，励磁インダクタンスL_{mg}の電流i_{Lmg}が周期ごとに0となります[これとは反対に，電流連続モード（CCM；Continuous Conduction Mode）ではi_{Lmg}は0とならない]．DCMで動作させることで，フィードバック制御を用いなくても入力電流ならびに出力電流を任意の値以下に制限することができます．

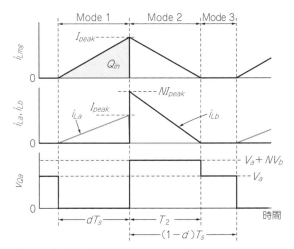

[図13-3] 電流不連続モードにおけるフライバック・コンバータの動作波形

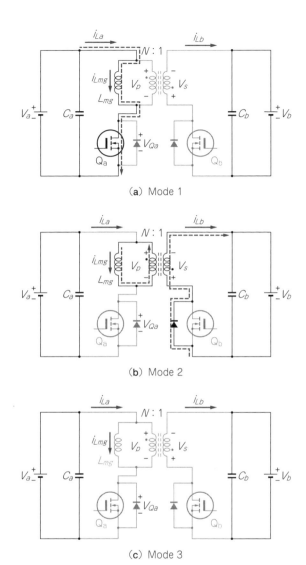

（a）Mode 1

（b）Mode 2

（c）Mode 3

［図13-4］電流不連続モードにおけるフライバック・コンバータの動作モード

▶Mode 1［図13-4(a)］

　Q_aがONとなるモードです．トランス1次巻き線の電圧v_pはV_aと等しい状態です．2次巻き線の電圧$v_s(=v_p/N$，ここでNはトランス巻き線比)はV_a/Nとなりますが，

Q_b は OFF 状態のため 2 次巻き線電流 i_{Lb} は流れません. L_{mg} にも V_a が印加され, i_{Lmg} は 0 から増加し始めます. i_{Lmg} の傾きは V_a/L_{mg} であり,Mode 1 の長さはスイッチング周期 T_s を用いて表すと dT_s です. Mode 1 の末期における i_{Lmg} の値 I_{peak} は,i_{Lmg} の傾き(V_a/L_{mg})と Mode 1 の長さ(dT_s)より,次式で表されます.

$$I_{peak} = \frac{V_a \, dT_s}{L_{mg}} \cdots\cdots\cdots\cdots\cdots\cdots\cdots\cdots\cdots\cdots\cdots\cdots\cdots\cdots\cdots\cdots (1)$$

▶ Mode 2 [図 13-4(b)]

Q_a が OFF すると,i_{Lmg} はトランスを介して 2 次側に伝送され始めます. i_{Lmg} は 1 次巻き線のドットのない側に流れ込むため,2 次巻き線のドットのない側から電流が流れ出ます. よって,$i_{Lb}=Ni_{Lmg}$ となります. この電流は,Q_b のボディ・ダイオードを通過して V_b へと流れます. ボディ・ダイオードを介して 2 次巻き線と V_b が接続された状態なので,$v_s = -V_b$ です. これを 1 次側に換算すると,$v_p = Nv_s = -NV_b$ となります. よって,i_{Lmg} の傾きは $-NV_b/L_{mg}$ です. Mode 2 における i_{Lmg} の初期値は I_{peak} なので,i_{Lmg} の傾きより Mode 2 の長さ T_2 を次のように求めることができます.

$$T_2 = \frac{I_{peak}}{\dfrac{NV_b}{L_{mg}}} = \frac{V_a \, dT_s}{NV_b} \cdots\cdots\cdots\cdots\cdots\cdots\cdots\cdots\cdots\cdots\cdots\cdots\cdots\cdots (2)$$

▶ Mode 3 [図 13-4(c)]

i_{Lmg} が 0 まで低下した状態です. 両方のスイッチともに OFF 状態であり,平滑コンデンサを除いて回路中で電流は流れません. 1 周期中においてこの Mode 3 が発生するかどうかで,フライバック・コンバータが DCM で動作するか CCM で動作するかが決まります. DCM で動作するためには Mode 2 と Mode 3 の長さの和,つまり $(1-d)T_s$ が T_2 よりも長くなければいけないので,次の境界条件を得ることができます.

$$T_2 < (1-d)T_s \rightarrow \frac{NV_b}{V_a} > \frac{d}{(1-d)} \cdots\cdots\cdots\cdots\cdots\cdots\cdots\cdots\cdots\cdots (3)$$

DCM で動作させるために,V_a と V_b の値に応じてこの式を満足するよう N と d を決定します.

ここで,V_a からコンバータに入力される電荷量 Q_{in} について考えます. Q_a が ON の期間に V_a からコンバータに対して電流が供給されるため,図 13-3 に示すように Mode 1 における i_{Lmg} を積分したものが Q_{in} となります. 底辺が dT_s,高さが I_{peak} の直角三角形の面積が Q_{in} に相当します.

$$Q_{in} = \frac{I_{peak}\ dT_s}{2} = \frac{V_a(dT_s)^2}{2L_{mg}} \cdots\cdots\cdots\cdots\cdots\cdots\cdots\cdots\cdots\cdots\cdots\cdots\cdots (4)$$

このQ_{in}を周期T_sで割ることで，フライバック・コンバータの入力電流I_aを次のように求めることができます．

$$I_a = \frac{Q_{in}}{T_s} = \frac{V_a\ d^2 T_s}{2L_{mg}} \cdots\cdots\cdots\cdots\cdots\cdots\cdots\cdots\cdots\cdots\cdots\cdots\cdots\cdots (5)$$

この式はV_bを含んでいないことから，V_bによらずI_aは一定値になることを意味します．つまり，電流センサやフィードバック制御を用いなくても，式(5)に基づきdやT_sを決めてやれば，電流を任意の値に制限することができます．

13-3 | 複数の絶縁型コンバータを用いたパック - セル間バランス回路

● システムの構成

図13-1(a)のシステムで，それぞれの絶縁型コンバータに双方向フライバック・コンバータを用いたパック-セル間バランス回路(3セル直列用)の構成例を図13-5に示します．この図では単純化のため，漏れインダクタンスやスナバ回路，スイッチのボディ・ダイオードについては省略しています．単純に，バッテリ・パックと各セルとの間に双方向フライバック・コンバータを設けた構成です．

おのおののフライバック・コンバータは上述した原理で動作します．各フライバック・コンバータの動作原理は単純ですが，セルごとにフライバック・コンバータが必要になってしまうのが短所です．3セル直列のバッテリ・パックでは3つのフライバック・コンバータを用いるので，スイッチの数は合計で6つ，トランスの数は3つです．

複数の双方向フライバック・コンバータを用いたセル・バランス回路の一例として，DC2100B-C(アナログ・デバイセズ)を写真13-1に示します．12セル用バランス回路であり，最大6セル用の制御IC(LTC3300-1，アナログ・デバイセズ)を2つ搭載しています．6セルごとに制御ICを用いて図13-1(a)の概念で表されるモジュールを形成し，2モジュールを直列接続することで合計12セル直列のバッテリ・パック用バランス回路を構成しています．大きく目立つ部品がトランスであり，トランスの周辺にスイッチなどの部品を実装して双方向フライバック・コンバータを形成しています．基板上に12個の双方向フライバック・コンバータが搭載されていますが，セルの直列数が増える場合はセル数に比例してフライバック・コンバータの数も増えることになります．

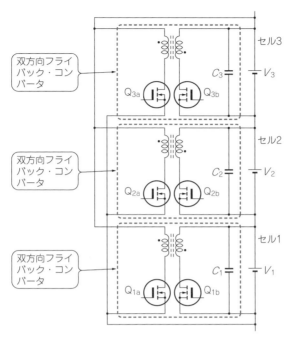

[図13-5] 双方向フライバック・コンバータを用いた3セ
ル直列用セル・バランス回路の構成

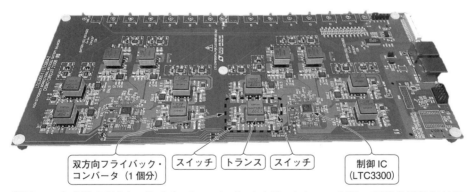

双方向フライバック・
コンバータ（1個分）　スイッチ　トランス　スイッチ　制御 IC
（LTC3300）

[写真13-1] 複数の双方向フライバック・コンバータを用いたセル・バランス回路の例（DC2100B
-C，アナログ・デバイセズ）

● セル・バランスの原理

　複数の絶縁型コンバータを用いたパック-セル間バランス方式でセル・バランス
を行う際のイメージを図13-6に示します．

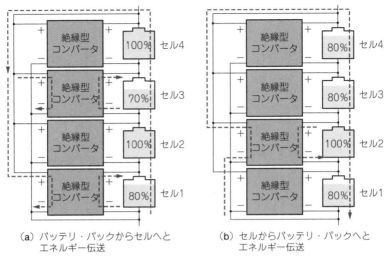

（a）バッテリ・パックからセルへと　　　　（b）セルからバッテリ・パックへと
　　エネルギー伝送　　　　　　　　　　　　　　エネルギー伝送

[図13-6] 複数の絶縁型コンバータを用いたパック-セル間バランス回路でセル・
バランスを行うイメージ

　図13-6（a）は，バッテリ全体からSOCの低いセルへとエネルギーの再分配を行
う場合です．平均よりもSOCの低いセル（セル1とセル3）に向けて，絶縁型コンバ
ータを介してバッテリからセルに向けてエネルギーを再分配することでセル・バラ
ンスを行います．単入力-多出力コンバータとは異なり，おのおのの絶縁型コンバ
ータを個別に動作させることができるので，SOCの異なる複数のセル（セル1とセ
ル3）に対して同時にエネルギーを伝送することができます．

　図13-6（b）は，セルからバッテリに向けてエネルギー伝送を行う場合です．平均
よりも高いSOCのセル（セル2）からバッテリに対してエネルギーを伝送します．

　図13-6（a）と図13-6（b）の違いは，SOCの低いセルをターゲットにするか，そ
れともSOCの高いセルをターゲットにするか，という点です．ばらつきの状態に
応じてエネルギーの伝送方向を変えることで，効果的にセル・バランスを行うこと
ができます．

　例えば，図13-7のようにセル2のSOCが90％で，ほかは70％の状態を考えます．
このばらつき状態において，バッテリからセルへとエネルギーを伝送させてセル・
バランスを行うイメージが図13-7（a）です．バッテリからSOCの低い3つのセル（セ
ル1，セル3，セル4）へとエネルギーを伝送するためには，3つのコンバータを動作
させる必要があります．また，すべてのセルはそれぞれ15％ぶんのエネルギーを
放電し，そのエネルギーがコンバータを経由してセル1，セル3，セル4へと再分配

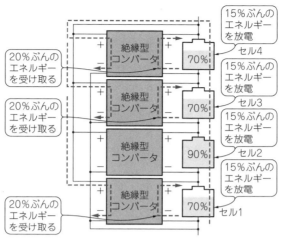

（a）バッテリ・パックからセルへとエネルギー伝送

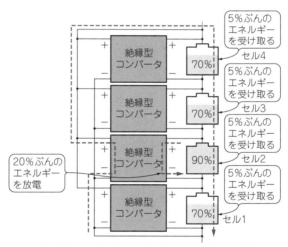

（b）セルからバッテリ・パックへとエネルギー伝送

[図13-7] ばらつきの状態によってエネルギーの伝送方向
を決定する

されます.

　ここで重要なポイントですが，セル1，セル3，セル4は絶縁型コンバータの入力
に対して放電すると同時に，絶縁型コンバータからエネルギーを受け取っています
（充電される）．これらのセルは15％ぶんのエネルギーをコンバータに向かって放
電しつつ，20％ぶんのエネルギーをコンバータから受け取る（充電される）ことで

最終的に75％のSOCとなります．セル2については15％ぶんの放電のみで，SOCが最終的には75％になります．

図13-7(b)は，SOCの高いセル2からバッテリへとエネルギーを伝送するケースです．この場合，動作するコンバータは1つのみであり，セル2の20％ぶんのエネルギーを絶縁型コンバータ経由でバッテリへと再分配します．このとき，すべてのセルは5％ぶんのエネルギーを受け取ります（充電される）．よって，セル2は20％のエネルギーを放電しつつ5％のエネルギーが充電されるので，最終的なSOCは75％となります．ほかのセルは5％ぶんのエネルギーを受け取るだけなので，SOCが75％になります．

図13-7(a)と図13-7(b)のケースを比べると，すべてのセルの最終的なSOCは75％で等しくなります．しかし，コンバータを経由するエネルギー量については大きく異なります．図13-7(a)では，3つのコンバータがおのおののセル（セル1，セル3，セル4）の20％ぶんのエネルギーを伝送します．それに対し，図13-7(b)ではセル2に対するコンバータのみが20％ぶんのエネルギーを伝送します．後者のほうが伝送するエネルギー量が少なく済むため，セル・バランスの効率を高めることができます．

どちらのエネルギー伝送の方向でセル・バランスを行うべきかについては，ばらつきの状態によりけりです．図13-7のように，4セル直列のうち1つのセルのSOCのみが高い場合は，セルからバッテリ・パックに向けてエネルギーを再分配するほうが効果的です．逆に，1つのセルのSOCのみが低い場合は，バッテリ・パックからセルに向けてエネルギー再分配を行います．

エネルギー再分配のアルゴリズムとしてさまざまな方法がありますが，全セルの平均電圧（もしくはSOC）と各セル個別の電圧を比べて，その大小関係からエネルギーの伝送方向を決定するのが一般的です．平均電圧よりも高いセルについては，セルからバッテリの方向にエネルギー伝送を行います．平均電圧よりも低いセルに対しては，バッテリからセルの方向にエネルギーを伝送します．

13-4 単入力-多出力コンバータを用いたセル・バランス

● 原理

　単入力-多出力コンバータを用いたシステムでセル・バランスを行う際のイメージを図13-8に示します．単入力-多出力コンバータは，バッテリ・パックのエネルギーを電圧の最も低いセルに伝送するよう動作します．図13-8(a)に示すように，

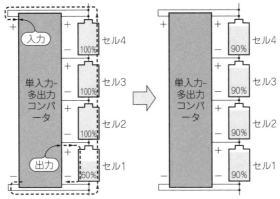

（a）バッテリのエネルギーを電圧の最も低いセルに再分配
することでセル・バランス

（b）国民全員から徴収した税金を貧しい人に再分配

[図13-8] 4セル直列バッテリで単入力-多出力コンバータ
を用いたパック-セル間バランス回路でセル・バランスを
行うイメージ

セル1のSOC（State of Charge）が60％，そのほかのセルは100％の状態からセル・
バランスを行う例について考えてみます．ここでは単純化のため，単入力-多出力
コンバータで損失は生じないものとします．

　4つのセルのなかで電圧の最も低いのはセル1です．セル1を含むすべてのセル
がコンバータの入力端子にエネルギーを供給します．そして，そのエネルギーはコ
ンバータを経由してセル1に再分配されます．コンバータを経由したエネルギー再
分配により，最終的にすべてのセルのSOCは90％で等しくなります．

　このバランス回路におけるエネルギー再分配のようすは，富の再分配とよく似て
います．国民全員から税金を徴収し，それを低所得者に補助金として分配するよう
なイメージです．図13-8（b）における「貧乏D夫」がセル1に相当します（セル・

バランスとは異なり，富の再分配では貧富の差は完全にはなくならないが…）．

　図13-8(a)のエネルギー再分配では，バッテリからセル1へとエネルギーの輸送が行われますが，エネルギーがコンバータを経由する回数は1回のみです．つまり，1段階の電力変換でセル・バランスを行うことができるため，隣接セル間バランス方式のような複数回の電力変換による累積的な損失は生じません（第12章で解説）．

● 多巻き線トランスを用いた単入力−多出力フライバック・コンバータ
　単入力−多出力コンバータの代表は，多巻き線トランスを用いたフライバック・コンバータです．1入力−4出力の回路を用いて，4セル直列のバッテリに対してセル・バランス回路を構成した例を図13-9に示します．単純化のため，漏れインダクタンスとスナバ回路については省略しています．この例における多巻き線トランスは，1つの1次巻き線と4つの2次巻き線を有しています．1次巻き線を含む1次側回路，つまりコンバータの入力端子は4セル直列のバッテリと接続されています．一方，それぞれの2次巻き線側の回路がフライバック・コンバータの出力端子に相当し，4つの出力はおのおののセルとつながっています．

Column (A)

セル・バランス回路の最先端…アクティブ・バランス回路のフル活用

　パッシブ・セル・バランス回路と比べて，アクティブ・セル・バランス回路は部品点数が多く高コストです．しかし，アクティブ・セル・バランス回路はセル・バランス以外の目的にも使用することができ，付加価値を高めることができます．

　アクティブ・セル・バランス回路を適切に変調することで，交流電流を生成できます．この交流電流を利用して，バッテリの交流インピーダンスを計測できます．バッテリの劣化程度や健全性は交流インピーダンスから推定できる場合が多いので，セル・バランス回路を利用してバッテリの診断を行うこともできます．

　アクティブ・セル・バランス回路で生成する交流電流を利用して，バッテリの内部抵抗におけるジュール熱で内部から加熱することも可能です．数百Hz〜数kHz以上の交流成分に対しては充放電反応が起こらないため，充放電を伴うことなくバッテリに電流を流すことができます．内部抵抗でのジュール熱で加熱できるので，熱漏れのない高効率な加熱を実現できます．

　バッテリの診断や加熱技術（寒冷地で必須）は電気自動車では重要となるので，以上のようなアクティブ・セル・バランス回路の利用技術が電気自動車向けに盛んに研究されています．

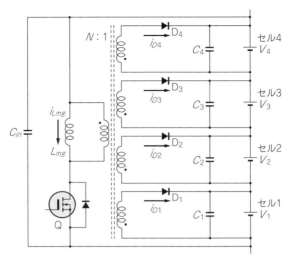

[図13-9] 多巻き線トランスを用いた4セル用単入力-多出力フライバック・コンバータ

図13-9の多出力フライバック・コンバータで用いられるスイッチの数は1つだけ，また，トランスの数も1つだけです．複数の双方向フライバック・コンバータを用いた回路（図13-5）と比べると，スイッチとトランスの数を大幅に削減することができます．ただし，図13-9の回路は単方向（バッテリからセルに向けたエネルギー伝送のみ）であること，汎用トランスと比べて多巻き線トランスの設計は難しくなること，などが短所です．

具体的には，複数の2次巻き線の特性がそろうようにトランスを設計する必要があります．この多出力フライバック・コンバータにおける4つの2次側回路はすべて同じ構成です．それゆえに，各2次側回路の理論的な出力電圧は等しくなり，セル電圧を均一化することができます．しかし，各2次側回路の特性がふぞろいであれば出力電圧もふぞろいとなり，セル電圧を十分に均一化することができなくなる恐れがあります（以降で，シミュレーションでセル・バランスのようすについて紹介する）．

2次側回路の特性をそろえるにあたり，2次巻き線の特性（漏れインダクタンス，巻き線比，抵抗成分）をまずはそろえる必要があります．しかし，すべての2次巻き線の特性をそろえるのは難しく，とくに2次巻き線の数が多くなるほどトランスの設計は困難となります．図13-9は4セル直列の例であり，この程度の直列数では2次巻き線の数が少ないため設計は比較的簡単です．しかし，例えば10セル直列

用の回路になると，10個の2次巻き線の特性がそろうように設計しなければいけません．とくに多数の2次巻き線の漏れインダクタンスをそろえるのは困難なので，この多出力フライバック・コンバータは直列セル数が比較的少ない場合(4程度)に用いられます．

そのほかの短所としては，乏しい拡張性が挙げられます．バッテリ・パックの設計変更によって直列セル数を増減させる場合，多巻き線トランスの再設計が必要です．セル数の変更に合わせて多巻き線トランスの2次巻き線を後付けする，というわけにはいきません．2次巻き線の数に合わせてトランスを再設計する必要があるので，バッテリ・パックの設計変更に柔軟に対応するのは難しくなります．

● 多出力フライバック・コンバータの動作原理

2次巻き線の数が増えても，基本的な動作原理は汎用フライバック・コンバータと基本的には同じです．まず，1次側回路の動作についてはまったく同じです．2次側回路については，最低電圧のセルと接続される2次側回路のみに電流が流れ，そのほかの2次側回路では電流は流れません．多出力フライバック・コンバータも電流不連続モードで動作させることで，電流センサやフィードバック制御を用いなくても入出力電流を任意の値に制限することができます．

多出力フライバック・コンバータの動作モードを図13-10に示します．動作波形は汎用フライバック・コンバータと同様なので，図13-3を参照してください．

▶Mode 1[図13-10(a)]

スイッチがONの状態です．バッテリの電圧がトランス1次巻き線と励磁インダクタンスL_{mg}に印加されます．L_{mg}の電流i_{Lmg}が増加することで，L_{mg}にエネルギーが蓄積されます．

▶Mode 2[図13-10(b)(c)]

スイッチがOFFとなり，i_{Lmg}がトランスを介して2次側に伝送されます．4つの2次側回路のうち，最低電圧のセルと接続された2次側回路だけに電流が流れます．セル1の電圧V_1が最低である場合の動作モードが図13-10(b)です．i_{Lmg}は多巻き線トランスを介してセル1に対応する2次側回路に伝送されます．2次側回路ではダイオードD_1を介して電流i_{D1}が流れ，セル1にエネルギーが分配されます．

セル1とセル2の2つのセルが最低電圧である場合の動作モードを図13-10(c)に示します．この場合，最低電圧に対応する2次側回路も2つあるため，セル1とセル2に対応する2次側回路に同時に電流が流れます．D_1とD_2を経由してそれぞれi_{D1}とi_{D2}が流れ，セル1とセル2の両方にエネルギーが分配されます．

▶Mode 3[図13-10(d)]

i_{Lmg} ならびに2次側回路の電流 i_D が0まで低下した状態です．平滑コンデンサを除き，回路中で電流は流れません．

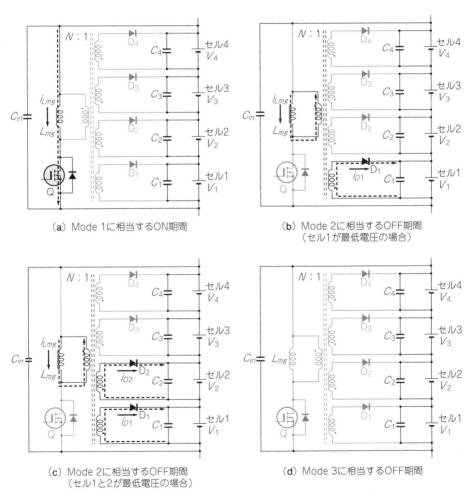

(a) Mode 1に相当するON期間

(b) Mode 2に相当するOFF期間
（セル1が最低電圧の場合）

(c) Mode 2に相当するOFF期間
（セル1と2が最低電圧の場合）

(d) Mode 3に相当するOFF期間

[図13-10] 多巻き線トランスを用いた多出力フライバック・コンバータの動作モード

4セル直列のバッテリ・パックに対して，シミュレーション解析で図13-9の多巻き線フライバック・コンバータを用いてセル・バランスを行いました．平滑コンデンサの容量はすべて100μF，スイッチング周波数は$50\,$kHz，デューティは$d=0.4$です．ダイオード$D_1 \sim D_4$には理想ダイオード(順電圧，抵抗成分ともに0)を用いました．トランスの巻き線比は$4:1$，励磁インダクタンスL_{mg}は150μHです．2次巻き線の特性がそろっている場合とふぞろいの場合のバランス特性を比較するため，2次巻き線の漏れインダクタンスを$100\,$nHでそろえた場合と，セル3に対する2次巻き線の漏れインダクタンスのみ$300\,$nHとばらつかせた条件で解析を行いました．解析では電池の代わりに静電容量が$10\,$Fのコンデンサを用い，初期電圧を$V_1 < V_2 < V_3 < V_4$とばらつかせた状態からセル・バランスを行いました．

● **2次巻き線の特性がそろっている場合**

2次巻き線の特性がそろっている場合の解析結果を図13-11(a)に示します．$I_{D1} \sim I_{D4}$は$i_{D1} \sim i_{D4}$の平均電流です．これらの電流が正であれば，多出力フライバック・コンバータからセルに対して電流が供給されている，つまりエネルギーの再分配が行われているということになります．

初期の期間AではV_1が最低電圧なので，図13-10(b)の状態を経て動作しています．多出力フライバック・コンバータはセル1に対してエネルギーを分配するため，V_1は上昇します．一方，バッテリ・パック全体から多出力フライバック・コンバータにエネルギーが供給されるため，$V_2 \sim V_4$は低下します．

V_1が上昇してV_2に追いつくと，V_1とV_2の2つが最低電圧の状態となります(期間B)．多出力フライバック・コンバータはセル1とセル2の両方に対してエネルギーを再分配するように動作するので[図13-10(c)]，V_1とV_2はともに上昇します．期間Aと比べて電圧上昇の速度が緩やかになっていますが，これは多出力フライバック・コンバータから分配されるエネルギーを2つのセルで分け合うためです．期間Aでも期間Bでも，多出力フライバック・コンバータが伝送する電力(単位時間あたりのエネルギー)は同じです．しかし，期間Aではセル1のみが電力を受け取るのに対して，期間Bではセル1とセル2の両方が電力を受け取るため，電圧上昇の傾きが緩やかになります．

V_1とV_2がV_3に追いつくと期間Cとなり，バッテリ・パックからセル1〜セル3

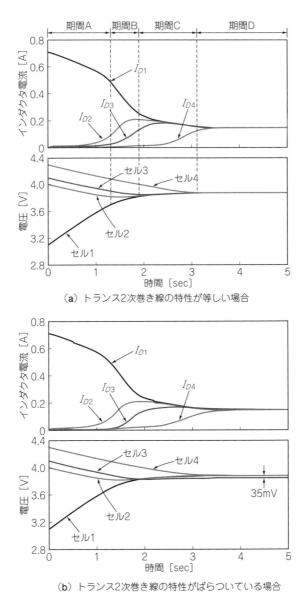

（a）トランス2次巻き線の特性が等しい場合

（b）トランス2次巻き線の特性がばらついている場合

［図13-11］ **多出力フライバック・コンバータを用いたパ
ック−セル間バランス回路のシミュレーション結果**

へとエネルギーが再分配され始めます．このようなエネルギー再分配により，最終的にすべてのセル電圧は等しくなります（期間D）．

● **2次巻き線の特性がふぞろいの場合**

2次巻き線の特性がそろっている場合とふぞろいの場合［**図13-11（b）**］のバランス特性を比べてみます．

2次巻き線特性がふぞろいの場合でもおおむねセル電圧はバランスされますが，定常状態に到達後のV_3のみがほかの電圧と比べて大きく，若干のばらつきが残留することがわかります［**図13-11（b）**では35 mV］．

この解析は2次巻き線の特性だけをばらつかせた状態ですが，実際にはほかの要素（抵抗成分など）のばらつきも存在します．このような残留ばらつきは回路中の素子の特性に起因するものなので，コンバータの制御で解消できるものではありません．言い換えると，コンバータを適切に設計する以外に残留ばらつきを解消することはできません．

● **多巻き線トランスが不要な単入力-多出力コンバータ**

多巻き線トランスを用いた多出力フライバック・コンバータは，設計変更に柔軟に対応できない，2次巻き線の特性をそろえる必要があるため設計が難しい，などの短所があります．このような短所はすべて多巻き線トランスに由来するものです．多巻き線トランスを使わずに単入力-多出力コンバータを構成することができれば，これらの課題をおおむね克服することができます．

多巻き線トランスが不要な単入力-多出力コンバータの例として，**図13-12**の共振型多出力倍電圧回路が挙げられます．これは3セル直列用の回路であり，C_rとL_rで構成される直列共振回路と，倍電圧回路により構成されます．スイッチQ_HとQ_Lを交互にスイッチングすることで矩形波電圧を生成し，直列共振回路を駆動します．直列共振回路には正弦波状の交流電流が流れますが，それを倍電圧回路で整流することでC_{o1}〜C_{o3}の平滑コンデンサの電圧は自動的に均一になります．セル1〜セル3とC_{o1}〜C_{o3}は並列接続されているため，セル電圧を自動的にバランスさせることができます．詳細な動作原理については文献（2）に譲ります．

スイッチの数が2つのみの非常にシンプルな回路であり，多巻き線トランスも不要です．よって，多巻き線トランスに由来する課題を解消しつつ，回路も簡素なものにすることができます．セルの直列数に変更が生じた際には，コンデンサとダイオードからなる部分（例えばC_3, C_{o3}, D_5, D_6）を増やすことで，比較的柔軟に設計

変更に対応することができます.

　共振型多出力倍電圧回路のパック-セル間バランス回路の製品例として,日本蓄電器工業社製の電気2重層キャパシタ(EDLC；Electric Double-Layer Capacitor)モジュールを**写真13-2**に示します.EDLCの長寿命性能と温度特性を生かし,メンテナンス・フリーの無停電電源装置として,鉄道や道路など交通系の通信設備やインフラの非常設備に導入されています.基板表面に6直列のEDLCセル(それぞれ350 F)が実装されており,周辺回路は充電器や放電用回路です.共振型多出力倍電圧回路は裏面に実装されており,非常に少ない部品点数でバランス回路が構成されています.

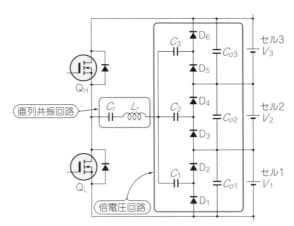

[図13-12] 共振型多出力倍電圧回路を用いたパック-セル間バランス回路(3セル直列の場合)

　　　　(a) 表面　　　　　　　　　　　　　　(b) 裏面

[写真13-2] 共振型多出力倍電圧回路を用いた6セル電気2重層キャパシタ(EDLC)モジュール用バランス回路の例

◆参考文献◆

(1) フライバックコンバータとRCDスナバ回路, https://youtu.be/pc9PIqtZW-M

(2) M. Uno and A. Kukita；"Two-switch voltage equalizer using a series-resonant voltage multiplier operating in frequency-multiplied discontinuous conduction mode for series-connected supercapacitors," IEICE Transaction on. Communications, vol.E98, no.5, May 2015, pp.842-853.

第14章

必要な箇所だけで大規模でもムダなく
より高効率な
「任意セル間バランス」回路

　これまでに解説してきたアクティブ・セル・バランス回路では，エネルギー授受の経路が隣接するセル間やバッテリ・パック−セル間に限定されるものでした．しかし，このような限定されたエネルギー授受の経路は，効率的なセル・バランスを実行するという観点では最適ではありません．本章では，任意のセル間でエネルギー授受を行うことができる任意セル間バランス回路について解説します．

14-1　ピンポイントでより効率的な任意セル間バランス回路

● 隣接セル間バランス回路とパック−セル間バランス回路における不必要な電力授受
　前章までに解説した隣接セル間バランス方式とパック−セル間バランス方式では，セル・バランスの過程において，バランスする必要のないセルも電力の授受に寄与します．つまり，不必要な電力授受が発生するため，それに伴いバランス回路(コンバータ)での電力損失が大きくなってしまいます．
　例として，隣接セル間バランス回路において，不必要な電力授受が発生するケースを図14-1に示します．4つのセルの初期SOCがそれぞれ100 %，90 %，90 %，80 %なので，初期SOCの平均値は90 %です．バランス回路の動作が理想的で無損失であると仮定すると，4セルの最終的なSOCは90 %となります．言い換えると，初期SOCが90 %のセルは電力授受には寄与しなくてもよいはずです．しかし，隣接セル間バランス回路では電力授受の経路は隣接するセル間に限定されるため，バランスの過程において90 %のセルを経由して電力伝送せざるをえません．
　別の例として，単入力−多出力コンバータを用いたパック−セル間バランス回路にて不必要な電力授受が発生するケースを図14-2に示します．最も電圧の低い(SOCの低い)セルに向かってバッテリ・パック全体から電力伝送が行われるため，初期SOCが80 %のセルが電力を受け取りSOCは上昇します．この電力伝送は，一

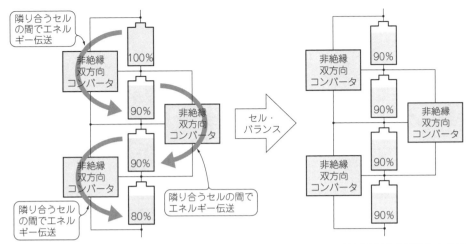

[図14-1] 隣接セル間バランス回路を用いたセル・バランスにて，**不必要な電力授受が発生する例**

番下のセルが中央2つのセルのSOCに追いつくまで継続されます．このとき，一番上のセルのSOCは97.5 %，下3つのセルは87.5 %です．この状態では，バッテリ・パックの中で下3つのセルが最低電圧（最低SOC）のセルとなるため，これら3セルが電力を受け取ります．そして，最終的にはすべてのセルのSOCは90 %で均一となります．最終的なSOCが90 %なのだから，初期SOCが90 %のセルは電力授受に寄与しなくてもよいはずですが，「バッテリ・パックから最低電圧セルへと電力伝送する」という特性上，このような不必要な電力授受が生じることになります．

● **離れた任意のセル間での電力授受によるバランスの効率化**

図14-1と図14-2の例において不必要な電力授受を防止するためには，初期SOCが100 %のセルから80 %のセルへと電力伝送を直接行えばよいわけです．そのためには，電力伝送経路を隣接するセル間やバッテリ・パックとセルの間で限定するのではなく，離れたセル同士の間でも電力伝送できるようにする必要があります．

離れた任意のセル間で電力伝送が可能な任意セル間バランス回路の概念構成を図14-3に示します．共通バスを経由して任意のセル間でダイレクトに電力授受を行うことでセル・バランスを実現します．共通バスの種類に応じて，おもにDCバス方式とACバス方式に分類できます．いずれのバス方式においても，セルごとにDC-DCコンバータやDC-AC変換回路を設けます．

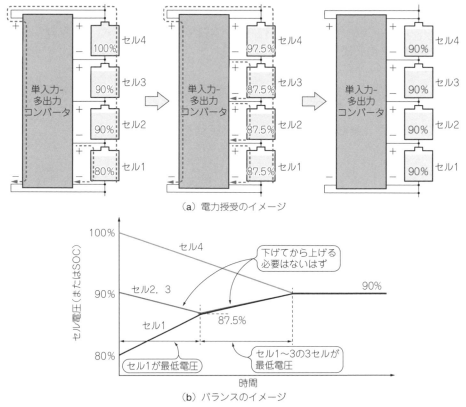

（a）電力授受のイメージ

（b）バランスのイメージ

[図14-2] パック-セル間バランス回路を用いたセル・バランスにて，不必要な電力授受が発生する例

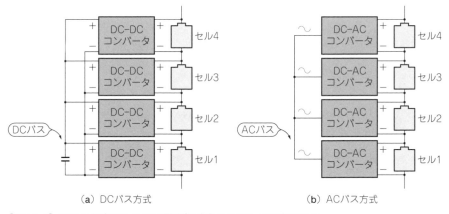

（a）DCバス方式

（b）ACバス方式

[図14-3] 離れた任意のセル間で電力授受するバランス回路の概念

DCバス方式では，共通バスの電圧が直流となります．DCバスを経由して離れたセルの間でエネルギーの授受を行うわけですが，各セルとDCバスの間にDC-DCコンバータが必要となります．DC-DCコンバータとしては，絶縁型と非絶縁型のいずれのコンバータも採用可能です．

ACバス方式では，共通バスの電圧は交流となります．直流であるセル電圧を交流に変換するために，セルごとにDC-AC変換回路が必要です．ACバス方式においても，絶縁型と非絶縁型のいずれのDC-AC変換回路も採用できます．

● 長所

隣接セル間バランス回路やパック-セル間バランスと比べた場合，任意セル間バランス回路の長所はセル・バランスの高効率化です．前述のように，共通バスを経由して任意のセルの間でエネルギー授受を行うことができるため，ほかのバランス回路方式よりもバランス回路を経由するエネルギーの量を低減できます．バランス回路を経由するエネルギー量を低減できるということは，バランス回路における損失低減にもつながるため，結果として高効率でセル・バランスを達成することができます．

次章で解説するセル選択方式でも任意のセル間でのエネルギー授受は可能ですが，バランス対象のセル（ターゲット・セル）を判別したうえで半導体スイッチを用いて選択しなければいけないので，制御や駆動系が複雑になります．それに対して，任意セル間バランス回路では，バランス対象のセルの判別や選択は不要で，セルごとに設けた回路を無制御で駆動するだけで，自動的にセル・バランスを達成することができます．

● 短所

一方，任意セル間バランス回路の短所は，非絶縁方式と絶縁方式とで異なります．非絶縁方式では，バッテリ・パックのセル数が増える（もしくはバッテリ電圧が高くなる）につれて，回路中の素子の電圧ストレスが高くなります．DCバス方式とACバス方式のいずれにおいても，基本的には共通バスの電位はバッテリ・パックの電圧の半分程度となります（バッテリ電圧が100 Vであれば，共通バスの電位は50 V程度）．共通バスとセルの電位差が，各回路中の素子に電圧ストレスとしてかかります．バッテリ・パックの電圧が高くなる，つまりバッテリを構成するセルの数が多くなるほど，各回路に大きな電圧ストレスがかかることになり，高耐圧部品を採用しなければならなくなります．高耐圧部品は高コストで大型化する傾向があ

るので，非絶縁方式は高電圧バッテリには適しません．

　一方，絶縁方式では回路素子の電圧ストレスはバッテリ・パックの電圧とは無関係となるため，安価で小型な低耐圧素子を採用することができます．しかし，回路ごとにトランスが必要となるため，低電圧のバッテリにおいては非絶縁方式と比べて回路が大型化する傾向にあります．

14-2 | **非絶縁型DCバス方式…フライング・キャパシタ**

● **フライング・キャパシタ方式の回路構成と特徴**

　フライング・キャパシタ方式は，主回路にスイッチとコンデンサのみを用いた非絶縁タイプの任意セル間バランス回路です[1], [2]．

　4セル直列のバッテリに対する回路構成例を**図14-4**に示します．セルごとに4つのスイッチとフライング・キャパシタ$(C_{f1} \sim C_{f4})$が設けられており，これらの部品が**図14-3(a)**における単位DC-DCコンバータを形成します．この回路例では，A-B間の端子がDCバスに相当します．回路自体はスイッチとコンデンサのみで構成されていることから，この回路もスイッチト・キャパシタ・コンバータ(Switched Capacitor Converter；SCC)の一種に含まれます．

　第12章で解説したSCCでは，エネルギー輸送が隣接するセル間に限定されていたため，直列セル数が多い場合はとくに累積損失が大きくなってしまうという欠点がありました．それに対して，**図14-4**の回路では離れたセルの間でダイレクトにエネルギーを輸送できるので，損失を小さくすることができます．しかし，隣接バランス・タイプのSCCよりも多くのスイッチとコンデンサが必要となります．実製品の例として，4セル用と14セル用のバランス回路(Heltec BMS)の外観を**写真14-1**に示します．

● **フライング・キャパシタ方式の動作原理**

　この回路では，Q_aとQ_bの2組のMOSFETを高周波で交互に50％のデューティで駆動します．例として，セル1～4の電圧が$V_1 < V_2 = V_3 = V_4$の状態におけるフライング・キャパシタの電圧$v_{Cf1} \sim v_{Cf2}$の波形を**図14-5**に($v_{Cf2} \sim v_{Cf4}$は同じ波形となるため，v_{Cf2}のみ図示)，動作モードを**図14-6**にそれぞれ示します．ここでは，各コンデンサの時定数はスイッチング周期T_sよりも十分に短いものとして波形を描いています．

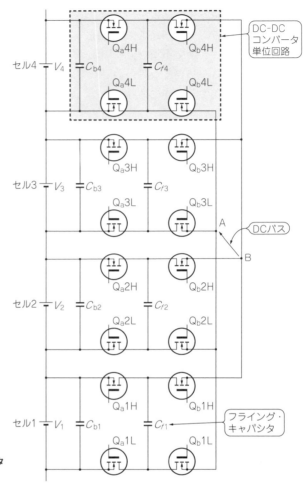

セル4 V_4 C_{b4} C_{f4}

Q_a4H Q_b4H

DC-DC
コンバータ
単位回路

Q_a4L Q_b4L

Q_a3H Q_b3H

セル3 V_3 C_{b3} C_{f3}

Q_a3L Q_b3L

A

DCバス

B

Q_a2H Q_b2H

セル2 V_2 C_{b2} C_{f2}

Q_a2L Q_b2L

Q_a1H Q_b1H

セル1 V_1 C_{b1} C_{f1}

フライング・
キャパシタ

Q_a1L Q_b1L

[図14-4] フライング・キャパシタ
を用いた非絶縁型DCバス方式

▶Mode 1[図14-6(a)]

　Qaが ON 状態であり，セルは各々の C_f と並列に接続されます．C_{f1} はセル1に向
かって放電するため v_{Cf1} は下降し，最終的に V_1 と等しくなります．同時に，C_{f2} は
セル2によって充電されるので v_{Cf2} は上昇し，V_2 と等しくなります．SCC と同様，
v_{Cf1} と v_{Cf2} は時定数応答を示します．

▶Mode 2[図14-6(b)]

　Q_b が ON し，すべての C_f は Q_b を介して並列接続された状態となります．$V_1<V_2$
なので，C_{f2} は C_{f1} に向かって放電します．v_{Cf2} は下降，v_{Cf1} は上昇し，最終的に

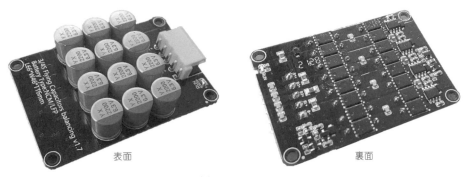

（a）4 セル用

（b）14 セル用

[写真 14-1] 4 セル用フライング・キャパシタ・セル・バランス回路の製品例（Heltec BMS）

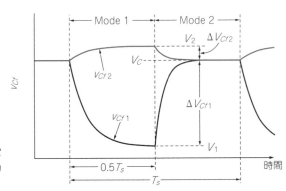

[図 14-5] フライング・キャパ
シタ・セル・バランス回路の動
作波形

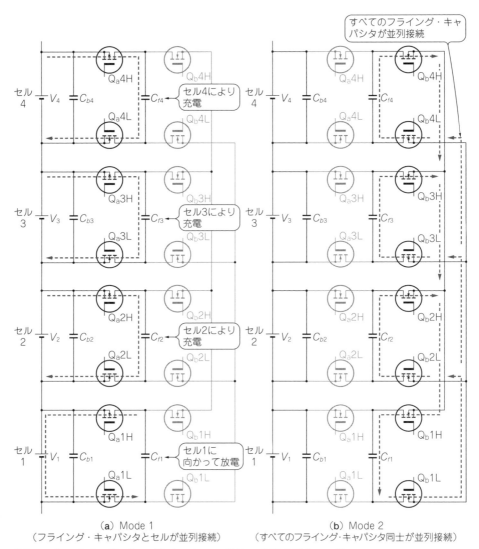

（a）Mode 1
（フライング・キャパシタとセルが並列接続）

（b）Mode 2
（すべてのフライング・キャパシタ同士が並列接続）

[図14-6] フライング・キャパシタ・セル・バランス回路の動作モード

$v_{Cf1} = v_{Cf2} = V_C$ となります．ここで，V_C は Mode 2 の末期における v_{Cf} の値です．

*   *

一連の動作を経て，セル 2 からセル 1 へと C_f を経由してエネルギーが輸送されます．このフライング・キャパシタ方式の回路は，第 12 章の隣接バランス・タイプの

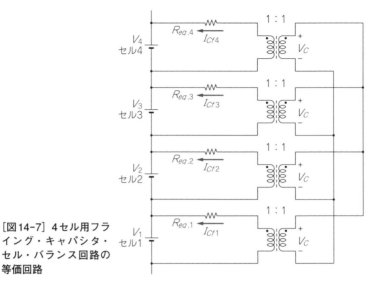

[図14-7] 4セル用フライング・キャパシタ・セル・バランス回路の等価回路

SCCと同様の方法で解析することができます. C_{f1}とC_{f2}が充放電される過程で電圧変動(ΔV_{Cf1}とΔV_{Cf2})が生じますが,これらから輸送される電荷量(ΔQ_1とΔQ_2)を求められます.

$$\left.\begin{array}{l} \Delta Q_1 = C_{f1}\Delta V_{Cf1} = C_{f1}(V_C - V_1) = I_{Cf1}T_s \\ \Delta Q_2 = C_{f2}\Delta V_{Cf2} = C_{f2}(V_C - V_2) = I_{Cf2}T_s \end{array}\right\} \cdots\cdots\cdots\cdots\cdots\cdots\cdots\cdots\cdots (1)$$

右辺のI_{Cf1}とI_{Cf2}は,ΔQ_1とΔQ_2を1周期で換算した電流,T_sはスイッチング周期でありスイッチング周波数f_Sの逆数です. 式(1)を変形すると次のようになります.

$$\left.\begin{array}{l} V_C - V_1 = \dfrac{I_{Cf1}}{C_{f1}f_S} = I_{Cf1}R_{eq.1} \\[3mm] V_C - V_2 = \dfrac{I_{Cf2}}{C_{f2}f_S} = I_{Cf2}R_{eq.2} \end{array}\right\} \cdots\cdots\cdots\cdots\cdots\cdots\cdots\cdots\cdots (2)$$

ここで,$1/C_{f1}f_S$と$1/C_{f2}f_S$は,それぞれ等価抵抗$R_{eq.1}$と$R_{eq.2}$で置き換えることができます.

● フライング・キャパシタ・セル・バランス回路の等価回路

式(2)は,V_CとV_1(もしくはV_2)の間に等価抵抗R_{eq}を挟んだ回路を表していることがわかります. この式より,図14-7の等価回路を得ることができます. $V_1 \sim V_4$はおのおのの等価抵抗$R_{eq.1} \sim R_{eq.4}$と理想トランスを介してV_Cと共通に接続されます(トランスの2次巻き線の電圧がV_C).

第12章の隣接バランス・タイプSCCの等価回路と似ていますが，**図14-7**では各セルは電圧がV_Cである2次巻き線において共通に接続されている点が異なります．これにより，離れたセルの間でもエネルギー授受を行うことが可能です．例えば，$R_{eq.4}$と$R_{eq.1}$を経由してセル4からセル1へとエネルギーを伝送することができます．このように，エネルギー伝送が隣接するセル間に限定されないため，直列セル数の多いバッテリ・パックにおいて効率良くセル・バランスを行うことができます．

● フライング・キャパシタ・セル・バランス回路を用いたセル・バランス実験

　容量が2500 mAhの18650セルと，**写真14-1**の4セル用回路を用いてバランス実験を行った結果が**図14-8**です．初期電圧をばらつかせた状態から実験を行いました．最初は0.11 V以上の電圧ばらつきがありましたが，時間が経つにつれてセル電圧は収束してゆき，約70分の時点でばらつきは10 mV程度まで小さくなりました．

　実験開始直後の電圧ばらつきの大きな状態では，セル電圧は比較的速く収束しています．しかし，ばらつきが小さくなるにつれてセル電圧の収束速度は緩やかになりました．これは，SCC方式に共通する傾向であり，バランス電流（**図14-7**におけるI_{Cf1}～I_{Cf4}に相当）が電圧差に比例するためです．**図14-7**の等価回路からわかるように，セルの電圧差（ばらつき）と等価抵抗$R_{eq.1}$～$R_{eq.4}$によってバランス電流が決定されます．ばらつきが大きいときはバランス電流も大きくなるため，セル電圧の収束速度は速くなります．しかし，ばらつきが小さくなるとバランス電流も小さくなるので，セル電圧の収束は緩やかになります．

　以上の理屈より，フライング・キャパシタ方式を含むSCC方式のセル・バランス回路では，電圧ばらつきを完全に解消するには長い時間を要します．

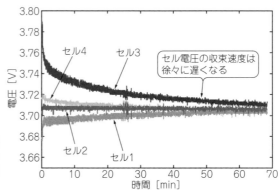

[図14-8] 2500 mAhの18650セルに対するフライング・キャパシタ・セル・バランス回路の実験結果

絶縁型DCバス方式…フライバック・コンバータ

● フライバック・コンバータ方式の回路構成例と特徴

　絶縁型方式では，あらゆる双方向タイプの絶縁型コンバータを用いることができます[3],[4]．絶縁型コンバータのなかで最も簡素な回路であるフライバック・コンバータを採用した回路構成例を**図14-9**に示します．第13章で解説した，複数の絶縁型コンバータを用いるパック-セル間バランス回路と類似していますが，セルと逆側のフライバック・コンバータの端子の接続が異なります．

　第13章のパック-セル間バランス回路では，フライバック・コンバータの左側端子がバッテリ・パック全体に接続されます．よって，スイッチQ_{1a}〜Q_{3a}ならびに補助回路(駆動回路やスナバ回路，図には示していない)はバッテリ電圧以上の高電圧にさらされるため，高耐圧素子が必要となります．それに対して，**図14-9**の回路では，フライバック・コンバータの左側端子は共通の絶縁DCバスに接続されます．DCバスの電圧はバッテリ・パックとは無関係に任意に決定できるため，利用

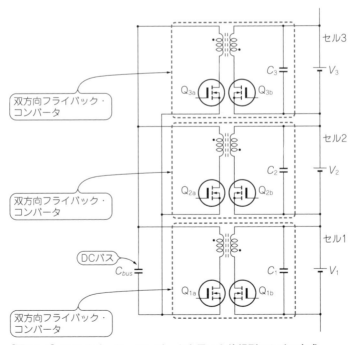

[**図14-9**] フライバック・コンバータを用いた絶縁型DCバス方式

しやすい範囲で低い電圧に抑えることができます. 図14-9の例では, トランスの巻き線比は1:1であるものとしており, 絶縁DCバスの電圧はフライバック・コンバータのデューティと巻き線比で決まります.

Q$_a$とQ$_b$を相補的に等しい値の固定デューティで駆動することで, セルとDCバスの間の電圧差に応じて自動的に電力伝送が行われます. 理想的には, セル電圧とDCバスの電圧は等しくなります(トランス巻き線比が1:1の場合). すべてのフライバック・コンバータはDCバスに接続されているため, すべてのセルはフライバック・コンバータとDCバスを経由して, 等価的に並列接続された状態となります. 等価的な並列接続状態では, 電圧の高いセルから低いセルへと電圧差に応じて電流が流れるため, 自動的にセル電圧はバランスします. また, 第13章で解説したように, バランス回路においてフライバック・コンバータは, 一般的には電流不連続モード(DCM)で動作するように駆動します. 電圧源であるセルに対して, バランス回路が電流源としてふるまうことで過大電流を防止できるためです.

図14-9の回路を用いたセル・バランスのシミュレーション結果を図14-10に示します. リチウム・イオン電池セルの代わりに, 静電容量が1mFのコンデンサを用い, 各セルの初期電圧は3.0, 3.9, 4.0, 4.2Vとしました. 各トランスの励磁インダクタンスと漏れインダクタンスはそれぞれ20μHと0.3μH, デューティは0.45の固定値, スイッチング周波数は50kHzとしました. ほかの任意セル間バランス回路(後述)とは異なり, バランスの過程においてセル電圧は一定の傾きをもって変化しています. これは, フライバック・コンバータがDCMで動作するとき, 電流源特性を示すためです. 各セルに対して一定電流のバランス回路が流れるため, セルの電圧は一定の傾きで変化することになります.

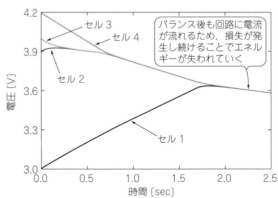

[図14-10] 絶縁型DCバス方式の任意セル間バランス回路(フライバック・コンバータ)によるセル・バランス(シミュレーション解析)

1.7秒程度のところでセル電圧はバランスしていますが，以降は徐々に電圧が低下していることがわかります．フライバック・コンバータはDCMで電流源特性を示しますが，電流源はセルの電圧差に拠らず一定電流を流し続けようとします．つまり，バランス後もフライバック・コンバータに電流が流れ続け，電流に伴う回路損失によりセルのエネルギーが徐々に失われることになります．よって，バランス後はバランス回路による損失が生じないよう，回路を停止させることが必要です．

14-4 非絶縁型ACバス方式…スイッチト・キャパシタ

● スイッチト・キャパシタ方式の回路構成例と特徴

スイッチト・キャパシタ方式による非絶縁型ACバス方式の回路例を図14-11に示します[5]~[7]．この回路は，第12章のSCCを用いた隣接セル間バランス回路と

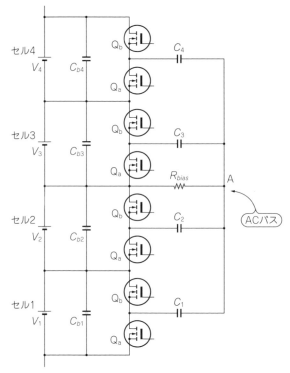

[図14-11] スイッチト・キャパシタを用いた非絶縁型ACバス方式

よく似ていますが，コンデンサの接続方法が異なります．コンデンサC_1〜C_4はA点で共通接続されており，この点がACバスとしてふるまいます．A点に接続されているバイアス抵抗R_{bias}は，ACバスの平均電位を安定化させるためのものです．A点の平均電位は，R_{bias}のもう一方の点（セル2とセル3の接続点）と同電位となります．

　ほかのSCC回路と同様に，Q_aとQ_bのスイッチを相補的に50％のデューティで駆動します．ACバスを経由して各コンデンサC_1〜C_4の充放電が行われるため，離れたセル間でもACバスとコンデンサを経由して電力授受を行うことができます．詳細な動作解析については割愛しますが，ほかのSCC回路と同様に各コンデンサの電圧変動に着目して解析すると，この回路も図14-7と同じ等価回路で表すことができます．つまり，同条件（セル電圧ばらつき，コンデンサの静電容量，スイッチング周波数，など）では，図14-4の非絶縁DCバスのフライング・キャパシタ方式と，図14-11の非絶縁ACバスのスイッチト・キャパシタ方式の特性は同じになります．

　それぞれの回路を用いてセル・バランスを行った際のシミュレーション結果を図14-12に示します．両方の回路ともに，静電容量が1 mFのコンデンサをセルとして用い，初期電圧はそれぞれ3.0，3.9，4.0，4.2 Vとしました．C_1〜C_4の静電容量を100 μF，平滑コンデンサC_{b1}〜C_{b4}を500 μF，スイッチング周波数を50 kHzとしてシミュレーションを行いました．いずれの回路を用いた場合においても1秒程度でセル電圧はバランスしており，最終的な電圧値はバランス開始前のセル平均電

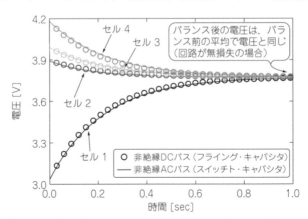

[図14-12] 非絶縁型DCバス方式（フライング・キャパシタ）と非絶縁ACバス方式（スイッチト・キャパシタ）によるセル・バランスの比較（シミュレーション解析）

圧と等しくなっています．これはシミュレーション解析では回路中の損失（MOSFETやコンデンサの抵抗成分）が含まれていないためであり，実際の回路ではバランスの過程で回路損失によってエネルギーが失われるため，バランス後の電圧は元の平均電圧よりも低くなります．

　これら2つのバランス回路によるバランス特性は，ほぼ一致することがわかりました．それでは，DCバス方式とACバス方式に違いはないかというと，そうではありません．バランス特性が同じであっても，部品点数や回路素子の電圧ストレスは大きく異なります．両方式ともコンデンサの数は同じですが，図14-4のDCバス方式ではスイッチの数が2倍になります．さらに，スイッチの電圧ストレスは位置により異なり，ACバス方式のスイッチよりも高耐圧スイッチが必要となる傾向にあります．

　一方，ACバス方式では，各コンデンサには異なる電圧ストレスがかかります．具体的には，バイアス抵抗R_{bias}から離れるにつれて電圧ストレスは大きくなり，コンデンサのサイズが大きくなります．スイッチの数や耐圧を重要視するか，それともコンデンサの電圧やサイズを重要視するかは，バッテリ全体の電圧やシステムの設計思想に拠るため，回路方式選定時には各方式の特徴を考慮したトレードオフが必要です．

14-5 　絶縁型ACバス方式…フォワード・コンバータ

● 多巻き線フォワード・コンバータ方式の回路構成例と特徴

　絶縁型ACバス方式では，ACバスとして多巻き線トランスを使用します[8]〜[10]．絶縁型コンバータとしてフォワード・コンバータを用いる例を図14-13に示します．ここでは単純化するため，フォワード・コンバータで一般的に必要なリセット巻き線は省略しています．

　すべてのスイッチを同一の固定デューティで駆動することで，等価的に全セルがトランスを介して並列接続された状態を作りだすことができます．各セルに流れるバランス電流は，バランス回路の抵抗成分やトランスの漏れインダクタンスにより影響を受けますが，等価的な並列接続状態によりセル電圧は最終的にバランスします．

　図14-13の回路を用いて，4セル直列のバッテリに対してセル・バランスを行った際のシミュレーション結果を図14-14に示します．セルには静電容量が1mFのコンデンサを用い，多巻き線トランスの励磁インダクタンスと漏れインダクタンス

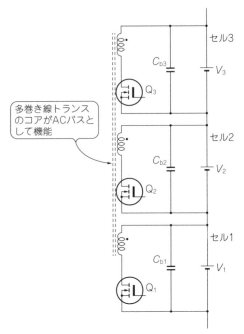

［図14-13］多巻き線フォワード・コンバータを
用いた絶縁型ACバス方式

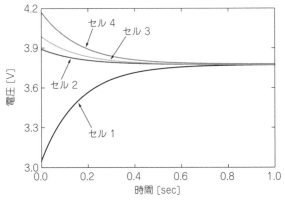

［図14-14］絶縁型ACバス方式の任意セル間バランス回路（多巻
き線フォワード・コンバータ）によるセル・バランス（シミュレ
ーション解析）

(a) 4〜17セル用（QUCC）

(b) 2〜24セル用（Heltec BMS）

[写真14-2] 多巻き線トランスを用いた絶縁型ACバス方式の任意セル間バランス回路の製品例

はそれぞれ1 mHと0.3 μH，平滑コンデンサの容量は500 μF，デューティは0.45，スイッチング周波数を50 kHzとしてシミュレーションを行いました．ほかのバランス回路と同様に，最終的にすべてのセル電圧は等しくなり，その値はバランス開始前のセル平均電圧と等しくなっています．

　図14-13のバランス回路は，多巻き線トランスとスイッチのみで構成される非常にシンプルな方式であり，駆動方法も簡単です．しかし，この絶縁型ACバス方式の最大の短所は，多巻き線トランスが必要であるという点です．多巻き線トランスは1つのコアに3つ以上の複数の巻き線を設けたトランスであり，設計や製作の難度の高い部品です．

　多巻き線トランスを用いたバランス回路の実製品例として，4〜17セル用（QUCC）と2〜24セル用（Heltec BMS）のバランス回路を写真14-2に示します．写真14-2（a）の回路では，図14-13に相当する回路を2組用いており，2組の回路でトランスのコアを共有しています．最大17セルのバッテリに対して，トランスの巻き線とMOSFETの数はともに34です（MOSFETは基板裏面に実装）．1つのコアから多数の巻き線が基板に伸びており，トランスのみならず基板設計や部品レイアウトに対しても工夫が必要であることがうかがえます．一方，写真14-2（b）の回路では，12セルごとに多巻き線トランスを使用しています．コア1つあたりの巻き線数を減らすことで，多巻き線トランスや回路の見栄えはすっきりしています．

◆参考文献◆

(1) Y. Ye and K. W. E. Cheng; "Modeling and analysis of series-parallel switched-capacitor voltage equalizer for battery/supercapacitor strings," IEEE J. Emerging Selected Topics in Power Electron., vol. 3 no. 4, pp. 977-983, Dec. 2015.

(2) L. Liu, R. Mai, B. Xu, W. Sun, W. Zhou, and Z. He; "Design of parallel resonant switched-capacitor

equalizer for series-connected battery strings," IEEE Trans. Power Electron., vol. 36, no. 8, pp. 9160-9169, Aug. 2021.

(3) S. Narayanaswamy, M. Kauer, S. Steinhorst, M. Lukasiewycz, and S. Chakraborty; "Modular active charge balancing for scalable battery packs," IEEE Trans. VLSI Syst., vol. 25, no. 3, pp. 974-987, Oct. 2017.

(4) M. Evzelman, M. M. U. Rehman, K. Hathaway, R. Zane, D. Costinett, and D. Maksimovic; "Active Balancing System for Electric Vehicles With Incorporated Low-Voltage Bus," IEEE Trans. Power Electron., vol. 31, no. 11, pp. 7887-7895 Nov. 2017.

(5) X. Wang, K. W. E. Cheng, and Y. C. Fong; "Series-parallel switched capacitor balancing circuit for hybrid source package," IEEE Access, vol. 6 pp. 34254-34261, Jul. 2018.

(6) Y. Shang, B. Xia, F. Lu, C. Zhang, N. Cui, and C. C. Mi; "A switched-coupling-capacitor equalizer for series-connected battery strings," IEEE Trans. Power Electron., vol. 32, no. 10, pp. 7694-7706, Oct. 2017.

(7) Y. Shang, N. Cui, B. Duan, and C. Zhang; "Analysis and optimization of star-structured switched-capacitor equalizers for series-connected battery strings," IEEE Trans. Power Electron., vol. 33, no. 11, pp. 9631-9646, Nov. 2018.

(8) Y. Shang, N. Cui, B. Duan, and C. Zhang; "A global modular equalizer based on forward conversion for series-connected battery strings," IEEE J. Emerging and Selected Topics in Power Electron., vol. 6, no. 3, pp. 1456-1469, Sep. 2018.

(9) Y. Shang, B. Xia, C. Zhang, N. Cui, J. Yang, and C. C. Mi; "An automatic equalizer based on forward-flyback converter for series-connected battery strings," IEEE Trans. Ind. Electron., vol. 64, no. 7, pp. 5380-5391, Jul. 2017.

(10) Y. Shang, N. Cui, and C. Zhang; "An optimized any-cell-to-any-cell equalizer based on coupled half-bridge converters for series-connected battery strings," IEEE Trans. Power Electron., vol. 34, no. 9, pp. 8831-8841, Sep. 2019.

第15章

高電圧化が進むEVなどに適する

多直列に効果的
「セル選択式バランス」回路

電気自動車などに代表されるように，近年ではリチウム・イオン・バッテリの大容量化や大規模化が進み，アクティブ・セル・バランスが採用されるケースが増えてきています．本章では，規模の大きなリチウム・イオン・バッテリに適したアクティブ・バランス方式である「セル選択式バランス回路」について解説します．

15-1 | 大規模バッテリ向けアクティブ・バランス回路の課題

アクティブ・セル・バランス回路はパッシブ・セル・バランス回路と比べて，エネルギー効率が高く発熱も小さいので，大きなエネルギーを扱うバッテリ・システムに相対的に適します．

近年では電気自動車を始め，セルの直列接続数の多いリチウム・イオン・バッテリ・システムが増えてきており，アクティブ・セル・バランス方式が使用されるケースは増えつつあります．しかし，隣接セル間バランス方式やパック-セル間バランス方式を直列数の多いリチウム・イオン・バッテリに応用する場合，大きく2つの課題に直面します．

● 課題①…バランス対象外のセルまでもエネルギー授受に関与

1つ目の短所は，バランス対象のセル（以降，ターゲット・セル）以外もエネルギー授受に関与してしまう，という点です．これにより，無用なエネルギー授受の過程で損失が生じることになります．詳しくは前章を参照してください．

● 課題②…セル数に比例した多数のコンバータが必要

2つ目の短所は，セル数に比例してコンバータの数が増えてしまうことです．一部のパック-セル間バランス方式を除き，セル数に比例して多数のコンバータが必

要となります．96セル直列の電気自動車用バッテリでは，単純計算で96個前後の
コンバータが必要になるので，コストやサイズの観点で好ましくありません．

15-2　　　課題に対応できる方式…セル選択式バランス回路

● セル選択式バランス回路の構成

　セル直列数の多い大型バッテリ・システムに適した手法が，セル選択式バランス
回路です．代表的な構成を図15-1に示します．いずれの構成においても，セルご
とにスイッチ（選択スイッチ）が設けられています．この選択スイッチはコンバータ
の入出力端子のいずれか1つ（もしくは両方）に接続されていて，選択スイッチを用
いてターゲット・セルとコンバータを接続します．

　第13章の図13-1(a)や第14章の図14-3ではセルごとに専用のコンバータが設け
られていましたが，図15-1に示すセル選択方式では，複数のセルでコンバータを
共有して使用するイメージです．コンバータに求められる性能（絶縁の有無，単方
向電力伝送，双方向電力伝送など）は，図15-1(a)～図15-1(c)の各方式によって
変わります．

● セル選択式バランス回路の特徴

　図15-1に示す3つの方式の長短はそれぞれ異なり，方式によっては上述の課題
を克服しきれないものもあります．しかし，いずれの方式でも複数のセルでコンバ
ータを共有するので，セルの数に関係なくコンバータの数を理想的には1個にまで
減らすことができます．ただし，コンバータの数が1個のみなので，複数のセルに
対して同時にセル・バランスを行うことはできません．よって，コンバータを適用
するセルの数を制限（例えば，12セルごとにコンバータを1個に）して設計します．

　いずれにせよ，他のアクティブ・セル・バランス方式と比べると，コンバータの
数を大幅に削減することができます．コンバータは，半導体スイッチや受動部品の
みならずゲート・ドライバやドライバ用電源回路など，多数の部品を含んでいます．
したがって，コンバータの数を削減できるということは，部品点数やコストの削減
につながります．部品点数とコストの削減効果は，セル直列数の多いバッテリでと
くに効果的であることから，セル選択式バランス回路が大型蓄電システムに適する
ことがわかります．

　一方で，セル選択式バランス回路の制御は複雑になります．ターゲット・セルを
選択するにあたって，当然ながらターゲット・セルを判別する必要があります．具

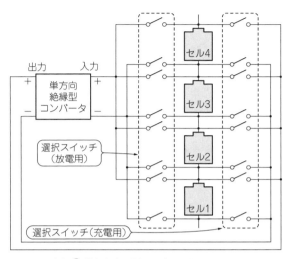

(a) ① 単方向絶縁型コンバータを用いて
　　ターゲット・セル同士でエネルギー授受

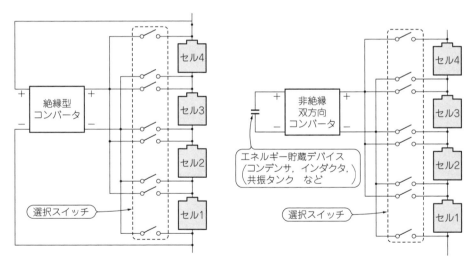

(b) ② バッテリ・パックとターゲット・セルの
　　間でエネルギー授受

(c) ③ エネルギー貯蔵デバイスを経由して
　　ターゲット・セル同士でエネルギー授受

[図15-1] セル選択式バランス回路の構成…コンバータそのものではなくて選択スイッチを複数
設ける

体的には，すべてのセル電圧を個別に計測し，平均電圧からの偏差が最も高いセルや最も低いセルがターゲットとなります．隣接セル間バランス回路やパック-セル間バランス回路などでは，回路方式によっては無制御で動作させるだけで自動的にセル・バランスを実行できるものがあります．しかし，セル選択式バランス回路ではターゲット・セルを判別して選択する必要があるので，無制御で動作させるというわけにはいきません．

● セル選択スイッチ

図15-1に示すいずれの構成でも多数の選択スイッチを用います．一般的に，これらのセル選択スイッチは2個の半導体素子（ダイオードもしくはMOSFET）の逆直列（極性を反転させた直列接続）で構成されます．1個の素子だけだと，片方向の電流のみしか阻止できないからです．図15-2(a)に示すように，MOSFETはボディ・ダイオードを内蔵しているため，ソースからドレイン方向の電流に対する阻止能力がありません．

図15-1からわかるように，選択スイッチはコンバータの入出力端子において共

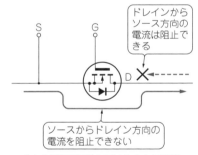

（a）MOSFET単体では片方向の電流
しか阻止できない

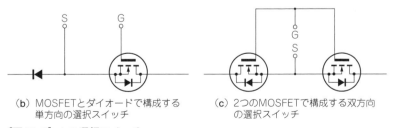

（b）MOSFETとダイオードで構成する
単方向の選択スイッチ

（c）2つのMOSFETで構成する双方向
の選択スイッチ

[図15-2] セル選択スイッチ

通接続されます．仮にMOSFET単体を選択スイッチとして用いてソース端子を共通接続すると，高電位に位置するMOSFETがONとなる際に，低電位のMOSFETのボディ・ダイオードが導通し，一部のセルが短絡状態となってしまいます．このようなボディ・ダイオードの導通を防止して双方向の電流を阻止できるよう，2個の逆直列半導体素子を選択スイッチとして用います．ただし，図15-1(a)～図15-1(c)の方式によって，選択スイッチに流れる電流の方向に違いがあり（単方向か双方向），それによって選択スイッチの構成は若干異なります．

図15-1(a)における選択スイッチは放電用と充電用で分かれており，選択スイッチに流れる電流の向きは単方向です．単方向の選択スイッチは，図15-2(b)に示すようにダイオードとNチャネルMOSFETで構成されます．右から左向きの電流はMOSFETが阻止し，左から右向きの電流についてはダイオードが常に阻止します．一方，図15-1(b)，(c)の選択スイッチは充電用と放電用の両方を兼ねているので，電流が双方向に流れる必要性があります．

図15-2(c)に示す双方向の選択スイッチは，2個のNチャネルMOSFETの逆直列で構成します．それぞれのソース端子とゲート端子を共通にすることで，両方のスイッチは同時にON/OFFします．

セル選択スイッチは，セルとコンバータの接続経路を決定するために用いられるものなので，駆動周期は数秒～数十秒と非常に低周波です（ただし，方式によっては選択スイッチを高周波駆動するものもある）．電流供給能力の高いゲート・ドライバを用いて高速でスイッチングさせる必要はないので，ゲート・ドライブ回路は汎用コンバータのものと比べると低コストに抑えることができます．

15-3 ①単方向絶縁型コンバータを用いてターゲット・セル同士でエネルギー授受

● バランスの原理

図15-1(a)の，単方向絶縁型コンバータと2組のセル選択スイッチ（放電用と充電用）を用いたシステムでセル・バランスを行う際のイメージを図15-3に示します．このシステムでは，SOC（もしくは電圧）の最も高いセルから最も低いセルへと絶縁型コンバータを経由してエネルギーを伝送し，セル・バランスを行います．図示の例でSOCは70～100％の範囲でばらついており，この状態でターゲットとなるのは，SOCの最も高いセル4と最も低いセル1です．

図15-3では，セル4からセル1へとエネルギーを伝送するケースを描いています．セル4は，放電用スイッチを介してコンバータの入力端子と接続されます．同時に，

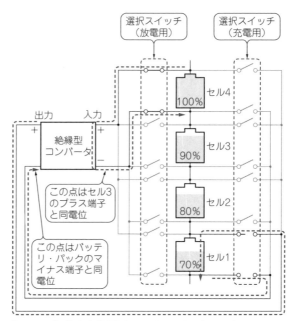

選択スイッチ
（放電用）

選択スイッチ
（充電用）

出力　入力

絶縁型
コンバータ

この点はセル3
のプラス端子
と同電位

この点はバッテ
リ・パックのマ
イナス端子と同
電位

セル4
100%

セル3
90%

セル2
80%

セル1
70%

［図15-3］単方向絶縁型コンバータと2組の選択スイッチ
を用いたセル・バランス回路でのエネルギー授受

充電用スイッチを経由してコンバータの出力端子とセル1を接続します．コンバー
タの入力端子と出力端子の電位は異なるため，絶縁型コンバータが必要となること
がわかります．絶縁型コンバータとしては，フライバック・コンバータが一般的に
用いられます．

● セル・バランスのアルゴリズム

　図15-1(a)の回路におけるセル・バランスのフローチャートの一例を図15-4に
示します．まず，絶縁型コンバータを停止させ，すべての選択スイッチがOFFの
状態で各セルの電圧を計測します．そのなかで最高電圧V_{max}と最低電圧V_{min}のセ
ルを判別し，ばらつき$V_{max}-V_{min}$がしきい値V_{th}よりも高い場合にバランス動作に
移行します．V_{max}のセルに対する放電用選択スイッチと，V_{min}に対する充電用選
択スイッチをONし，絶縁型コンバータを一定時間駆動します．その後に再びコン
バータを停止しつつ選択スイッチをOFFし，全セル電圧の計測に戻ります．

　なお，このフローチャートでは電圧に基づいてセル・バランス実行の判断を行っ

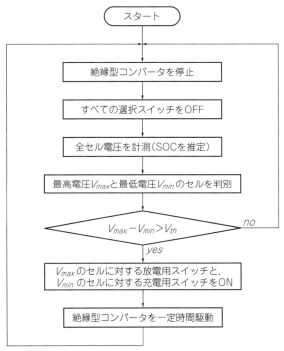

[図15-4] 単方向絶縁型コンバータと2組の選択スイッチ
を用いたセル・バランス回路のフローチャート

ていますが, 各セルのSOCを個別に推定してSOCのばらつきに基づいてバランス
実行の判断を行うこともできます. 電圧計測時にバランス動作を停止する(絶縁型
コンバータを停止し, すべての選択スイッチをOFFにする)理由は, セルの内部イ
ンピーダンスにおける電圧降下ぶんを計測に含めないようにするためです.

　図15-3のようなバランス動作時には, ターゲット・セルのみにバランス電流ぶ
んの電圧降下が生じるため, ほかのセルと比べて正確なセル電圧の測定ができませ
ん. これは, バッテリ・パック全体が外部回路に対して充放電を行っている場合も
同様です. 外部回路に対する充放電電流はすべてのセルに流れるので, 充放電電流
による電圧降下はすべてのセルで理想的には同じです(全セルの内部インピーダン
スが等しいと仮定した場合). それに対して, バランス電流はターゲット・セルに
対してのみ流れるので, バランス電流ぶんの電圧降下はセル電圧計測に含めるべき
ではありません.

● 特徴

　SOCが最高のセルから最低のセルへ，つまり電圧が最も高いセルから最も低い
セルへとダイレクトにコンバータを経由してエネルギーを伝送することができ，後
述の2方式と比べると電力変換に伴う損失を小さくすることができます(他方式で
はエネルギー授受がセル同士ではない，もしくは電力変換が2回生じる).

　また，コンバータによるエネルギー伝送は常に単方向であり，ばらつきの状態に
応じて伝送方向を変える必要はありません．よって，コンバータの制御も簡単です．
コンバータの入出力端子はターゲット・セルと接続されるので，コンバータの電圧
ストレスは4V程度であり，コンバータ内で低耐圧部品を採用することができます．
しかし，このバランス回路システムでは放電用と充電用の2組の選択スイッチが必
要なので，部品点数が多くなります．1セルにつき4個の選択スイッチが必要なので，
n個のセルに対して選択スイッチの数は$4n$個となります．

15-4 ②バッテリ・パックとターゲット・セルの間でエネルギー授受

● バランスの原理

　エネルギー授受のイメージを図15-5に示します．ターゲット・セルが最低電圧
(最低SOC)であるか最高電圧(最高SOC)であるかによって，エネルギー伝送の方
向は異なります．

　ターゲット・セルが最低電圧セルである場合は，図15-5(a)に示すように，バッ
テリから絶縁型コンバータを介して最低電圧セルに向かってエネルギーを再分配し
ます．ターゲット・セルが最高電圧セルの場合は，図15-5(b)のように，ターゲッ
ト・セルがバッテリ・パックに向かって放電し，エネルギーの再分配を行います．

　コンバータの左側の端子は，バッテリ・パックと常に接続されているため電位は
一定です．しかし，右側の端子については，選択されるセルの位置によって電位が
変化します．つまり，コンバータの入力端子と出力単子の電位が異なるため，この
バランス回路システムでは絶縁型コンバータが必要になります．

● セル・バランスのアルゴリズム

　セル・バランスのフローチャートの例を図15-6に示します．セル・バランス実
行の判断に関する部分については図15-4と同じです．しかし，図15-1(b)のバラ
ンス回路では絶縁型コンバータは双方向であり，ターゲット・セルをV_{max}のセル
にするかV_{min}のセルにするのかによって，エネルギー伝送の方向を切り替える必

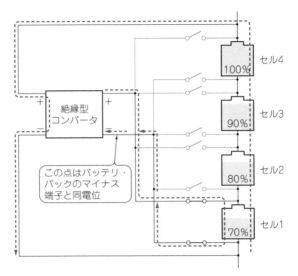

（a）バッテリ・パックからターゲット・セルへとエネルギー伝送

この点はバッテリ・
パックのマイナス
端子と同電位

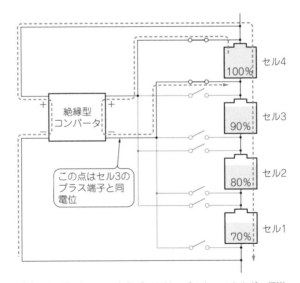

（b）ターゲット・セルからバッテリ・パックへエネルギー伝送

この点はセル3の
プラス端子と同
電位

[図15-5] 双方向絶縁型コンバータと選択スイッチを用い
たセル・バランス回路でのパック-ターゲット・セル間で
のエネルギー授受

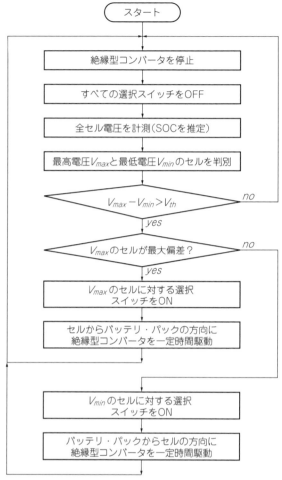

スタート

絶縁型コンバータを停止

すべての選択スイッチをOFF

全セル電圧を計測（SOCを推定）

最高電圧V_{max}と最低電圧V_{min}のセルを判別

$V_{max}-V_{min}>V_{th}$ ── no

yes

V_{max}のセルが最大偏差？ ── no

yes

V_{max}のセルに対する選択
スイッチをON

セルからバッテリ・パックの方向に
絶縁型コンバータを一定時間駆動

V_{min}のセルに対する選択
スイッチをON

バッテリ・パックからセルの方向に
絶縁型コンバータを一定時間駆動

［図15-6］ 双方向絶縁型コンバータと選択スイッチを用い
たセル・バランス回路のバランス・アルゴリズム

要があります．

　具体的には，V_{max}とV_{min}の偏差（平均電圧との差）の大小で伝送方向を決定しま
す．V_{max}のセルが最大偏差であれば，これをターゲット・セルとしてセルからバ
ッテリ・パックの方向にエネルギー伝送を行います．そのためには，V_{max}のセル
に対する選択スイッチをONし，絶縁型コンバータがセルからバッテリの方向に電
力伝送を行うように駆動します．最大偏差がV_{min}のセルであれば，これをターゲ

ット・セルとしてバッテリからセルの方向にエネルギーを伝送させます.

● 特徴

　図15-1(b)のシステムでは，絶縁型コンバータの片方の端子(左側の端子)はバッテリ・パックと接続される一方，もう一方の端子は選択スイッチを経由してターゲット・セルと接続されます. よって，このシステムにおけるエネルギー授受はターゲット・セル同士ではなく，バッテリとターゲット・セルの間で行われます(エネルギー授受についてはパック-セル間バランス方式と同じ). ターゲット・セル以外もエネルギー授受に常に関与することになるため，無駄なエネルギー輸送が少なからず発生してしまいます. また，コンバータとバッテリ・パック全体が接続されるため，コンバータには大きな耐圧が求められます.

　パック-セル間バランス方式では各セルにつき専用の絶縁型コンバータが必要になります. それに対して図15-1(b)のシステムでは1つの絶縁型コンバータを4つのセルで共有するため，コンバータの数を削減することができます. また，このシステムにおける選択スイッチの数は$2n$個(1セルにつき2個)であり，図15-1(a)のシステムと比べて選択スイッチの数を半分に減らすことができます.

15-5 ③エネルギー貯蔵デバイスを経由してターゲット・セル同士でエネルギー授受

● バランスの原理

　図15-1(c)のシステムでは，エネルギー貯蔵デバイスを一旦経由して，ターゲット・セルの間でエネルギー伝送を行います. エネルギー貯蔵デバイスとしては大容量アルミ電解コンデンサや電気2重層キャパシタ(Electric Double Layer Capacitor；EDLC)などが主に用いられます. LとCから構成される共振回路を採用することもできます.

　図15-7は，セル4からセル1へとエネルギー伝送を行うイメージを表しています. まずセル4を選択し，非絶縁型コンバータを経由してエネルギー貯蔵デバイスを充電します. このとき，貯蔵デバイスの電位はセル3のプラス側端子と同じです. ある程度のエネルギーを貯蔵デバイスに充電したら，今度は選択スイッチをセル1側に切り替えてエネルギー貯蔵デバイスの放電を行います. セル1のマイナス端子と貯蔵デバイスは同電位となります. このような一連の動作において，エネルギー貯蔵デバイスはセル4によって充電され，セル1に向かって放電することでエネルギー輸送の仲介役を担います.

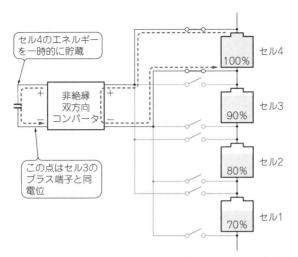

セル4のエネルギー
を一時的に貯蔵

非絶縁
双方向
コンバータ

この点はセル3の
プラス端子と同
電位

セル4
100%

セル3
90%

セル2
80%

セル1
70%

（a）ターゲット・セルからエネルギー貯蔵デバイスへエネルギー伝送

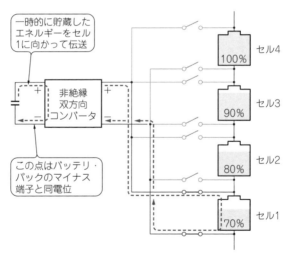

一時的に貯蔵した
エネルギーをセル
1に向かって伝送

非絶縁
双方向
コンバータ

この点はバッテリ・
パックのマイナス
端子と同電位

セル4
100%

セル3
90%

セル2
80%

セル1
70%

（b）エネルギー貯蔵デバイスからターゲット・セルへエネルギー伝送

[図15-7] エネルギー貯蔵デバイスと選択スイッチを用いたセル・バランス回路でのエネルギー授受

● 特徴

　このシステムでは，図15-1(a)と比較して選択スイッチの数は半分で済みます．また，エネルギー貯蔵デバイスを経由してターゲット・セル同士の間でエネルギー

授受が行われるため，**図15-1**(b)のようにターゲット・セル以外がエネルギー授受に関与することもありません．さらに，ほかのシステムとは異なり非絶縁型コンバータを採用することができるので，トランスも不要となります．

以上のように，たくさんの長所を有するシステムですが，短所もあります．まず，エネルギー伝送の過程において非絶縁型コンバータで必ず2段階の電力変換を伴うという点です．**図15-7**の例では，セル4から貯蔵デバイスに向けてのエネルギー伝送で1段階目の電力変換が行われ，貯蔵デバイスからセル1に向けての伝送で2段階目の電力変換が生じます．一般的に非絶縁型コンバータは絶縁型コンバータよりも高効率ですが，2段階の電力変換により総合的な変換効率は低下する可能性があります．

● セル・バランスのアルゴリズム

この回路を用いたセル・バランスのフローチャートの一例を**図15-8**に示します．バランス実行の判断についてはほかの回路と同じで，電圧ばらつき（最大電圧V_{max}と最低電圧V_{min}の差）がしきい値V_{th}よりも大きい場合にセル・バランスを行います．

まず，V_{max}のセルから貯蔵デバイスへとエネルギー伝送を行うべく，V_{max}のセルに対する選択スイッチをONします．そして，非絶縁型コンバータを駆動し，セルから貯蔵デバイスの向きに電力変換を行うことで貯蔵デバイスを充電します．充電により貯蔵デバイスの電圧は上昇し，上限値V_Uに到達するとコンバータを停止して選択スイッチをV_{min}のセルに切り替えます．貯蔵デバイスがV_{min}のセルに向かって放電する方向にコンバータを駆動します．放電により貯蔵デバイスの電圧は低下し，下限値V_Lに到達するとコンバータを停止します．この一連の動作を経て貯蔵デバイスは2つのしきい値（V_UとV_L）の間で充放電され，V_{max}のセルからV_{min}のセルへと貯蔵デバイスを経由してエネルギーが伝送されます．

● エネルギー貯蔵デバイスを用いたセル選択式バランス回路の具体的な回路例

エネルギー貯蔵デバイスを用いたセル・バランス方式では，さまざまな双方向非絶縁型コンバータを用いることができます．そのなかでも最も簡素なのが，**図15-9**(a)に示すフライング・キャパシタ方式です．これは，非絶縁型コンバータを単に導線に置き換えた構成と等価です．選択スイッチをONすることで，ターゲット・セルとコンデンサが並列に接続されます．高電圧と低電圧のターゲット・セルに対する選択スイッチを交互にONすることで，コンデンサを介してターゲット・セル間でエネルギー伝送を行うことができます．

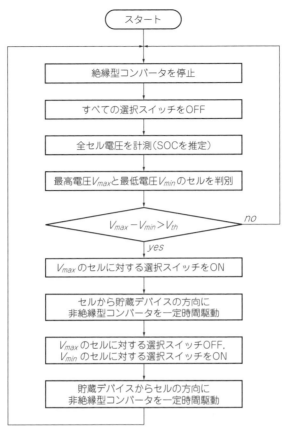

[図15-8] エネルギー貯蔵デバイスと選択スイッチを用い
たセル・バランス回路のバランス・アルゴリズム

　双方向非絶縁型コンバータとして最も汎用的な双方向チョッパを用いた回路が
図15-9(b)です．ここではエネルギー貯蔵デバイスとしてEDLCを用いています．
双方向チョッパを用いてEDLCの充放電制御を行いつつ，ターゲット・セル間でエ
ネルギーを伝送します．充放電の過程でEDLCの電圧が変動しますが，電圧変動が
一定の範囲に収まるように充電量と放電量を制御します．
　この回路を用いた製品例（Heltec BMS社）を**写真15-1**に示します．最大で24セ
ル直列のバッテリに対応可能なバランス回路です．基板上にたくさん並んでいる素
子は選択スイッチを構成するMOSFETです．選択スイッチの数が多いため基板上
で大きな面積を占めていますが，多数のコンバータが必要となるほかのバランス方

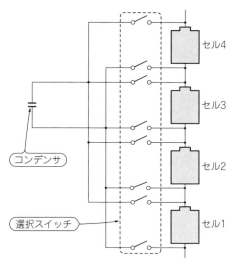

（a）フライング・キャパシタ方式

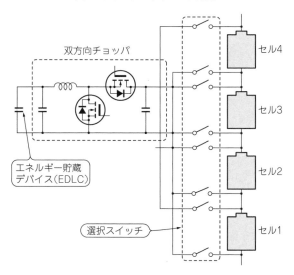

（b）双方向チョッパとEDLCを用いた方式

[図15-9] エネルギー貯蔵デバイスと選択スイッチを用い
たセル・バランス回路の例

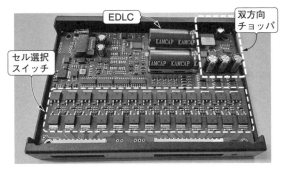

[写真15-1] EDLCと双方向チョッパと選択スイッチを用い
た24セル用セル・バランス回路の製品例（Heltec BMS社）

式（隣接セル間バランスやパック-セル間バランス）と比べると体積は非常に小さく
なっています．

| 15-6 | 選択スイッチの数を減らすテクニック |

● 極性切り替えスイッチを使う

　ここまで説明してきたセル選択式バランス回路は，いずれの方式でもたくさんの
セル選択スイッチが必要となり，基板上で大きな面積を占めることになります．そ
もそも，図15-1のいずれの回路においてもセルごとに2つの選択スイッチを使用
していますが，同一の点に接続される選択スイッチが多くあります．例えば，セル
1とセル2の接続点に2つの選択スイッチがつながれており，ほかの接続点につい
ても同様です．このように同一の点に接続される選択スイッチは，極性切り替えス
イッチを採用することで，共通化することができます．

　図15-1(b)，図15-1(c)の方式に極性切り替えスイッチを採用して，選択スイッ
チの数を削減した構成を図15-10(a)，図15-10(b)にそれぞれ示します．コンバー
タの前段に極性切り替えスイッチを挿入し，選択されるセルに応じて極性切り替え
スイッチを操作することで，コンバータ入力端子とセルの電圧極性を一致させます．
4セル直列バッテリにおいて極性切り替えスイッチを採用することで，選択スイッ
チの数を8個から5個にまで減らすことができます．n直列セルのバッテリであれば，
選択スイッチの数は$n+1$個です．ここでは図15-1(b)，図15-1(c)のシステムに
極性切り替えスイッチを導入した構成を図示しましたが，図15-1(a)のシステムに
おいても極性切り替えスイッチを採用することができます．

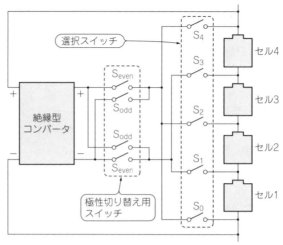

（a）バッテリ・パックとターゲット・セルの間でエネルギー授受

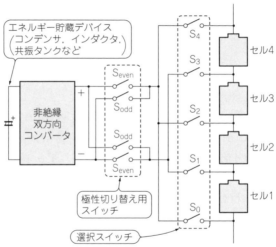

（b）エネルギー貯蔵デバイスを経由してターゲット・セル同士
でエネルギー授受

[図15-10] 極性切り替えスイッチを用いて合計スイッチ数を削減

　極性切り替えスイッチを用いた実例として，16セル用バランス回路TIDA-00817
（テキサス・インスツルメンツ）が挙げられます．図15-10（b）におけるエネルギー
貯蔵デバイスに12Vの外部バッテリを用いつつ，非絶縁型コンバータではなく絶
縁型コンバータを採用した構成です．規模の大きなバッテリ・システムでは主バッ

テリに加えて補助バッテリを併用することもあり（電動車両における走行用バッテリと補器用12Vバッテリなど），主バッテリのターゲット・セルと補助バッテリの間で絶縁型コンバータを経由してエネルギーの授受を行いセル・バランスさせることもできます．

● **極性切り替えスイッチの動作**

　図15-10(b)のシステムにおいて，偶数番号のセル4を選択する際のイメージを図15-11(a)に示します．S_3とS_4の選択スイッチをONしつつ，偶数番号セル用のスイッチS_{even}をONすることで，コンバータ入力端子の電圧極性とセルの極性を一致させます．

　図15-11(b)のように奇数番号のセル1を選択する場合は，S_0とS_1の選択スイッチならびに奇数番号セル用のスイッチS_{odd}をONします．これにより，奇数番号セルとコンバータの電圧極性が一致します．

● **極性切り替えスイッチを用いたバランス回路の長所と短所**

　以上のように，極性切り替えスイッチを採用することで選択スイッチの数を減らすことができます．しかし，極性切り替えスイッチ自体も図15-2(c)のような双方向スイッチであるため，選択スイッチの数だけではなく極性切り替えスイッチを含めた全体数を考慮しなければいけません．

　図15-1(b)，図15-1(c)ではn直列のセルに対して$2n$個の選択スイッチが必要となる一方，図15-10(a)，図15-10(b)では$n+5$個（選択スイッチは$n+1$個，極性切り替えスイッチは4個）です．よって，6セル直列以上（$n \geqq 6$）でないと極性切り替えスイッチの採用によるメリットを享受することはできません．

　また，図15-11からわかるように，セルとコンバータの間に流れる電流は選択スイッチと極性切り替えスイッチの両方を通過するので，図15-1のシステムよりも導通損失は大きくなる傾向があります．

● **極性切り替えスイッチを用いたセル選択式バランス回路の実験**

　容量が3400mAhの12セル直列バッテリに対し，図15-10(a)のバランス回路を用いて初期電圧を意図的にばらつかせた状態からセル・バランス実験を行いました．絶縁型コンバータには双方向コンバータの一種であるDual Active Bridgeコンバータを用いました．バランス電流は1.0Aに設定しました．実験前にセルの内部インピーダンスを計測しておき，バランス電流が流れた際の内部インピーダンスでの電

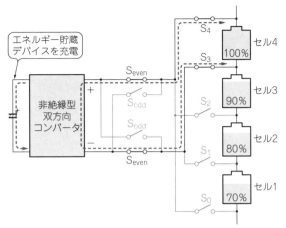

（a）ターゲット・セルからエネルギー貯蔵デバイスへ
エネルギー伝送

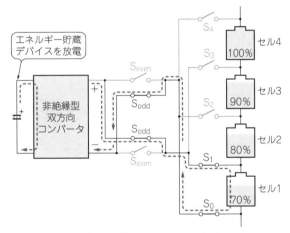

（b）エネルギー貯蔵デバイスからターゲット・セルへ
エネルギー伝送

[図15-11] 極性切り替えスイッチを用いたセル・バラン
ス回路でのエネルギー授受

圧降下を補正し，セルの開放電圧を推定しました（推定に関しては第7章を参照）.
推定した開放電圧に基づき，ターゲット・セル（平均値からの偏差が最大となるセ
ル）を決定しました.

　実験結果を図15-12に示します．一部のセル電圧に大きな変動が見られますが，
これはターゲット・セルにバランス電流が流れて内部インピーダンスで大きな電圧

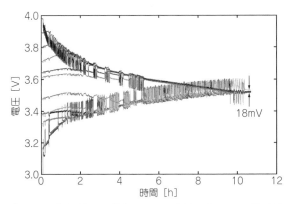

[図15-12] 極性切り替えスイッチを用いた12セル用バランス回路の実験結果

降下が生じるためです。セル選択式バランス回路では，セル電圧（もしくはSOC）の大小関係に応じてターゲット・セルが入れ替わりますが，そのタイミングでターゲット・セルの端子電圧は電圧降下によって大きく変動します。時間経過とともにセル電圧が徐々に収束するようすがわかります。最終的に，電圧ばらつきは18 mV以下になりました。

<table>
<tr><td>15-7</td><td>エネルギー貯蔵デバイスの代替</td></tr>
</table>

● 共振タンクをエネルギー貯蔵デバイスとして利用する

　ここまで，エネルギー貯蔵デバイスとして電気2重層キャパシタなどの大容量コンデンサを用いる例について解説してきました。エネルギーを蓄積できるデバイスであればコンデンサに限らず，共振タンクやインダクタなどを用いることも可能です[1]～[3]。

　共振タンクをエネルギー貯蔵デバイスとして用いる例を図15-13に示します。選択スイッチの構成に関しては図15-10のものと同じです。共振タンクの充放電には双方向コンバータは不要であり，スイッチの切り替えのみでエネルギー貯蔵デバイスの充放電を行うことができます。本書では詳細については割愛しますが，共振タンクの充放電動作は，共振型コンバータと類似しています。共振タンクの充放電の際には共振動作により電流が正弦波状となり，ゼロ電流スイッチング（ZCS：Zero Current Switching）と呼ばれる動作を実現することができるようになり，MOSFET駆動時に生じるスイッチング損失を大幅に低減することができます[4]。

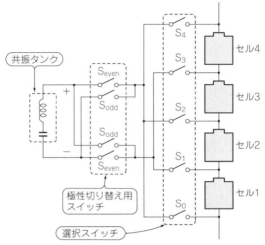

[図15-13] 共振タンクをエネルギー貯蔵デバイスとして用いたセル選択式バランス回路

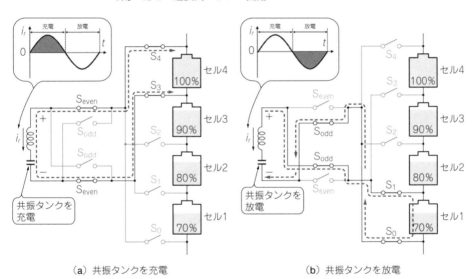

（a）共振タンクを充電　　　　　　　（b）共振タンクを放電

[図15-14] 共振タンクをエネルギー貯蔵デバイスとして用いたセル選択式バランス回路の動作モード

　セル4からセル1へとエネルギーを伝送する際の動作モードを図15-14に示します．偶数番号のセルであるセル4から共振タンクへとエネルギーを輸送するモード[図15-14(a)]では，セル4に対する選択スイッチであるS_3とS_4に加えて，偶数番

号用の極性切り替えスイッチS_{even}をONします. 共振タンクの充電が完了したら, その充電エネルギーをセル1に輸送すべく, 奇数番号のセル1の選択スイッチS_0とS_1, さらには奇数番号の極性切り替えスイッチS_{odd}をONします[**図15-14(b)**].

● **スイッチの切り替えを共振周波数と同程度で動作させる必要がある**

以上の動作モードにおける電流の流れは, **図15-11**のものと類似しています. しかし**図15-11**とは違い, **図15-14**では充電モードと放電モードを比較的高周波で切り替える必要があります. これは, スイッチの切り替えタイミングを共振周期に合わせる必要があるためです. 一般的に共振タンクの共振周波数は数kHz～数百kHzです. 図示の通り, 共振の半周期ごとにスイッチを切り替える必要があるため, それぞれのスイッチを共振周波数と同程度のスイッチング周波数で駆動する必要があります. つまり, 選択スイッチと極性切り替えスイッチを数kHz以上の高周波で動作させなければいけません.

それに対して**図15-11**においては, 双方向コンバータ内のスイッチは数十kHz～数百kHzの高周波で動作する一方, 選択スイッチや極性スイッチに関しては数秒～数十秒の低周期駆動で十分です. よって, スイッチの駆動に高速性は求められないため, 簡素で安価なゲート駆動回路を採用できます.

◥◆参考文献◆◤
(1) K. M. Lee, Y. C. Chung, C. H. Sung, and B. Kang, "Active cell balancing of Li-ion batteries using LC series resonant circuit," IEEE Trans. Ind. Electron., vol. 62, no. 9, pp. 5491?5501, Sep. 2015.
(2) Y. Yu, R. Saasaa, A. A. Khan, and W. Eberle, "A Series Resonant Energy Storage Cell Voltage Balancing Circuit," IEEE JESTPE., vol. 8, no. 3, pp. 3151?3161, Sep. 2020.
(3) Y. Shang, Q. Zhang, N. Cui, B. Duan, Z. Zhou, and C. Zhang, "Multi-cell-to-multi-cell equalizers based on matrix and half-bridge LC converters for series-connected battery strings," IEEE J. Emerg. Sel. Topics Power Electron., vol. 8, no. 2, pp. 1755～1766, Jun. 2020.
(4) 鵜野将年, パワーエレクトロニクスにおけるコンバーターの基礎と設計法——小型化・高効率化の実現, 科学情報出版, 2020年.

Column(A)

リチウム・イオン・バッテリの短絡事故への対策

● どんなに注意しても誰もが起こしてしまう短絡事故

リチウム・イオン・バッテリ(LIB)関連の実験に従事する際に誰もが経験するのが短絡事故です．短絡事故により過大電流が流れることでケーブル類は焼損し，LIBが異常発熱します．熱により電解液が分解し，LIBの内圧が上昇して破裂事故につながることもしばしばです．危険を承知してはいても，誰もが1度や2度は短絡事故を経験します．

● 特にコネクタ脱着時が危ない

短絡事故が最も発生しやすいのは，ケーブルやコネクタの脱着時です．特に自作コネクタで初めて実験するときは最大限の注意が必要です．

コネクタのピン・アサインを間違えていたが故に，コネクタを接続した瞬間にケーブルが焼損，LIBが破裂，さらには周辺回路が黒こげになって実験系が全損…なんてこともあります．ケーブル類を接続する際には改めて極性を確認し，また，必ずヒューズ類を挿入するようにします．しかし，ヒューズでの対策が難しい場合もあります．

● 基本対策のヒューズを入れられないときは1つずつ接続して確認

セル・バランス回路ではセルとほぼ同数のケーブルが必要であり，これらすべてにヒューズを挿入するのは非現実的です．できる限りの対策として，セル電圧をモニタしながらケーブルを1つ1つ接続し，そのつど，接続前後で電圧変化がないことを確認します．何らかの異常があれば電圧低下として検出できます．

● 電流制限のある電源で実験する

充放電器などの回路類の試験を行う際は，まずは安全性の高い電源で実験を行います．具体的には，安定化電源と電子負荷とダイオードを用いて，充電と放電の両方に対応可能な双方向電源を模擬して実験に使用します．電源には電流制限機能があるので，短絡事故が発生したとしても過大電流を防止できます．

● その他の対策

次に，もし手元に電気2重層キャパシタ(EDLC)があれば，LIBを使う前にEDLCで試験を行うことを推奨します．EDLCは安全性が高く，短絡事故が発生したとしても，ほとんどの場合でEDLCは無事です．LIBとEDLCとでは動作電圧の範囲が異なるため，可能な電圧範囲で実験を行います．

その他，大型LIBを用いる前に小容量のLIBを用いた試験も効果的です．事故が発生した際の被害を小さく抑えることができます．

索引

初出一覧

〈著者略歴〉
鵜野 将年（うの まさとし）

2002 年 3 月 　同志社大学 工学部 電子工学科 　卒業
2004 年 3 月 　同志社大学大学院 工学研究科 修士課程 電気工学専攻 　修了
2004 年 4 月 　宇宙航空研究開発機構
　　　　　　　宇宙機用バッテリならびに電源システムの研究開発に従事
2012 年 3 月 　総合研究大学院大学 物理科学研究科 博士後期課程 宇宙科学専攻
　　　　　　　修了
2014 年 10 月 　茨城大学 工学部 電気電子システム工学科 　准教授
　　　　　　　主として再生エネルギーシステム用次世代電力変換器の研究開発に
　　　　　　　従事

▶主な受賞歴
2008 年 3 月 　電気化学会論文賞
2018 年 5 月 　Isao Takahashi Power Electronics Award
2019 年 11 月 　第 67 回電気科学技術奨励賞
2022 年 6 月 　第 78 回電気学術振興賞（著作賞）
2023 年 6 月 　第 79 回電気学術振興賞（進歩賞）

▶主な執筆履歴
(1) パワーエレクトロニクスにおけるコンバータの基礎と設計法 —— 小型化・高
　　効率化の実現，2020 年，科学情報出版.
(2) リチウム・イオン電池の直列/並列の回路技術，トランジスタ技術 2022 年 3
　　月号〜2023 年 3 月号，CQ 出版社.
など，リチウム・イオン電池やパワー・エレクトロニクスに関する寄稿，専門技
術セミナ，招待講演など多数.

▶YouTube チャンネル「パワーエレクトロニクス研究室」
（https://www.youtube.com/channel/UCYRjOagsWmzKoGIozsRpm0A?view_
as=subscriber）
大学生や若手研究者を主な対象に，半導体電力変換技術（パワー・エレクトロニク
ス）やリチウム・イオン電池に関する動画を多数公開中.

- ●**本書記載の社名，製品名について** ── 本書に記載されている社名および製品名は，一般に開発メーカーの登録商標または商標です．なお，本文中では™，®，©の各表示を明記していません．
- ●**本書掲載記事の利用についてのご注意** ── 本書掲載記事は著作権法により保護され，また産業財産権が確立されている場合があります．したがって，記事として掲載された技術情報をもとに製品化をするには，著作権者および産業財産権者の許可が必要です．また，掲載された技術情報を利用することにより発生した損害などに関して，CQ出版社および著作権者ならびに産業財産権者は責任を負いかねますのでご了承ください．
- ●**本書に関するご質問について** ── 文章，数式などの記述上の不明点についてのご質問は，必ず往復はがきか返信用封筒を同封した封書でお願いいたします．ご質問は著者に回送し直接回答していただきますので，多少時間がかかります．また，本書の記載範囲を越えるご質問には応じられませんので，ご了承ください．
- ●**本書の複製等について** ── 本書のコピー，スキャン，デジタル化等の無断複製は著作権法上での例外を除き禁じられています．本書を代行業者等の第三者に依頼してスキャンやデジタル化することは，たとえ個人や家庭内の利用でも認められておりません．

リチウム・イオン電池&直列/並列回路入門

2023年10月1日　初版発行　©鵜野 将年 2023

著 者	鵜野 将年
発行人	櫻田 洋一
発行所	CQ出版株式会社
	東京都文京区千石4-29-14（〒112-8619）
電話	編集　03-5395-2123
	販売　03-5395-2141

編集担当　平岡 志磨子/堀越 純一
DTP　美研プリンティング株式会社
印刷・製本　三共グラフィック株式会社
乱丁・落丁本はご面倒でも小社宛お送りください．送料小社負担にてお取り替えいたします．
定価はカバーに表示してあります．
ISBN 978-4-7898-3607-4
Printed in Japan